计算机系列教材

张利锋 孙丽 杨晓玲 编著

Java语言
与面向对象程序设计

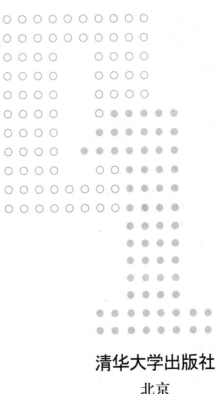

清华大学出版社

北京

内 容 简 介

本书全面介绍 Java 的面向对象编程特性,将编程原则和最佳实践融入各个知识点,并通过大量的有应用背景的实例展示面向对象编程的特点和 Java 的实现机制。

本书共 14 章,涵盖 Java 语言的主要知识点,第 1～7 章为 Java 面向对象的编程基础,内容包括类的设计、对象的使用、正则表达式、继承和多态、接口机制、异常处理、注解与反射机制、Lambda 表达式等;第 8～14 章则涵盖 Java 编程的高级主题,内容包括容器类数据结构、用户界面设计、输入输出流(I/O)、新 I/O 框架、多线程编程、线程池和新的线程控制机制、Socket 编程与 Mina 框架以及 JDBC 等;第 13 章通过一个在线游戏项目演示了项目开发的步骤和知识点融合的过程。

本书既可以作为计算机、软件工程、网络工程、信息工程、电子工程等本科专业面向对象程序设计课程和 Java 语言程序设计的教材,也可以作为软件开发人员的参考书。

图书在版编目(CIP)数据

Java 语言与面向对象程序设计/张利锋,孙丽,杨晓玲编著.—北京:清华大学出版社,2015(2019.2重印)

计算机系列教材

ISBN 978-7-302-40054-7

Ⅰ.①J… Ⅱ.①张… ②孙… ③杨… Ⅲ.①JAVA 语言－程序设计－高等学校－教材

Ⅳ.①TP312

中国版本图书馆 CIP 数据核字(2015)第 082494 号

责任编辑:白立军
封面设计:常雪影
责任校对:白　蕾
责任印制:杨　艳

出版发行:清华大学出版社

网　　　址:	http://www.tup.com.cn,http://www.wqbook.com		
地　　　址:	北京清华大学学研大厦 A 座	邮　　编:	100084
社 总 机:	010-62770175	邮　　购:	010-62786544

投稿与读者服务:010-62776969,c-service@tup.tsinghua.edu.cn

质量反馈:010-62772015,zhiliang@tup.tsinghua.edu.cn

课件下载:http://www.tup.com.cn,010-62795954

印 装 者:清华大学印刷厂

经　　销:全国新华书店

开　　本:	185mm×260mm　　印　张:28.75	字　　数:	663 千字
版　　次:	2015 年 6 月第 1 版	印　　次:	2019 年 2 月第 5 次印刷
定　　价:	49.00 元		

产品编号:062972-01

Java 是一门简单的、动态的跨平台编程语言，它是面向对象编程的典范，因此更适合面向对象程序设计方法论与实践的入门教学。Java 被广泛地应用到各个领域中：高伸缩高可靠的服务器端应用开发、复杂的企业生产运营和业务管理系统、移动应用开发和分布式计算、嵌入式应用等。本书不仅全面深入地讲解 Java 语言的语法和编程机制，更注重编程实践和编程思维的训练，通过大量的有应用背景的实例展示 Java 在业务处理中的实现特点和方法。

面向对象的观点是软件构造的主要范型，但很多初学者习惯于使用面向过程编程的观点和编程思路，因此，对他们而言，掌握面向对象的设计方法具有很大的挑战性。本书基于多年的 Java 教学经验和实例，力求组织的知识点反映 Java 语言的主要特色，并将设计模式和最佳编程实践融入教学环节，以便降低面向对象编程的门槛和学习成本，快速提高程序设计的能力。

本书适应面向对象技术和 Java 开发技术的最新发展，注重计算思维能力的培养，结合大量案例参悟问题解决之道。本书的特色包括以下 8 个方面。

（1）贯彻面向对象的编程思想，不仅重视技术的讲解，更强调程序设计原则、理念和最佳实践的理解和掌握。

（2）将设计模式思想融合到知识点和案例教学中，比如图形用户界面框架 Swing 中的模型视图控制器架构、事件处理的观察者模式、单例模式和 I/O 流中装饰模式等。

（3）体现 Java 语言的最新发展，将 Lambda 表达式、注解、反射、异步 I/O 框架（NIO）、新并发机制和线程池等内容引入教材。

（4）将编程风格的训练作为程序设计能力的重要部分，并将其贯穿全书的示例代码。

（5）将流行开源框架（Mina/Netty，Spring 等）的设计理念和机制融入知识点，开阔学习者视野，深入理解其应用场景和效果。

（6）明确知识点的学习动机和背景，将项目分解到各个知识点的示例中，有助于知识点之间的融会贯通。

（7）提供完整案例教学，设计思路贴近项目开发实战，详细介绍分析设计过程并通过UML 表达，有助于提高学习者的开发能力。

（8）丰富的习题，辅助巩固每章的知识点，力求快速提高学习者的分析和编程能力。

本书在出版过程中得到了清华大学出版社的鼎力相助,在此一并表示感谢!

本书代码基于 JDK 8,全部例题都通过测试。本书提供所用的源代码和多媒体演示文档下载(可从清华大学出版社网站 www.tup.com.cn 下载),方便教师开展教学工作。本书编写过程中力求能阐明面向对象编程的要旨,但限于作者水平有限,纰漏和不尽人意之处在所难免,请读者不吝赐教。

编　者

2015 年 3 月

FOREWORD

第 1 章　Java 语言概述

本章目标

- 了解 Java 语言的特点。
- 理解 Java 虚拟机的作用。
- 理解 Java 虚拟机的工作机制。
- 掌握 Java 编程环境的设置。
- 掌握 Eclipse 新建项目和创建类的流程。
- 了解 Java 与 Android 的关系。

1.1　开发 Java 的原因

Java 是一种跨平台的面向对象的程序设计语言，由 Sun 公司(现已被 Oracle 公司收购)的 James Gosling 领导开发。Java 语言开发小组成立于 1991 年，其目的是开拓消费类电子产品市场，例如，交互式电视、烤面包箱等。Sun 内部人员把这个项目称为 Green，那时 World Wide Web(WWW)尚未问世。James Gosling 是一位非常杰出的程序员，在项目研发过程中，他深刻体会到消费类电子产品和工作站产品在开发理念和设计哲学上的差异：消费类电子产品要求可靠性高、费用低、标准化、使用简单，用户不关心处理器的型号，他们希望开发的编程语言建立在一个标准之上，具有一系列可选的硬件方案和软件系统支持。Java 标志如图 1-1 所示。

为了使 Java 与软硬件平台无关，Gosling 首先从改写 C 编译器着手。但是在改写过程中他感到仅使用 C 是无法满足需要的。他意识到设计的新语言必须注重于语言所运行的软硬件环境，目标是让该语言运行于分布的、异构的网格环境中，完成各类电子设备之间的通信与协同工作。而这一特点，恰恰是Java 迅速流行的最为重要的原因。

图 1-1　Java 标志

1.2　Java 语言的特点

Java 是一种能够跨越多个平台的面向对象的编程语言，它具有 6 个鲜明的特点。

1. 简单

Java 是一种简单的语言。Java 是在 C、C++ 的基础上开发的，继承了 C 和 C++ 的许多特性，但同时也剔除了其中烦琐的、难以理解的、不安全的内容，如指针、多重继承等。

Java 开发环境还提供了丰富的基础类库,便于快速开发。

2. 面向对象

Java 是纯粹的面向对象的语言。Java 程序的设计思路不同于 C 语言基于过程的程序设计思路,面向对象程序设计具备更好的模拟现实世界的能力,它将待解决的现实问题概念化成一组分离的对象,这些对象彼此之间进行交互完成软件规约。一个对象包含了对应实体应有的信息和访问、改变这些信息的方法。通过这种设计方式,使所设计出来的程序更易于改进、扩展、维护和重用。

3. 安全

Java 是安全的网络编程语言,它提供了一系列的安全机制以防恶意代码攻击,确保系统安全。Java 安全模型基于"沙箱"机制实现,"沙箱"对不可靠的程序的活动进行了限制,比如对于从网络中下载的程序,限制它对本地硬盘的读写、创建网络连接等。沙箱的基本组件有类加载器结构、Class 文件检验器、内置于 Java 虚拟机的安全特性和安全管理器及 Java API。

4. 多线程

Java 内置多线程的编程机制。多线程是一种应用程序设计方法,它使得在一个程序里可同时执行多个小任务。多线程带来的好处是程序可以具有更好的交互性能和实时控制性能。Java 提供了简便的实现多线程的机制,并拥有一组高复杂性的同步机制用于线程间的协作。

5. 动态

Java 动态特性是其面向对象设计方法的扩展,允许程序动态地装入运行时所需的类,这是 C++ 无法实现的。C++ 程序设计过程中,每当在类中增加一个实例变量或成员函数后,引用该类的所有子类都必须重新编译,否则将导致程序崩溃。而 Java 通过 Just-in-Time 技术为运行中的计算环境提供支持,它在运行时能为模块与模块之间建立连接,自由地增加新方法和实例变量并动态编译,而不会对它们的调用程序产生任何影响。

6. 函数式编程

函数式编程是一种专注于操作抽象的编程模型,可以降低多核并行编程的难度,Java 通过 Lambda 表达式支持函数式编程,适应了数据处理类应用的设计需求。

Java 语言的这些特征,可在学习的过程中逐渐体会,理解面向对象的设计理念是开发优秀代码的重要基础。

1.3 Hello World

下面以 HelloWorld 为例,简单介绍 Java 程序的特点。

```
public class HelloWorld {
    public static void main(String[] args) {
        //控制台输出
        System.out.println("Hello,World!");
    }
}
```

从这段代码可看到 4 个明显的特征。

(1) Java 程序是由类(class)组成的,一个类包含方法和属性。实际上,类是 Java 程序设计的基石和基本单元。类是类型,是相似对象特征的抽象,是一类对象特征和行为的描述单元。从面向对象的程序设计观点看:一切皆对象,每个对象都是一个类的实例。基于面向对象编程使 Java 具备很多优势,比如更好的模块化、扩展性强、易于维护等。

(2) 程序总有一个 main()方法。main()方法是程序的入口,它是公有的、静态的。参数 String[] args 表示一个字符串数组可以被传入到该程序,用来传递外部数据以初始化程序。程序总是从 main()方法开始执行,因此,main()方法是跟踪程序执行过程的起点。

(3) class 被使用公共(public)修饰,表明保存该类的文件名称必须是 HelloWorld.java。

(4) Java 中的单行注释使用//。

1.4 执行 Java 程序

计算机语言的种类非常多,总的来说可以分成机器语言、汇编语言和高级语言三大类。汇编语言的实质和机器语言是相同的,都是直接对硬件操作,只不过指令采用了英文缩写的标识符,更容易记忆。汇编程序程序一般比较冗长、复杂并且容易出错,但其优点也是显而易见的,它生成的可执行文件比较小,而且执行速度很快。

高级语言是目前绝大多数编程者的选择。与汇编语言相比,它不但将许多相关的机器指令合成为单条指令,并且去掉了与具体硬件操作有关但与完成工作无关的细节,例如使用堆栈、寄存器等,这样就大大简化了程序中的指令。

高级语言主要是相对于汇编语言而言,它并不是特指某一种具体的语言,而是包括了很多编程语言,如目前流行的 Java、Python、Ruby、C、C++、C# 等,这些语言的语法、命令格式都各不相同。高级语言所编制的程序不能直接被计算机识别,必须经过转换才能被执行,按转换方式可将它们分为两类。

(1) 解释类。应用程序源代码由解释器解释执行,不能生成可独立执行的可执行文件,即程序不能脱离其解释器独立运行。因此效率略低,但这种方式比较灵活,可以动态地调整、修改程序,例如,JavaScript、Python、Ruby 都是由解释器来解释执行的。

(2) 编译类。编译是指将程序源代码"翻译"成目标代码(机器语言),该目标代码和硬件、操作系统紧密相关,因此其目标程序可以脱离语言环境独立执行,执行效率高。但应用程序一旦修改,必须重新编译生成新的目标文件才能执行,如果只有目标文件而没有源代码,修改很不方便。现在大多数的编程语言都是编译型的,例如 C、C++ 等。

　　Java 语言是一种特殊的高级语言,它既具有解释型语言的特征,又有编译型语言的特征,即 Java 程序要经过先编译、后执行的过程。使用 Java 编写的程序先要经过编译,但不会生成特定平台的机器码,而是生成一种平台无关的表示形式,它是不可执行的,必须通过 Java 解释器来解释执行,因此可以认为 Java 既是编译型也是解释型语言。

　　解释执行 Java 字节码文件的是 Java 虚拟机(Java Virtual Machine,JVM)。JVM 是机器软硬件和编译程序之间加入的一层抽象的虚拟的机器,JVM 在任何平台上都提供给编译程序一个共同的接口。编译程序只需要面向虚拟机,生成虚拟机能够理解的代码,然后由解释器来将虚拟机代码转换为特定系统的机器码执行。在 Java 中,这种供虚拟机理解的代码称为字节码(ByteCode),它不面向任何特定的处理器和操作系统,只面向虚拟机规约。每一种平台的解释器是不同的,但是实现的虚拟机规范是相同的。源程序经编译器编译后变成字节码,虚拟机将要执行的字节码翻译成特定机器上的机器码运行。Java 代码编译解释过程如图 1-2 所示。

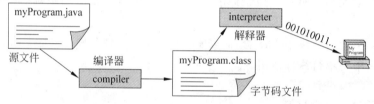

图 1-2　Java 代码编译解释过程

　　总的来说,由于 Java 编译生成的是字节码,它与所有处理器和操作系统无关,故其有这样的特点:“Write Once,Run Anywhere”,即只需要一次编码,就可以在任何环境下运行。这里需要注意的是,不同的软硬件环境下 Java 虚拟机是不一样的,虚拟机负责将平台无关的字节码转换为对应平台的机器指令,从而实现跨平台执行。

　　如图 1-3 所示,Java 能够实现跨平台的核心是它的平台相关的解释器,即它针对不同的软硬件平台开发了不同的解释器,将特定平台的差异通过解释器屏蔽了,从而使得开发人员不必关心不同平台的细节,以便将关注点集中在业务逻辑上,降低了软件开发的难度和成本。

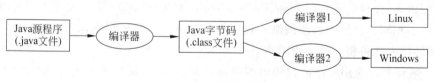

图 1-3　Java 跨平台的实现

　　接下来我们来看一下代码 HelloWorld 是如何被执行的。首先,需要搞清楚的问题是 JVM 如何加载类并调用 main()方法。在 main()方法执行之前,JVM 需要执行 3 个步骤:类加载、链接以及初始化(见图 1-4)。

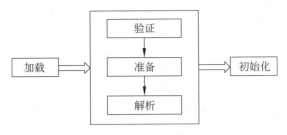

图 1-4　JVM 类加载过程

（1）通过类加载器加载字节码类和接口到 JVM 中。

（2）连接合并字节码到运行态的 JVM。连接由三步构成，验证、准备和解析。验证确保了类/接口在结构上是正确的，准备工作包括为所需要的类/接口分配内存，然后解析符号引用并构建语法树。

（3）为变量分配内存并初始化值。

当 JVM 启动时，有 3 个类加载器被使用：引导类加载器、扩展类加载器和系统类加载器，系统类加载器负责在类的搜索路径中找到对应代码，所以 HelloWorld 类是由系统类加载器加载的。当执行到 main( )方法，它会触发加载、链接其他相关的类的初始化。

1.5　Java 开发环境

编写 Java 代码，需要使用编辑器，比如文本编辑器、UltraEdit 或者 vi 编辑器都可以。代码编辑完成并保存后，需要使用编译器编译该代码。编译 Java 代码需要下载 Java 开发工具箱(Java Development Toolkit，JDK)，它包含了编译器和解释器以及 Java 提供的类库，进入其官方网站(http://www.oracle.com/technetwork/java/javase/downloads/)，选择对应操作系统的版本后下载并安装即可。

安装完 JDK 后，需要设置环境变量以便编译器(javac.exe)和解释器(java.exe)能够方便使用，它们在 Java 安装目录的 bin 文件夹中。为了能在任何目录中使用编译器和解释器，应在系统中设置环境变量 Path。Windows 8 下具体的设置方法为：右击"我的电脑"，在弹出的快捷菜单中选择"属性"命令，弹出"高级系统设置"对话框，再单击该对话框中的"高级"选项，然后单击"环境变量"，弹出"环境变量"对话框，如图 1-5 所示。

在"系统变量"的 Path 变量中加入"C:\Program Files\Java\jdk1.8.0\bin；"(JDK 的安装路径)，这样可以保证在命令行调用编译器和解释器程序的准确性，"编辑系统变量"对话框如图 1-6 所示。

同时，还需要设置 JAVA_HOM 和 CLASSPATH，用于 JVM 中类加载器对类库的搜索。

```
JAVA_HOME=C:\Program Files\Java\jdk1.8.0
CLASSPATH=.;%JAVA_HOME%\lib;%JAVA_HOME%\lib\tools.jar
```

图 1-5 "环境变量"对话框　　　　　　　　图 1-6 "编辑系统变量"对话框

其中"."表示当前目录必须被搜索，如果还有第三方提供的类库，也可以加入到 CLASSPATH 中，以便 JVM 能找到。完成环境变量的配置之后，就可以开始编写代码了。编写好的代码需要使用 javac.exe 编译，编译之后生成字节码文件（.class）。javac 的语法如下：

```
javac [option] 源文件
```

其中，[option]是可选项，HelloWorld.java 可执行如图 1-7 所示的命令进行编译。

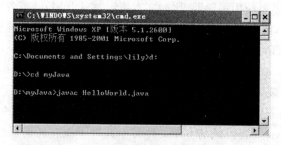

图 1-7　程序编译命令

编译完成后，会生成 HelloWorld.class。之后，可以通过 Java 解释器运行编写的程序。运行程序的命令如下：

```
java HelloWorld
```

工欲善其事，必先利其器。强大的开发环境不仅能帮助人们迅速编写 Java 代码，更能辅助代码的快速调试和部署。除了通过编辑器编写代码外，还可以使用集成的开发环境。目前有很多集成的开发环境可以使用，比如 NetBeans，还有大名鼎鼎的 Eclipse。

Eclipse 最初是由 IBM 公司开发，于 2001 年 11 月发布了第一个版本，后来作为一个开源项目捐献给了开源组织。Eclipse 是一个优秀的集成开发环境，深受广大开发人员的青睐，应用非常广泛。本书后面的例程都是以 Eclipse 为开发平台。可以在官方网站

http://www.eclipse.org 下载,下载后直接解压缩即可以使用。当然,前提是已先成功安装并配置 JDK。

　　Eclipse 中将代码以项目(Project)的方式组织,因此,编写代码前先要创建项目。如图 1-8 所示,打开 Eclipse 后,首先需创建一个项目,执行 File→New→Java Project 命令,然后输入一个 Project name(HelloWorld),如图 1-9 所示,单击 Finish 按钮就生成了一个新项目。添加类库界面如图 1-10 所示。

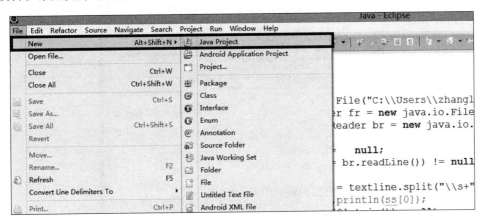

图 1-8　Eclipse 中新建项目

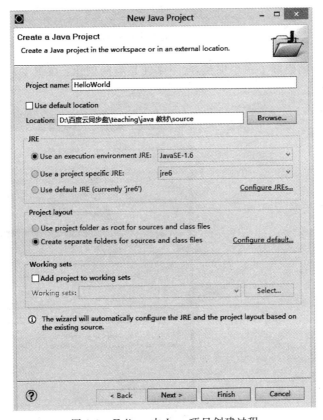

图 1-9　Eclipse 中 Java 项目创建过程

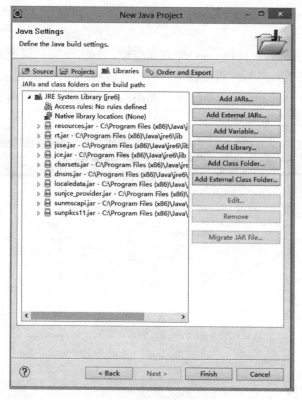

图 1-10 类库添加界面

到此为止已经创建好了一个项目，接下来便是类的创建：在图 1-11 中选中 src 后，执

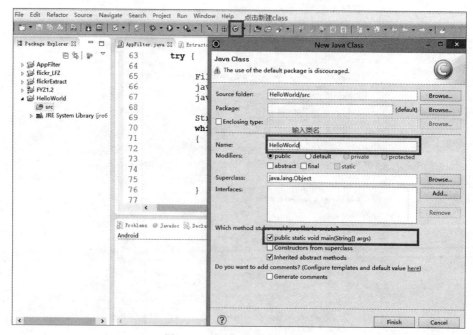

图 1-11 在 Eclipse 中创建类

行 File→New→Class 命令新建类,或者直接单击图 1-11 所示绿色圆圈,打开新建类的对话框,输入类名即可创建一个新类。如果不想要 main()方法,只需要将 public static void main(string[]args)前的复选框去选即可。

代码编辑完成后,执行 Run→Run 命令或者按 Ctrl+F11 组合键直接执行即可。程序的输出在编辑器的右下方的控制台(Console)中,需要从外部输入数据时也在控制台中。

1.6 Java 与 Android

Android 是基于 Linux 内核的操作系统和软件平台,早期由 Google 开发,后由开放手机联盟(Open Handset Alliance)开发和维护。Android 的开发语言采用 Java,但重新设计了解释器和类库。因此,学习 Java 对迅速开发 Android 应用是非常有帮助的。

从图 1-12 中可以看到,Android 框架分为 4 层:内核(kernel)、类库层(libraries)、框架层(framework)和应用层(applications)。最底层是 Linux 内核,主要负责内存管理、进程调度等系统管理以及终端的硬件驱动。内核的上一层是类库,包含了核心库、第三方库和 Android 的虚拟机。Android 并没有直接采用传统的 Java SE 或 Java ME 的 Java 虚拟机,而是自己建立了一个称为 dalvik 的虚拟机,能更节省字节码的空间,性能更好,以上两层是采用 C 语言或汇编语言实现的。

图 1-12 Java 在 Android 框架中的角色

框架是为应用开发者设计的一套软件开发接口和类库,提供了丰富的 API 和一些现成的开发元素。框架是采用 Java 语言实现的,Android 使用 Java 本地接口(Java Native Interface,JNI)连接了类库和框架。而应用层是在框架的基础上开发的各种应用,比如通讯录、地图等。

1.7 本章小结

Java 是跨平台的面向对象语言,它具有平台无关的特点。Java 编译器生成的是平台无关的字节码,它不面向任何具体平台,它只面向 JVM。不同平台上的 JVM 是不同的,但它们都提供了相同的语法和语义接口,所以它就成为了跨平台运行程序的关键转换器。

Java 编程的基本单元是类(Class),程序从 main()方法开始执行,程序需要先使用 javac 编译,然后用命令 java 执行编译后的.class 文件。当然,可以使用集成开发环境开发,这样可以提高开发效率,方便程序调试。

1.8　本章习题

1. Java 可以在任何机器上运行吗? 在计算机上运行 Java 时需要什么环境支撑?

2. Java 编译器的输入和输出各是什么?

3. Java 和 JavaScript 的关系是什么? 你认为 Java 的优势有哪些?

4. Java 代码的执行效率和 C 语言的代码相比如何? 为什么?

5. 你认为 Java 语言流行的主要原因是什么?

6. 如何获取 Java 开发帮助文档?

7. Java 的开发环境和 Java 的运行环境是一回事吗?

8. classpath 的作用是什么,如何设置 classpath?

9. Java 平台有 3 个版本:Java SE(Java Platform Standard Edition),Java EE(Java Platform Enterprise Edition)和 Java ME(Java Platform Micro Edition),这使软件开发人员、服务提供商和设备生产商可以针对特定的市场进行开发,它们的侧重点有哪些不同?

10. Eclipse 中如何创建项目,如何添加第三方类库?

第2章 Java 编程基础

本章目标

- 理解标识符与关键字。
- 理解数据类型。
- 掌握运算符和优先级。
- 掌握 Java 程序的基本结构。
- 掌握分支程序结构的用法。
- 掌握循环结构程序设计。
- 掌握方法的定义和调用。
- 掌握方法的传值方式。
- 了解程序设计风格。
- 掌握基本的程序调试方法。

2.1 标识符

程序中要用到许多名字,比如类、对象、变量、方法的名字等。标识符就是用来标识它们的存在性和唯一性的名字。Java 中的标识符分为两类。

(1) 保留字。Java 预定义的标识符,具有特定的含义,保留字又称为关键字(见表 2-1)。

表 2-1 关键字分类列表

类　别	关　键　字
基本类型	boolean(布尔型)、byte(字节型)、char(字符型)、double(双精度)、float(浮点)、int(整型)、long(长整型)、short(短整型)
程序控制语句	break(跳出循环)、continue(继续)、return(返回值)、do(运行)、while(循环)、if(如果)、else(反之)、for(循环)、instanceof(实例)、switch(开关)、case(分支)、default(默认)
访问控制	private(私有的)、protected(受保护的)、public(公共的)
类、方法和变量修饰符	class(类)、extends(继承)、abstract(抽象)、interface(接口)、implements(实现)、final(不可改变)、native(本地)、new(创建)、static(静态)、strictfp(严格)、synchronized(同步)、transient(短暂)、volatile(易失)
变量引用	super(父类)、this(本类)、void(无返回值)
错误处理	try catch(处理异常)、finally(始终执行)、throw(抛出异常对象)、throws(声明异常)
包相关	package(包)、import(引入)

(2) 用户定义标识符是程序设计者根据自己的需要给定义的类、对象、变量、方法等的命名。用户标识符的定义规则:以字母、下划线或 $ 开头的字符序列。

用户自定义的标识符需要注意以下 4 点。

（1）标识符遵循先定义后使用的原则，是大小写敏感的，即 MyName、myName 和 MYname 是 3 个不同的标识符。

（2）标识符不能与保留字同名。

（3）虽然 true、false 和 null 并不是保留字，但其代表的是特定意义的值，不可以用它们作为自定义标识符的名字。

（4）标识符的长度是任意的，但标识符的名字应该容易理解，起到见文生意的作用，提高程序的可读性。

举例来说，girl4boy3、$girl、Example3_1、_cat、www23$ 都是合法的标识符，而 4girl4boy、a * girl、Example3.1、girl-boy、李＋四都是不合法的标识符。Java 采用 Unicode 字符集，每个字符由 2B 构成，因此可以使用中文作为标识符，但不推荐这样做。

2.2 变量

变量是一类重要的标识符，它是一个数据存储空间的标识，不同数据存入不同内存地址的空间，相互独立。内存的数据需要通过变量来存取，因此，变量赋值操作本质上是内存引用的变化。

Java 语言是"强类型"的语言，即在声明任何变量时，必须为该变量指定一种数据类型。变量必须先声明再使用，声明变量的基本格式如下：

```
Type identifier [=value][,identifier [=value]…];
```

其中 Type 是 Java 预定义或自定义的数据类型，identifier 是变量名，可以使用逗号隔开来声明多个同类型变量。

变量用来申请内存并存储值。也就是说，当创建变量的时候，需要在内存中为其分配空间。JVM 根据变量的类型为变量分配存储空间，分配的空间只能用来储存该类型数据。因此，定义不同类型的变量，实质上是获得了对内存中各种数据类型的访问引用，通过变量操作对应的数据。

2.3 基本数据类型

数据类型是程序设计语言实现问题抽象并描述问题域中各类事物特征的手段。Java 中的数据类型可以分为基本数据类型和扩展（引用）数据类型，如图 2-1 所示。本章主要介绍基本数据类型。

2.3.1 布尔型

布尔型变量通过 boolean 声明，只允许取值 true 和 false。作为一种类型严格的语言，Java 不允许数值类型和布尔类型间互相转换。在 C/C++ 中可以用 0 表示 false，用大

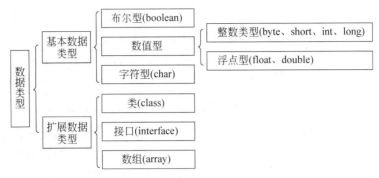

图 2-1　Java 的数据类型

于零的值表示 ture,但 Java 不允许这样做,需要使用布尔值的地方不能用其他值代替。

在程序设计过程中,当需要通过一个变量决定是否采取不同的动作时,可以将该变量声明为布尔类型。布尔型变量用于只有两种选择的场景中。

程序清单 2-1:

```java
public class BooleanTest{
    public static void main(String[] args){
        boolean work,busy,idle;
        work=false;
        idle=!work;
        if(idle)
            System.out.println("go to lunch");
        else
            System.out.println("wait for a moment");
    }
}
```

程序输出:

```
go to lunch
```

2.3.2　整数型

Java 中整数类型共有 4 种,它们有固定的表示范围和存储长度,且不受具体操作系统的影响,保证了程序的跨平台性。

整数有 3 种表示形式,分别如下。

(1) 十进制整数,如 102,-130,0。

(2) 八进制整数,要求以 0 开头(注意是数字 0,不是字母 o),如 0102。

(3) 十六进制整数,以 0x 开头,如 0x102。

当给整数变量赋数字值时,默认的整数类型是 int,给 long 类型赋值时,必须在数字后加 l 或者 L。建议使用大写 L,如 130L,以防止和数字 1 或大写字母 I 混淆。整数类型的表示范围如表 2-2 所示。

表 2-2　整数类型的表示范围

类　型	占用存储空间/字节	表　示　范　围	类　型	占用存储空间/字节	表　示　范　围
byte	1	$-128\sim127$	int	4	$-2^{31}\sim2^{31}-1$
short	2	$-2^{15}\sim2^{15}-1$	long	8	$-2^{63}\sim2^{63}-1$

int 是最常用的一种整数类型,当科学运算中出现超过 int 类型表示范围的数时,可以用 long 类型。而 byte 类型由于表示范围较小,容易造成溢出,使用时应谨慎。Java 中不能定义无符号数(unsigned),当程序中需要无符号数时,需要通过位运算获得。

2.3.3　浮点型

与整数类型一样,浮点数同样有固定的存储长度和表示范围,且不受操作系统的影响。Java 语言中,浮点类型有两种表示方法,分别是十进制数形式和科学计数法。

(1)十进制数形式,如 3.14。

(2)科学计数法,如 3.14e2,3.14e−2,−3.14E2。

当需要给浮点类型的变量赋数字值时,默认的浮点数类型是 double。对 float 类型变量赋值时必须添加字母 f 或者 F,如 3.14F、3.14f。例如:

```
float a=5.6f;
```

浮点数的表示范围如表 2-3 所示。

表 2-3　浮点数的表示范围

类　型	占用存储空间/字节	表　示　范　围
float	4	$-3.4E38\sim3.4E38$
double	8	$-1.7E308\sim1.7E308$

2.3.4　字符型

字符类型是用单引号'括起来的单个字符,表示字母、数字、标点符号以及其他特殊字符。例如:

```
char ch='w';
char word='中';
```

Java 基于 Unicode 来表示字符,Unicode 的设计目标是容纳世界上主要语言中的字符,每个字符占 2B,因而可用十六进制编码形式表示,例如:

```
char uc='\u0061';
```

此外,Java 定义了一些用来格式化输出的特殊字符,它使用转义字符'\'将其后面的字

符转换成其他含义,常见的转义符号如下:

回车　\r

换行　\n

Tab　\t

换页　\f

退格　\b

由于一对单引号和反斜线对于字符表示有特殊的意义,当程序中需要单引号时,必须用转义符来表示它们,例如:

单引号　\'

双引号　\"

请注意,转义字符在字符串处理,尤其是正则表达式中使用比较多,对处理的结果影响也比较大。

2.3.5　基本数据类型的转换

基本数据类型中整数型、浮点类型和字符是可以相互转换的,转换时遵守下面的原则。

(1) 不同类型的变量赋值或运算时,表示范围(容量)小的变量类型自动转换为容量大的类型,数据类型按容量从小到大排序为

byte,short,char<int<long<float<double

byte、short、char 3 种类型间不会相互转换,它们三者在计算时首先会转换为 int 类型。

(2) 容量大的类型在转换为容量小的类型时,必须加上强制转换符,此时可能造成精度降低或者溢出问题。

(3) 有多种数据类型混合计算的时候,系统首先自动转换为容量最大的类型,然后继续计算。

程序清单 2-2:

```java
public class TypeConverter {
public static void main(String[] args) {
        int x=100;
        double y=0;
        y=x;
        System.out.println("y="+y);
        y=424.142;
        x=(int)y;
        System.out.println("x="+x);

        byte b;
        int i=399;
        double d=100.102;
```

```
        b= (byte) i;
        System.out.println("i:"+i+" and b:\t"+b);

        double ry=i+d;
        System.out.println("\\\try="+ry);
    }

}
```

程序输出：

```
y=100.0
x=424
i:399 and b:  -113
\   ry=499.102
```

从程序结果可以看到，将整数 i 强制转换为字节类型时发生了溢出。从最后一行，看到了转义符\的作用，\\输出了\，而\t 被解释为 tab。

2.3.6　常量

常量也称为字面量，用来表示一个固定值。常量不需要计算，直接代表相应的值，它可以赋值给任何基本类型的变量。例如：

```
byte a= 68;
char ch='A';
```

另外，字符常量可以包含任何 Unicode 字符，例如：

```
char uc='u0001';
```

final 是保留字，可以修饰变量声明，一旦将变量用 final 修饰，则该变量称为常变量，即它不能被重新赋值。编译器会检查代码，如果人们试图将变量再次初始化的话，编译器会报编译错误。例如：

```
final int FULLSCORE=100;
FULLSCORE=5;                //该行会报编译错误，FULLSCORE 是常变量，不能被修改
```

FULLSCORE 在声明后仅能被赋值一次，即赋值后不能被修改。

2.4　运算符和表达式

用于定义运算种类的符号称为运算符，参与运算的数据称为操作数。Java 提供了丰富的运算符，例如算术运算符、关系运算符、逻辑运算符和赋值运算符等。

2.4.1　算术运算符

算术运算符用来执行算术运算,按照参与运算操作数的数目,算术运算符分为双目运算符和单目运算符,其中双目运算符包括＋、－、＊、/(除)、％(求余)。使用它们时应注意以下几点。

运算符的运算对象可以是 byte、short、int、long、float、double、char 类型,其中 char 类型在运算时被自动转为 int 型。

程序清单 2-3：

```java
public class CharArithmetic {
    public static void main(String arg[]) {
        int A=10;
        char B='B';
        System.out.println(A+B);
    }
}
```

程序输出：

76

整数被 0 除或对 0 取余属于非法运算,将抛出异常 DivideByZeroException。求余运算的两个运算变量可以是整数,也可以是浮点类型;可以是正整数,也可以是负整数,其计算结果的符号与求余运算符左侧的运算变量符号一致。

程序清单 2-4：

```java
public class Mod {
  public static void main(String arg[]) {
        int A=10;
        int B=3;
        System.out.println("mod of int:"+A % B);

        double fB=3.01f;
        System.out.println("mod of double:"+A % fB);

        A=10;
        B=-3;
        System.out.println("mod of int:"+A % B);
        A=-10;
        B=-3;
        System.out.println("mod of int:"+A % B);
    }
}
```

程序输出：

```
mod of int:1
mod of double:0.9700000286102295
mod of int:1
mod of int:-1
```

如果参与除法运算的两个操作数是整型，则结果为整数。若希望结果为小数，则需要对其中一个操作数的类型进行强制转换。

程序清单 2-5：

```
public class DivideArithmetic {
    public static void main(String arg[]) {
        int A=10;
        int B=3;
        System.out.println(A/B);
        System.out.println(A/(float) B);
        System.out.println(A * 1.0/(float) B);
    }
}
```

程序输出：

```
3
3.3333333
3.3333333333333335
```

单目运算包括＋(取正)、－(取负)、＋＋(自增)、－－(自减)。单目运算符容易混淆，简单的区分方法是看＋＋、－－在操作数的前面还是在后面，在前面则先自增、自减，在后面则先参与运算，再自增、自减。假设有以下语句：

```
int x=100;
int y=(x++)-5 * 6;              //则 y 的值为 70，x 值为 101
y=(++x)-5 * 6;                  //则 y 的值为 71，x 的值为 101
```

自增、自减运算虽然简洁，却会减少程序的可读性，因此还是少用为妙。

2.4.2　关系运算符

关系运算符是比较两个基本类型变量并决定它们的关系。关系运算符有＝＝(等于)、!＝(不等于)、<(小于)、<＝(小于等于)、>(大于)、>＝(大于等于)及 instanceof (对象运算符)7 种。关系运算符两边的数据类型应一致，一个关系表达式的结果为布尔型，即关系式成立结果为 true，不成立结果为 false。

程序清单 2-6：

```
public class RelationDemo {
```

```java
public static void main(String[] args) {
    boolean x,y,z;
    int a,b;
    a=10;
    b=20;
    x=(a>=b);
    y=(a!=b);
    z=(a==b);
    System.out.println("x="+x);
    System.out.println("y="+y);
    System.out.println("z="+z);
    System.out.println("x!=y "+(x!=y));
    System.out.println("x==y "+(x==y));
}
}
```

程序输出:

```
x=false
y=true
z=false
x!=y true
x==y false
```

2.4.3 逻辑运算符

逻辑运算符是指进行与(&&)、或(||)、非(!)运算,表 2-4 给出了逻辑运算符的用法和含义。

表 2-4　逻辑运算符

运算符	用　法	含　义	结合方向
&&	a && b	与	左到右
ǁ	a ǁ b	或	左到右
!	! a	非	右到左

表 2-5 给出了逻辑运算的结果,逻辑运算的操作数必须是 boolean 型数据。

表 2-5　逻辑运算的结果

操作数 a	操作数 b	a && b	a ǁ b	! a
true	true	true	true	false
true	false	false	true	false
false	true	false	true	true
false	false	false	false	true

程序清单 2-7：

```
public class LogicArithmetic {
        public static void main(String[] args) {
        int i=5;
        int x=0;
        boolean flag= (i>3) && (i++<4);
        System.out.println("flag="+flag+"\t i="+i);

        i=5;
        flag= (i<3) && (i++<4);
        System.out.println("flag="+flag+"\t i="+i);

        i=5;
        flag= (i>4) || (i++>3);
        System.out.println("flag="+flag+"\t i="+i);
        }
}
```

程序输出：

```
flag=false  i=6
flag=false  i=5
flag=true   i=5
```

逻辑与和逻辑或运算存在短路现象。与运算 && 要求左右两个表达式都为 true 时才返回 true，如果 && 左边的表达式为 false 时，它立刻就返回 false，就好像短路一样，不会计算右侧表达式。

或运算符||要求左右两个表达式有一个为 true 时就返回 true，如果它左侧表达式为 true 时，就立刻返回 true，省去了一些无谓的计算时间。

2.4.4　赋值运算符

赋值运算符(assignment operator)是符号＝，它的一般形式如下：

var=expression;

赋值是双目运算符，它将右侧表达式的值赋给左边的变量 var。使用赋值运算符时需要注意两点。

（1）赋值运算符的左边只能是变量，不能是常量，也不可是表达式。

（2）右边表达式的数据类型与左边的变量要一致或可以实现自动转换，即变量 var 的类型要与 expression 的类型兼容。

2.4.5　位运算符

位运算符主要针对二进制，它包括与(&)、非(!)、或(|)、异或(^)和移位运算符

（<<）等。

（1）与运算符对操作数执行按位与操作，当两个操作数的对应位都为 1 时结果为 1，否则结果为 0。

程序清单 2-8：

```java
public class BitANDTest {
    public static void main(String[] args) {
        int a=129;                  //二进制就是 10000001
        int b=128;                  //二进制就是 10000000
        System.out.println("a 与 b 的结果是: "+ (a & b));

        a=-129;                     //二进制就是 01111111
        //System.out.println("a: "+Integer.toBinaryString(a));
        b=12;                       //二进制就是 00001100
        System.out.println("a 与 b 的结果是: "+ (a & b));

        a=-12;                      //二进制就是 111110100
        b=12;                       //二进制就是 00001100
        System.out.println("a 与 b 的结果是: "+ (a & b));
    }
}
```

程序输出：

a 与 b 的结果是：128
a 与 b 的结果是：12
a 与 b 的结果是：4

根据与运算符的运算规律，只有两个位都是 1，结果才是 1，所以第一次 a&b 结果就是 10000000，即 128。

（2）或运算符执行按位或运算，当操作数的两个对应位中有一个为 1，结果是 1。

程序清单 2-9：

```java
package cn.edu.javacourse.ch2;
public class BitORTest {

    public static void main(String[] args) {
        int a=129;                  //二进制就是 10000001
        int b=128;                  //二进制就是 10000000
        System.out.println("a 或 b 的结果是: "+ (a | b));

        a=-129;                     //二进制就是 01111111
        //System.out.println("a: "+Integer.toBinaryString(a));
        b=12;                       //二进制就是 00001100
        System.out.println("a 或 b 的结果是: "+ (a | b));
```

```
        a=-12;              //二进制就是 111110100
        b=12;               //二进制就是 00001100
        System.out.println("a 或 b 的结果是: "+ (a | b));
    }
}
```

程序输出：

a 或 b 的结果是：129
a 或 b 的结果是：-129
a 或 b 的结果是：-4

（3）非运算符执行按位取反操作，操作数为 0 时，则结果是 1。

（4）左移运算符用<<表示，它将运算符左边的变量向左移动指定的位数，并且在低位补零。向左移 n 位，就相当于乘上 2^n。

（5）无符号右移运算符。

无符号右移运算符用符号>>>表示，是将运算符左边的对象向右移动指定的位数，并且在高位补 0，右移 n 位就相当于除以 2^n。

程序清单 2-10：

```
public class RightShift
{
    public static void main(String[] args)
    {
        int a=16;
        int b=2;
        System.out.println("a 移位的结果是: "+ (a>>>b));
    }
}
```

程序输出：

a 移位的结果是：4

分析上面的程序段不难知道，16 的二进制是 00010000，它向右移动 2 位，就变成了 00000100，即 4。从另一个角度看，向右移动 2 位，其实就是除以 2^2。

（6）带符号的右移运算符。

带符号的右移运算符用>>表示，是将运算符左边的运算对象向右移动指定的位数。如果是正数，在高位补零；如果是负数，则在高位补 1。

程序清单 2-11：

```
public class SignedRightShift {
    public static void main(String[] args) {
        int a=128;
        int c=-128;
        int b=2;
```

```
        int d=2;
        System.out.println("a 的移位结果: "+(a>>b));
        System.out.println("c 的移位结果: "+(c>>d));
    }
}
```

程序输出：

```
a 的移位结果: 32
c 的移位结果: -32
```

2.4.6　表达式

表达式是运算符、常量和变量遵循语法规则的组合，表达式既可以单独组成语句，也可以出现在选择条件测试、循环条件测试、变量声明、方法的调用参数等场合。表达式根据语言的语法构造，计算后返回一个单独的值。例如：

```
int cadence=0;
anArray[0]=100;
int result=1+2;
if (value1==value2)
    System.out.println("value1==value2");
```

表达式返回值的类型依赖于表达式里使用的元素。表达式 cadence＝0 返回 int，因为赋值运算符返回与其左操作数相同的数据类型的值。Java 允许从多个简单的表达式构造一个复合的表达式，各个部分的表达式数据类型复合出最终表达式的数据类型。

2.4.7　运算符优先级

运算符的优先级是指同一表达式中多个运算符被执行的次序，在表达式求值时，按运算符的优先级别由高到低的次序执行。例如，算术运算符中采用"先乘除后加减"的规则。如果在一个运算符两侧的优先级别相同，则按规定的结合方向处理，称为运算符的结合性。Java 规定了各种运算符的结合性，如算术运算符的结合方向为"自左至右"，即先左后右。

程序清单 2-12：

```
public class PriorityAndAssociativity {
    public static void main(String[] args) {
        int a=3;
        int b=3;
        int c=a+++b;
        System.out.println("c:"+c);
        c=1+2-3 * 4/5;
```

```
        System.out.println("c:"+c);
    }
}
```

程序输出：

```
c: 6
c: 1
```

表 2-6 列出了各个运算符优先级别的排列和结合性，数字越小表示优先级别越高。

表 2-6　运算符优先级和结合性

优先级	涉及的运算符	结 合 性
1	[] . () （函数调用）	
2	! ~ ++ -- + - () （类型转化）new	从右到左
3	* /%	从左到右
4	+ -	从左到右
5	<< >> >>>	从左到右
6	<< <= >> = instanceof	从左到右
7	== ! =	从左到右
8	&	从左到右
9	^	从左到右
10	|	从左到右
11	& &	从左到右
12	||	从左到右
13	? :	从右到左
14	=+=-= *=/=%=^=<<=>>=>>>=	从右到左

其实在实际的程序开发中，不需要记忆运算符的优先级别，也不要刻意地使用运算符的优先级别，对于不清楚优先级的地方可使用括号确定优先级，例如：

```
int m=12;
int n=m<<1+2;
int n=m<< (1+2);
```

从以上代码不难发现，加上括号后书写代码逻辑性更好，也便于代码的阅读和维护。

2.5　语句

Java 程序由语句组成，语句则由表达式构成。语句构成一个完整的执行单位，以分号结尾。例如，赋值表达式、方法调用、对象创建表达式等都是语句。

一个代码块由多个语句组成，它可以在任何独立语句允许的地方使用。代码的语句一般是从上到下，按照它们的出现顺序执行。但是，决策控制流语句让执行流程产生分支，使程序有条件地执行特定的代码块。Java 语言支持的控制语句有 if-then、if-then-else 和 switch，循环语句有 for、while、do-while 和分支语句 break、continue、return。

2.5.1　if 语句

if-then 是最基本的控制流语句,它根据测试条件的结果选择执行流程。例如,描述一个自行车的行为时,只有它在运动时,才可以使用刹车减速。此时,使用状态变量 isMoving 标记自行车是否处于行驶状态。描述刹车行为的函数 applyBrakes 定义如下。

程序清单 2-13:

```
void applyBrakes() {
    if (isMoving){
        //满足处于行驶状态,才执行减速
        currentSpeed--;
    }
    else
    {
        System.err.println("The bicycle has "+"already stopped!");
    }
}
```

isMoving 这一测试条件不满足时,applyBrakes 函数输出错误提示。当然,测试条件也可以是逻辑表达式,代码的执行分支取决于逻辑表达式的结果。

2.5.2　switch 语句

switch 语句有多个可能的执行路径,switch 的测试条件可以是 byte、short、char、int 等基本类型,也可以是枚举类型、String 类和几个特殊的原生类型包装类,比如 Character、Byte、Short 和 Integer。

switch 语句是多分支的开关语句,它的一般格式如下:

```
switch(分支表达式){
    case 常量表达式 1:
        ⋮
        break;
case 常量表达式 n:
        ⋮
        break;
default:
}
```

switch 首先计算分支表达式的值,如果表达式的值和后面某个 case 值相同,就执行 case 里的语句,直到遇到 break 为止。如果没有遇到相同的值,则执行 default 分支。

switch 语句对于多分支的程序很好用,可以提高代码的清晰度。在 SwitchDemo 中根据 month 的值显示 month 的名字。

程序清单 2-14：

```
public class SwitchDemo {
    public static void main(String[] args) {
        int month=8;
        String monthString;
        switch (month) {
            case 1: monthString="January";
                    break;
            case 2: monthString="February";
                    break;
              ⋮
                    break;
            case 12: monthString="December";
                    break;
            default: monthString="Invalid month";
                    break;
        }
        System.out.println(monthString);
    }
}
```

程序输出：

```
August
```

break 语句用于结束 switch 语句封闭块，控制流从 switch 块的第一个语句开始执行，没有 break 语句会使得 switch 块的语句连续执行多个 case 分支，而不管 case 标签的表达式是否符合条件，直到遇到一个 break 语句。

2.5.3 for 语句

for 语句提供了一个紧凑的方式来遍历一定范围内的值，它的通常形式如下：

```
for (initialization; termination; increment) {
    statement(s)
}
```

使用该版本的 for 语句时，要注意以下 3 个问题。

（1）初始化语句 initialization 初始化循环变量，它只作为循环的开始执行一次。

（2）当结束表达式 termination 计算为 false，循环结束。

（3）自增表达式 increment 会在循环中次执行。

程序清单 2-15：

```
class ForDemo {
```

```
public static void main(String[] args){
    for(int i=1; i<11; i++){
        System.out.println("Count is: "+i);
    }
}
}
```

2.5.4　while 和 do-while 语句

while 语句当测试条件 testexpression 为 true 时执行块内的语句,它的表述如下:

```
while (testexpression) {
    statement(s)
}
```

while 语句的执行过程为先计算逻辑表达式 testexpression,当逻辑表达式为真时,重复执行循环体内的若干语句,直到逻辑表达式为 false 时退出。如果第一次逻辑表达式即为 false,则不执行任何循环体内动作。如果逻辑表达式永远为真,则进入死循环。

do-while 语句和 while 语句的区别是,do-while 计算它的表达式是在循环体的底部,而不是顶部。所以,do 块的语句至少会执行一次,如 DoWhileDemo 程序所示。

程序清单 2-16:

```
class DoWhileDemo {
    public static void main(String[] args){
        int count=1;
        do {
            System.out.println("Count is: "+count);
            count++;
        } while (count<11);
    }
}
```

2.5.5　break 和 continue 语句

break 语句的作用是终止某个语句块的执行,使应用程序从该语句块后的第一个语句处开始执行。break 语句可以结束 for、while、do-while 循环,如下面的 BreakDemo 程序。

程序清单 2-17:

```
public class BreakDemo {
    public static void main(String[] args) {
```

```
int[] arrayOfInts={ 32,87,3,589,12,1076,2000,8,622,127 };
int searchfor=12;
int idx;
boolean foundIt=false;

for (idx=0; idx<arrayOfInts.length; idx++) {
    if (arrayOfInts[idx]==searchfor) {
        foundIt=true;
        break;
    }
}

if (foundIt) {
    System.out.println("Found "+searchfor+" at index "+idx);
} else {
        System.out.println(searchfor+" not in the array");
    }
}
```

程序输出：

Found 12 at index 4

continue 语句忽略 for、while、do-while 的当前循环，它的作用是跳过某个循环语句块的一次执行，使应用程序直接开始下一次循环测试。continue 和 break 语句的区别在于两点。

（1）continue 只能用于循环语句（for/while/do-while）中。

（2）continue 语句执行时只是中断本次循环体内语句的执行，而 break 语句则结束整个循环。

程序清单 2-18：

```
public class ContinueDemo {
    public static void main(String[] args) {
        int []arrayOfInts={1,3,4,5,6,11,212};
        int sum=0;
        for (int i=0; i<arrayOfInts.length; i++) {
            //interested only in even numbers
            if (arrayOfInts[i] %2 !=0)
                continue;
            sum +=arrayOfInts[i];
        }
        System.out.println("sum of odds "+sum);
    }
}
```

程序输出：

```
sum of odds 222
```

2.5.6　return 语句

return 语句的作用是从当前方法退出，控制流返回到方法调用处。return 语句有两种形式：有返回值和无返回值。为了返回一个值，在 return 关键字后面把值放进去，或者放一个表达式计算，例如：

```
return ++count;
```

return 值的数据类型，必须和方法声明的返回值的类型一致或兼容。当方法声明为 void 时，使用 return 不需要返回值。

2.6　程序设计风格

学好一门编程语言，学习它的编程风格是很重要的。让代码按自己希望的方式运行实现功能性规约固然重要，而让程序具有自明的编程风格，使其具有可读和可维护性也同样重要。可读性很容易达到，比如，让自己的代码排版上适当使用空行、缩进，标识符采用描述性单词构成，标识符名称应该能说明自身代表的意义。

在标识符命名方面，应遵循以下规则。

（1）使用完整的英文描述符。

（2）采用大小写混合使名字可读，而且采用适用于相关领域的术语。当标识符是由两个或多个单字连接在一起时，采用"驼峰式大小写"来表示。所谓驼峰式是指单字之间不以空格或连接号（—）或下划线（_）断开，第一个单字以小写字母开始，而第二个单词的首字母大写，例如，firstName、lastName。

（3）尽量少用缩写，且在整个文件或工程中通用。

（4）避免使用类似的名字，比如仅仅是大小写不同的名字。

在源文件命名规则方面，源程序中包含有公共类的定义，源文件名必须与该公共类的名字一致。在一个源程序中至多只能有一个公共类的定义，源程序中不包含公共类，则该文件名只要和某个类名字相同即可。

为了增加代码的可读性，代码注释必不可少。Java 语言共有 3 种注释方式。

（1）单行注释：//表示其后面的内容被注释。

（2）多行注释：/ * …… * /注释从/ * 开始，到 * /结束，不能嵌套。

（3）doc 注释：/ * * …… * /注释从/ * * 开始，到 * /结束。这是 Java 所特有的文档注释，是为支持 Javadoc 技术而采用的。

软件开发过程中，文档编写的重要性不亚于代码本身，文档应该说明类、方法的意图、使用的算法思想、实现思路，是对代码的补充。当代码更新后，应该同步修改文档，使其与代码保持一致。

模块性是编程需要注意的另一重点，把代码划分到类里，在类中把功能划分到方法中，别让一个类太大，否则在使用、修改和理解上都会造成不必要的麻烦。方法也一样，如果一个方法长度超过 50 行,它产生错误的概率将接近 100%,尽量把大方法划分为小方法,编程中为避免重复编写,还应尽量调用 Java 标准类库。

2.7　程序错误与调试

代码写完后,需要不断测试以确保它实现了预定义的功能。简单的错误,可以通过打印输出特定变量值来发现。而代码中隐藏的逻辑错误,则需要跟踪程序执行的轨迹并观察变量的改变过程来发现可能的错误。而在开发环境中设置各类断点,是最为常用的代码调试手段。设置断点后,代码会在断点处停止执行,然后可以人为控制代码的逐步执行或一次执行到特定位置,以便观察特定程序片段的执行逻辑是否符合预期。

在 Eclipse 的编辑区的行头双击就会设置一个断点,代码运行到此处时会停止。除此之外,还可以设置条件断点,顾名思义,条件断点就是有一定条件的断点,只有满足了开发者设置的条件,代码才会在运行到断点处停止。在断点处右击,在弹出的快捷菜单中选择最后一个 Breakpoint Properties 选项,如图 2-2 所示。

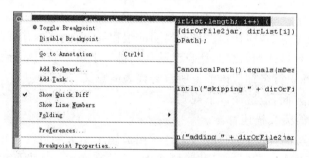

图 2-2　设置调试断点

断点的属性界面及各个选项的意义如图 2-3 所示,可以在对话框中根据需要设置代码停止执行的条件。当条件满足时,代码会停下来,方便逐步跟踪代码的执行过程。

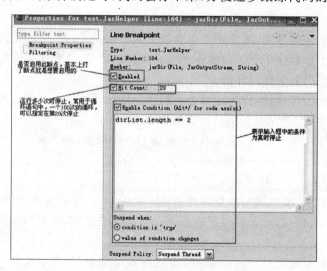

图 2-3　设置条件断点

断点不仅能设置在语句上,变量也可以接受断点。在编辑器中选中指定的变量,设置断点后在变量的值初始化,或是变量值改变时可以停止。当然变量断点上也是可以设置条件,和上面介绍的条件断点的设置过程是一样的。

除此之外,方法也可以设置断点。方法断点就是将断点设置在方法的入口处,方法断点的特别之处在于它可以设置到 JDK 的源码里,由于 JDK 在编译时去掉了调试信息,所以普通断点是不能设置到里面的,但是方法断点却可以,可以通过这种方法查看方法的调用栈。

2.8 本章小结

Java 提供了 8 种基本数据类型,也称为原生类型,不同类型变量转换时需要注意类型的表示范围。boolean 类型不能与其他数据类型相互转换,表达式计算遵循运算符的优先级和结合性,但适当地使用括号可以提高代码的可读性。好的代码必须是别人容易看懂的代码,因此,良好的程序设计风格必须尽早养成。

断点是代码调试的基本手段,必须掌握基本的断点设置方法。通过设置断点可以跟踪代码的执行流程,发现代码中隐藏的逻辑错误。

2.9 本章习题

1. 编写程序计算 100 以内的素数并输出。

2. 《射雕英雄传》里黄蓉遇上神算子瑛姑,给她出的三道题目中有一题是这样的:今有物不知其数,三三数之剩二,五五数之剩三,七七数之剩二,问物几何?白话说就是,有一个未知数,这个数除以三余二,除以五余三,除以七余二,问这个数是多少?请编写程序求解。

第 3 章　封 装 与 类

本章目标

- 了解封装的概念。
- 掌握类的定义。
- 理解类的访问修饰符的作用。
- 理解构造函数的作用。
- 掌握方法重载和注意事项。
- 理解类变量和实例变量的区别。
- 理解不可变对象和对象协作。
- 掌握类图的画法。

　　封装、继承和多态是面向对象编程的三大特性。其中,封装是将数据和处理数据的动作绑定在一起的一种编程机制,该机制保证了程序和数据不受外部干扰且不易被误用。

　　类是实现封装的手段,是面向对象编程的基本单元。类将数据和基于数据的操作结合在一起,数据被保护在类的内部,系统的其他部分只有通过包裹在数据之外被授权的操作,才能够与这个类进行交互。类定义了被对象集共享的结构和行为,而每一个具体的对象都具有这个类定义的数据和操作,对象也被看成是类的实例(Instance of a Class)。

　　封装隐藏了类的内部实现细节,从而可以在不影响使用者的前提下改变类的内部实现,同时保护了数据。对外界而言类的内部细节是隐藏的,暴露给外界的是它授权访问的操作。类封装了自己的属性和方法,它可以不依赖其他类实现自己的行为。封装提高了程序中数据的完整性和安全性,提高了模块的可重用性和开发效率,进而降低开发过程的复杂性。

　　从面向对象程序设计方法的角度来看,程序中所有的东西都是对象。类是一种用户自定义的数据类型,对象是该类型的实例变量,它持有数据,而且还可以对自身数据(状态)执行更新操作。例如,对象 BankAccount 中保存着账号余额、账号、姓名等信息,同时还有方法 deposit()和 withdrawal()用于存取款,余额信息只能通过这两个方法修改。

　　程序是对象的组合,对象间通过消息传递实现协作。如果需要让对象完成特定工作,则须向该对象"发送一条消息"。从实现的角度看,消息传递就是方法调用,它调用属于目标对象的一个方法。例如,账号管理器 AccountManager 中保存着 BankAccount 的对象列表,当用户取款时,需要做的就是查找对应的 BankAccount 对象,并调用对应的存款方法即可,这相当于 AccountManager 对象发送了一条消息给 BankAccount 对象。

　　每个对象都有自己的存储空间,两个 BankAccount 对象在内存中的存储位置是不同的,因此,它们的状态是隔离的,互不干扰。对象还可以容纳其他对象,或者说通过封装现有的对象,可以产生新型对象。因此,尽管对象的概念非常简单,但是经过封装以后却可以实现任意复杂的业务逻辑。

3.1 类

类和对象是面向对象编程中的核心概念,是 Java 程序设计的基本单元。一个源程序都是由若干类来组成的,因此,学习 Java 编程就必须学会如何去设计类,即怎样去分解面临的问题域,发现问题域中的对象。在此基础上,找到有共同特征的对象,用 Java 语法去描述这些对象的共有的属性和行为。

类是对一类事物的特征的描述,因而是抽象概念上的声明,而对象是实际存在的该类事物的一个个体。例如"猫"是一个类,而 ketty 是邻居家的大黄猫,它是黄色的毛、蓝眼睛、四条腿;"机器猫"是个侦探,它是黑色的加菲猫。而且,它俩都擅长奔跑,爱吃鱼。因此,可以通过猫这个类来描述它俩的共同行为。

程序清单 3-1:

```java
public class Cat {
    private String color;              //属性的定义
    private int type;
    private String colorOfEyes;
    private String name;

    public void eat(){
        System.out.println("I like fish!");
    }

    public void setColorOfEyes (String cof) {
        colorOfEyes=cof;
        if(colorOfEyes.equals("black"))
            type=1;
    }

    public int getColorOfEyes () {
        return colorOfEyes;
    }

    public void run()
    {
        System.out.println("I can run fastly!");
    }
}
```

3.1.1 成员变量和局部变量

Java 中没有全局变量,Java 中的变量大致分为成员变量和局部变量两大类。成员变量是指在类体里面定义的变量,也称为类的属性或数据成员;而在形参、方法内定义的变量和代码块中定义的变量,都属于局部变量。

成员变量在整个类内都有效,而局部变量只在定义它的方法体内有效。

程序清单 3-2:

```java
public class Variable{
    int allClicks=0;                //成员变量
    int i=0;

    public void method(){
        int i=10;                   //局部变量
        System.out.println("local variable:"+i);
    }

    public void print()
    {
        System.out.println("memeber variable:"+i);
    }

    public static void main(String[] args) {
        Variable v=new Variable();
        v.method();
        v.print();
    }
}
```

程序输出:

```
local variable: 10
memeber variable: 0
```

总的来说,成员变量属于对象,不同对象的同一个成员变量的值是不同的。而形式参数变量和局部变量属于方法,当方法结束时它们的生命周期结束。

3.1.2　成员修饰符

类体的每个方法或成员变量的访问权限都可以通过修饰符(public、private、protected、default)来指定,访问权限控制是实现信息隐藏的重要手段。

使用 public 修饰的成员变量和方法被称为公共变量和公共方法,可被所有的类访问。public 方法的作用是让类的客户(调用者)了解类提供的服务,即类的公共接口,而不必关心类是如何完成任务的。public 可以修饰类、数据成员、构造方法、方法成员。被 public 修饰的成员,可以在任何一个类中被调用,是权限最大的一个修饰符。

private 修饰符的作用域在这 4 种之内是最为严格的,通常使用它来实现对类的方法和属性的隔离,这意味着除了本类的方法能够调用私有成员以外,其他任何类都不能直接访问私有的成员。

程序清单 3-3:

```
class LocalVariable{
    private int x;
    private void output(){
        System.out.println("hello");
    }
}

public class ModifierTest
{
    void output()
    {
        LocalVariable lv=new LocalVariable();
        lv.x=10;
        lv.print();
    }
}
```

代码 3-3 编译是无法通过的,编译器提示在 lv. x＝10 和 lv. print()这两行的变量和方法是不可见的。即使用 private 修饰的私有成员在类外是无法被访问的,这说明使用 private 修饰的实例变量和方法在对象之外是不可见的。

有关 Java 语言的修饰符,需要注意的问题有 4 个。

(1) 修饰符声明的是"被访问"的权限,即它控制的是其他类的对象对当前类的对象的成员访问。

(2) 所有修饰符都可以修饰数据成员、方法成员和构造方法。

(3) 只有 public 和 default 能修饰类(指外部类)。

(4) 属性成员尽可能用 private 修饰。

3.2　方法重载

当要使用某个方法时,需要通过它的方法名来实现调用。实际应用中,常常会碰到要实现一个特定功能,但由于操作的数据类型和数据个数不同,需要定义多个方法来实现。但如果每个方法都取不同的名字,则会导致方法名记忆和使用上的不便。Java 允许定义多个参数不同但名字相同的方法,即所谓的"方法重载"。方法重载能方便程序员开发,减少相同功能方法记忆上的困扰。

方法重载中参数不同是指参数个数不同,或者是参数的类型不同。重载方法需要满足以下特征。

(1) 方法名相同。

（2）方法的参数签名（即参数类型、个数、顺序）不相同。

（3）方法的返回类型可以不相同，方法的修饰符也可以不相同。

程序清单 3-4：

```java
public class ShapeArea {
    //由三角形的底和高求面积
    void getArea(double bottom,double height) {
        double area=bottom * height/2;
        System.out.println("The area of triangle is: "+area);
    }

    void getArea(int r) {
        double area=3.14 * r * r;
        System.out.println("The area of Circle is: "+area);
    }

    void getArea(int top,int bottom,int height) {
        double area=(top+bottom) * height/2;
        System.out.println("The area of trapalizer is: "+area);
    }
    public static void main(String[] args) {
        ShapeArea sa=new ShapeArea();
        sa.getArea(12);
        sa.getArea(3,5);
        sa.getArea(4,9,5);
    }
}
```

程序输出：

```
The area of Circle is: 452.15999999999997
The area of triangle is: 7.5
The area of trapalizer is: 32.0
```

ShapeArea 类有 3 个方法，名字都是 getArea，但是这 3 个方法的参数个数不一样。通过方法重载，一个类中可以有多个具有相同名字的方法，编译器根据传递给方法的参数个数或参数类型的不同来决定使用哪一个方法。

再比如，可以编写方法 draw()用来画三角、画四边形，甚至画朵花，或者仅仅是输出文字或者数字。调用时可以传递给它一个字符串、数字、三角形的 3 个顶点位置、四边形的 4 个顶点位置等。通过方法重载，对于每一种不同的实现，不需要起一个新的名字，只需实现一个新的 draw()方法即可。

程序清单 3-5：

```java
public class PainterTest{
    public static void main(String args[]){
```

```
        Painter mt=new Painter();
        mt.draw(3);
        mt.draw(2,4);
        mt.draw("a good day");
    }
}
class Painter{
    public void draw(int i){
        System.out.println("draw a digit,it's "+i);
    }
    public void draw(int x,int y){
        System.out.println("draw a point,it's coordinate is"+x+"and"+y);
    }
    public void draw(String m){
        System.out.println("draw a string,it's "+m);
    }
}
```

程序输出：

draw a digit,it's 3

draw a point,it's coordinate is 2 and 4

draw a string,it's a good day

Painter 类使用方法重载机制定义了 3 个 draw（）方法，它们的参数不同。在 PainterTest 类内对它们进行调用时，JVM 会自动根据参数个数和类型的不同而选择不同的方法。

3.3 对象

对象代表某个可以识别的单元或实体，它可以使物理存在的，也可以是抽象的，在问题域中承担了定义良好的角色，并具有明确的概念边界。比如，加菲猫和大熊猫都是独立的实体，因此，它们是对象。自行车是对象，它的构件车轮、座椅、刹车、脚踏板也都是对象。

某些对象具有明确的概念边界，但它代表的是不可触摸的事件或过程。比如，化工厂中的一个化学处理过程可以被看作是一个对象，因为它通过一组有序的操作，在不同的时间和某些其他的对象打交道，并展示出良好的行为。类似地，在三维建模系统中，一个球体和立方体相交，交线是一条不规则的曲线，虽然离开球体和立方体曲线就不存在，但这条曲线仍然是对象，因为它具有明确的概念边界。

对象是一个具有状态、行为和标识符的实体，结构和行为类似的对象定义在它们的类中。状态是对象的属性以及属性的当前值，它通常是动态的。行为是对象在状态改变和消息传递时的动作和反应。对象的行为体现为它外部可见的活动。

一个操作就是某种动作,一个对象对另一个对象执行这个操作,目的是获得某种反应。在 Java 中,客户在对象上可以执行的操作被定义为方法,比如对队列对象的入队和出队都是操作,也可以调用取长度操作,用来返回队列元素的长度。对象的操作中最常见的操作有 3 种,分别如下。

(1) 修改操作,更改一个对象状态的操作。

(2) 选择操作,访问一个对象状态但不更改其状态的操作。

(3) 遍历操作,以一种通用优雅的方式访问对象所有部分的操作。

3.3.1 构造方法

构造方法是一类特殊的方法,它的名字必须与类名完全相同,且不返回任何数据类型,构造方法不能有任何非访问性质的修饰符,也不能用 void 修饰。类可以不定义构造方法,这时编译器会为类隐含声明了一个方法体为空的无参构造方法。但当类有明确声明的构造方法时,编译器就不会自动生成无参的构造方法了。

构造方法在通过 new 操作符创建对象时被自动调用,调用规则与方法重载的规则是一致的。

程序清单 3-6:

```java
public class Cat {
    private String color;              //属性的定义
    private int legs;
    private String colorOfEyes;
    private String name;

    public Cat() {

    }

    public Cat(String name,String color) {
        this.name=name;
        this.color=color;
    }

    public Cat(String name,String color,int legs,String colorOfEyes) {
        this(name,color);
        this.legs=legs;
        this.colorOfEyes=colorOfEyes;
    }

    public void setLegs(int alegs) {
        legs=alegs;
    }
```

```
    public int getLegs() {
        return legs;
    }

    public void eat() {
        System.out.println("I like fish!");
    }

    public void run() {
        System.out.print("I can run fastly!");
    }
}
```

本例中共定义了3个构造方法,注意第二个构造方法中使用了this关键字,它表示一个对象引用,其值指向正在执行方法的对象。而在第三个构造方法中,this用来调用构造方法,此时this用于调用同一个对象中不同参数的另一个构造方法。特别地,构造方法中通过this关键字调用其他构造方法时,必须放在第一行,否则会编译时报错。构造方法中只能通过this调用一次其他构造方法。

3.3.2 创建对象

类是逻辑结构,而对象是真正存在的实体。对象是以类为模板创建的,或者说对象是类的实例化。可以通过类来创建一个对象,也称为实例化对象。创建对象的过程即类实例化的过程,包括类的加载、对象内存分配和变量初始化。

在Java中,有两种行为可以引起对象的创建。其中比较直观的一种,也就是通常所说的显式对象创建,它通过操作符new来调用一个类的构造函数来创建一个对象,这种方式在Java规范中被称为"由执行类实例创建表达式而引起的对象创建"。

类的实例化不仅完成对象创建,还需要初始化对象。

(1) 先创建对象,后初始化对象:

```
ClassName objectRef;
objectRef=new className([paramlist]);
```

(2) 创建对象的同时初始化对象:

```
ClassName objectRef=new className([paramlist]);
```

其中,ClassName是类的名字,objectRef为对象的名字,new是创建对象的操作符,用来生成一个新对象,[paramlist]是参数列表,它是可选的,根据构造函数的需要赋值。

例如创建一个Cat类的对象的语句为

```
Cat ketty=new Cat();
```

当创建一个对象时,JVM会为其分配内存,主要用来存放对象的实例变量,图3-1是对象内存分配的结构图。先来看一下上面语句中等号的右侧,new 是在内存中为对象开辟空间的操作符,它在堆(heap)内存上为对象开辟空间,保存对象的状态。而在等号的左侧,ketty 指代一个 Cat 对象,称为对象引用(reference)。实际上,ketty 并不是对象本身,而是类似于一个指向对象的指针,ketty 位于栈(stack)中。当用等号赋值时,是将右侧在堆中创建对象的首地址赋予了对象引用变量 ketty。

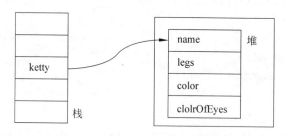

图 3-1　对象创建内存结构示意

　　Java 规范要求在一个对象的引用可见之前需要对其进行初始化。在内存分配完成之后,JVM 就会对新创建的对象执行初始化操作。对象初始化最常见的情况是通过构造方法来实现。

　　除了通过 new 操作符生成对象,另外一种常用的创建对象的方式是调用 java. lang. Class 类的 newInstance()方法,建立该 Class 所表示的类的对象实例。Java 中的任何类都有一个 Class 类,它是描述该类的元数据。比如,通过类 Class 可以用如下语句创建一个 Cat 类的对象:

```
Cat ketty=Cat.getClass().newInstance()
```

或者使用下面的动态类加载语句(只需要存在相应的. class 文件即可)创建:

```
Cat ketty= (Cat) Class.forName("Cat").newInstance();
```

通过类加载器的方式创建类必须保证被创建的类在搜索路径中存在相应的. class 文件。注意,newInstance()方法创建对象实例的时候会调用无参的构造函数,所以必须确保类中存在无参数的构造函数,否则将会还抛出异常,无法进行实例化。

　　有时候,可能会希望控制对象的生成或者阻止直接通过 new 在类的外部生成类的实例,这时可以用 private 修饰构造方法。其实,单例(singlteon)设计模式就是通过将构造方法声明为 private 来实现只创建一个对象的实例。

　　程序清单 3-7:

```
public class Singleton {
    private static Singleton instance=null;


    private Singleton() {
        System.out.println(" private singleton is called.");
    }
```

```
    public static Singleton getInstance() {
        if (instance==null)
            instance=new Singleton();
        return instance;
    }
}
```

Singleton 类必须通过 getInstance( )方法来创建对象,这样就限制了创建对象的个数,当希望一个类在程序中只被创建一个对象时,单例模式经常被使用。

3.3.3 使用对象

一个类可以创建多个对象,这些对象各自占用不同的堆内存空间,改变某一个对象的某些属性值不会影响其他对象。

必须通过对象的引用来使用对象。

尽管引用和对象是分离的,但所有通往对象的访问必须经过引用这个"大门",不能跳过引用去直接接触对象。比如,在通过语句:

```
Cat ketty=new Cat();
```

创建对象后,引用变量 ketty 就调用 Cat 的对象方法了,比如执行"ketty.setLegs();"引用起到了指针的作用,但不能直接修改引用的值,比如像 C 语言那样将指针值加1。我们只能通过引用执行对象的操作,这样的设计避免了许多指针可能引起的错误。

将一个对象引用赋值给另一个引用时,实际上复制的是对象的引用地址,其结果是两个引用指向同一对象。比如将 Cat 类的对象引用 ketty 赋值给另一个引用 dummyKetty 的语句为

```
dummyKetty=ketty;
```

从内存结构来看,以上赋值语句的结果如图 3-2 所示。

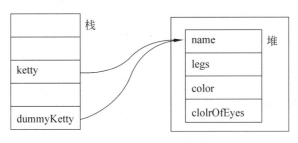

图 3-2 对象引用赋值结果

一个对象可以有多个引用,就如同一个人可以有多个名字一样。当程序通过某个引用修改对象时,通过其他引用也可以看到该修改结果。接下来用 CatTest 类来测试实际效果。

程序清单 3-8：

```
public class CatTest
{
    public static void main(String[] args)
    {
            Cat ketty=new Cat ();
            Cat dummyKetty=ketty;
            System.out.println(dummyKetty.getLegs());
            ketty.setLegs(5);
            System.out.println(dummyKetty. getLegs ());
    }
}
```

程序输出：

```
0
5
```

从程序输出的结果看，对象引用 dummyKetty 对对象的操作和 ketty 修改是相同的效果。特别提醒，将一个对象引用赋值给另一个对象引用，并不能复制对象本身。实际上，复制对象必须寻求其他机制来实现。

3.3.4　对象参数传值

当我们分离了引用和对象的概念后，Java 方法的参数传递机制实际上就非常清晰了。Java 的参数传递为值传递，也就是说，当传递一个参数时，方法将获得该参数的一个副本。

实际上，传递的参数有两种：基本类型的变量和对象的引用变量。基本类型变量的值传递意味着变量值本身被复制，并传递给调用方法，因此，方法中对变量的修改不会影响原变量。引用的值传递意味着对象的引用值被复制，并传递给了方法，方法使用该引用对对象的修改将会影响实参对象。

程序清单 3-9：

```
public class ObjectPassTest {
    public void refFun(Cat aCat) {
        aCat.setLegs(10);
    }

    public void changeInt(int value) {
        value=55;
    }

    public static void main(String[] args) {
```

```
        ObjectPassTest obt=new ObjectPassTest();
        int value=10;
        obt.changeInt(value);
        System.out.println("after changeInt():"+value);
        Cat ketty=new Cat("tom","black",160,"blue");
        ketty.setLegs(4);
        System.out.println("legs of cat:"+ketty.getLegs());
        obt.refFun(ketty);
        System.out.println("legs of cat:"+ketty.getLegs());
    }
}
```

程序输出：

```
after changeInt(): 10
legs of cat :4
legs of cat: 10
```

请读者根据代码的输出仔细体会对象作为参数传递和基本数据类型的不同。

3.3.5 垃圾回收机制

当一个对象不再使用时，应该回收该对象占用的内存空间，从而提高内存利用率。在 C 语言等编程语言中，内存的分配和回收都是开发者在程序中手动进行的。而在 Java 中，内存的回收是由垃圾回收器(Garbage Collection，GC)自动处理的，一般情况下，程序员不需要关心对象的释放问题。但是，这并不意味着不需要了解对象释放的过程，因为，不良的程序设计风格仍然会导致 Java 中的内存泄漏，即大量的无用内存未被及时回收，从而导致内存不够用的问题。特别提醒的是，GC 只负责内存相关的清理，所有其他资源的释放必须由程序员手工完成，否则会引起资源泄露，甚至可能导致程序崩溃。

自动垃圾收集机制是查看堆内存、区分在使用的对象和未使用的对象、删除未使用的对象的一个过程。在使用对象或者引用对象指的是程序持有一个指向该对象的引用。对于未使用的对象或者无引用对象，则是指不被程序的任何部分持有引用的对象。所以，无引用对象使用的内存是可以被重新回收利用的。

垃圾收集通过 JVM 的一个后台的工作线程来完成，它周期性地扫描堆内存来发现程序不再使用的对象。为了判断对象是否可以被释放，需要引用计数和对象引用遍历。引用计数记录对特定对象的所有引用数，也就是说，当应用程序创建引用以及引用超出生命周期时，JVM 必须适当增减引用记数。当某对象的引用数为 0 时，便可以进行垃圾收集。

垃圾回收器是 JVM 自动启动的，它不受程序代码的控制，其具体执行的时间也不确定，但是程序员可以利用 System.gc()方法强制启动垃圾回收器。比如，在一些内存消耗大的应用中，当程序中监测到内存占用率过高时，可以利用 System.gc()强制启动垃圾回收器销毁无用对象。

垃圾回收机制还提供了 finalize()方法，用于释放不是通过 new 操作符创建的对象空间。这种情况一般发生在使用"本地方法"（Native Interface）的情况下，本地方法是一种在 Java 中调用非 Java 代码的方式。

由于 finalize() 方法会在垃圾回收器释放对象时被执行，所以 finalize() 方法还有一个有趣的用法，就是对象终结条件的验证。简单地说就是通过调用 finalize() 来发现一些隐晦的代码缺陷。例如下面的 RFIDCard 类通过 finalize() 方法检查是否存在未签入的卡。

程序清单 3-10：

```java
class RFIDCard{
        boolean checkedOut=false;
        public RFIDCard (boolean checkOut){
            checkedOut=checkOut;
        }
        void checkIn(){
            checkedOut=false;
        }
        protected void finalize(){
            if (checkedOut){
                System.out.println("Error: checked out ");
            }
        }
    }
public class TerminationCondition {
        public static void main(String[] args){
            RFIDCard novel=new RFIDCard (true);
            novel.checkIn();
            new RFIDCard (true);
            System.gc();
        }
    }
```

程序输出：

Error: checked out

程序 3-10 的终结条件：所有的 RFIDCard 对象在被当作垃圾回收前都应该被签入。但在 main() 方法中，由于程序错误，有一个 RFIDCard 未被签入。如果不使用 finalize() 来验证终结条件，将很难发现这类代码缺陷。而且，在程序 3-10 中，如果将 System.gc() 注释掉，程序不会有输出，这说明垃圾回收器的启动是由 JVM 控制的，对象的回收时机取决于 GC 的启动时机。

3.4　实例变量和类变量

如果一个类的成员变量用 static 修饰，则它被称为类变量（静态变量），否则它是实例变量。不同的对象将被分配不同的堆内存空间，因此，不同对象的实例变量互不相干。如果类中的成员变量有类变量,那么所有对象的类变量是同一个,也就是说,所有对象共享类变量。

　　程序执行时,类的字节码文件被加载到内存,如果该类没有创建对象,类的实例成员变量不会被分配内存。但是,类中声明的类变量在该类被加载到内存时,就已分配了相应的内存空间。类变量被加载到内存时被分配内存空间,直到程序退出运行才释放所占用的内存。Java 语言允许通过类名直接访问类变量。从数据操作的角度看,实例方法既能对类变量操作,又能对实例变量操作,而类方法(由 static 修饰的方法)只能对类变量进行操作。声明实例变量时,如果没有赋初值,将被编译器初始化为 null(引用类型)、0 或者 false。

　　类中还存在两种特殊的代码块,即非静态代码块和静态代码块,前者是指直接由{ }括起来的代码,而后者是指由 static{ }括起来的代码。

　　程序清单 3-11:

```java
public class StaticTest {
    static {
        name="static block";
        System.out.println("静态代码块被执行");
    }
    public static String name="fancy";              //类变量(静态变量)
    private String mail="myEmail";

    public StaticTest() {
        mail="112@ qq.com";
        System.out.println("构造器代码块被执行"+name);
    }
    //非静态代码块
    {
        mail="abc@ qq.com";
        System.out.println("非静态代码块被执行");
    }
    public void setName(String name)
    {
        this.name=name;
        System.out.println("setName is called.");
    }
    public static void main(String args[]){

        StaticTest st=new StaticTest();
        st.setName("Hinton");

        StaticTest.name="tom";
    }
}
```

程序输出：

静态代码块被执行
非静态代码块被执行
构造器代码块被执行 fancy
setName is called.

从程序输出结果可以看出，类变量在类的初始化之前初始化，无论类的实例被创建多少个，类变量都只在初始化时被分配一次内存空间。凡是用 static 修饰的，都将按位置被顺序执行，所以，构造函数中 name 的值最终输出 fancy 而不是上面的 static block。

非静态代码块在类初始化创建实例时，将会被提取到类的构造器中执行，但是，非静态代码块会比构造器中的代码块先被执行，所以，mail 最终输出的是类构造器中设定的值，也就是 112@qq.com。

3.5 类的发现与设计

分类是组织知识的手段，也是设计类的重要技术。在面向对象设计中，认识到事物之间的相似性，能够让人们将共性的特征放在关键抽象和机制中，最终产生更小的应用和更简单的架构。但是分类没有现成的捷径和诀窍，没有所谓完美的类结构，也没有正确的对象，必须深入理解问题域，通过不断迭代的考量和折中建立类和结构。

3.5.1 分类

对象是有清晰边界的实体或概念。但合理的对象分类是非常艰难的工作，需要通过一个增量式、迭代式的过程来完成。

所有具有某一个或某一组共同属性的实体构成一个分类。属性对分类是必要的，也是充分的。可以利用相关的属性作为对象间相似性的依据，具体来说，可以根据某一个属性是否存在，将对象划分到没有交集的集合中。比如，尺寸、颜色、形状和质量等是最为常用的属性。属性可以不只表示可以测量的特征，也可以包含观察到的行为，例如，鸟能飞但鱼不能飞这一事实可以作为一个属性，用于区分大雁和桂鱼。

确定和划分一个事物是一个类的步骤是，先判断该事物是否有一个以上的实例对象，有则可能是一个类。再判断该事物的对象是否有绝对的不同点，没有就可确定它是一个类。类的确定和划分没有统一的方法，基本依赖设计人员的经验、技巧和对实际问题的理解与把握。一个基本的原则是寻求系统中各事物的共性，将具有共性的那些事物划分成一个类。同一系统要实现的目标不同，确定和划分的类也不相同。例如，对于一个学校的管理系统，如果目标是教学管理，划分的类可能是教师、学生、教材、课程、教室等；如果目标是后勤管理，划分的类就可能是宿舍、食堂、后勤工作人员、教室等。

由于问题的复杂性，不能指望一次就能正确地确定和划分类，需要不断地对实际问题进行分析和整理，反复修改才能得出正确的结果。另外，不能简单地将面向过程中的一个模块直接变成类，类不是模块函数的集合。设计类时应有明确的标准，设计的类应该是容易理解和使用的。

3.5.2 抽象

抽象是人类处理复杂性的基本方式。抽象来自于对问题域中特定对象、处理场景、处理方法的相似性的认知,并决定关注这些相似性而忽略其他细节,比如地图的绘制。如果你打开一个中国地图册,会发现地图中显示的是主要山脉、河流、省和主要城市。如果选择其中一个城市,则会显示更多的细节,可以看到该城市的主要街道,甚至小区以及小区内的建筑。注意到每个级别的地图都会保留一部分信息,而有意忽略其他一些信息。

抽象是一个过程或泛化的结果,它去除细节,并从实体中提炼概念。这表明抽象是指以缩减一个实体、概念或是一个现象的信息量来将其一般化(Generalization)的过程,主要是为了只保存与特定目标有关的信息。例如,将一个皮制的足球抽象化成一个球,只保留一般球的属性和行为等信息。一个概念只有独立于最终使用和实现它的机制来描述、理解和分析时,才说这个概念是抽象的。实际上,面向对象的思维方法就是把业务逻辑从具体的编程技术当中抽象出来的过程,系统分析时先不考虑问题解决的细节,而集中精力思考如何解决主要矛盾,然后再逐模块迭代的把问题分割成一个个具体问题,最后依次解决具体问题的细节。

为什么抽象是重要的?因为抽象更接近面向对象思想的本质,这可从从两个方面理解。

(1) 抽象有助于接近事物的本质。抽象的过程是提炼存在于事物之间共同特征的过程,而这些特征是此事物区别于彼事物的关键,它们就构成了事物的本质。

(2) 抽象的思维方式有助于控制问题域或者系统的复杂度,从而使设计人员能够找到解决问题的方式。抽象的过程就是如何简化、概括所观察到的现实世界,并为人们所用的过程。一个问题域或者系统有很多具体的细节,它们相互交织,使设计人员很难对问题域进行正确的分析。而抽象的强大优势就在于它可以暂时忽略这些具体的细节,从而使呈现在我们面前的是一个相对简单的模型。通常情况下,根据抽象度的不同,将问题域划分成不同的层次,越往上层,抽象度越高,涉及的细节就越少。通过多层抽象,更能辅助理解和把握问题域的运行机制。

抽象是继承和多态的基础。在抽象的过程中,事物本质的、独特的性质会逐渐自然呈现,这样很自然地认识到抽象事物和具体事物之间的继承关系,而它们之间的不同特性则通过多态来表现出来。实际上,在面向对象的程序设计中,任何可能变化的地方都可以抽象出一个抽象基类或接口,当利用抽象基类或接口进行交互设计时,就为随后的扩展敞开了一扇大门。在这里核心的思想就是抽象,由于抽象的过程很难把握,所有抽象就成了面向对象设计的难点。

好的抽象强调了对用户重要的细节,而抑制了那些至少是暂时的非本质细节或枝节。抽象包括两个方面:过程抽象和数据抽象。过程抽象把一个系统按功能划分成若干个子系统,进行"自顶向下逐步求精"的程序设计。数据抽象以数据为中心,把数据类型和施加在该类型对象上的操作作为一个整体(对象)来进行描述,形成抽象数据类型 ADT。

对于给定的问题域确定一组正确的抽象是面向对象设计的核心原则。抽象是将复杂系统分解成基础部分并以简单准确的语言描述各个部分,描述包括命名和解释它们的功能。它包含两个方面:数据抽象和过程抽象。抽象的类型有 3 种。

(1) 实体抽象。一个对象,代表了问题域的一个有用的模型。

(2) 动作抽象。提供一组通用的操作,操作、方法、动作和成员函数是从不同编程文化发展而来,等价术语可以互换使用。

(3) 虚拟机抽象。集中高层服务要用到的所有操作,这些操作将利用某种更底层的操作集合。

对象关注于对象的外部视图,所以可以用来分离对象的基本行为和它的实现。对象的接口只提供它的最小行为集,此外别无其他。每个对象的外部视图定义了一份契约,其他对象可以依赖这份契约,而该对象则需要通过它的内部视图来实现这份契约,契约包含了对象的责任,即它的可靠行为。对象可以调用的操作集以及操作合法的调用顺序称为它的协议,协议表明了对象的动作和反应的方式,从而构成了抽象的完整静态和动态的外部视图。

抽象的品质可以通过它的聚合度、内聚性和完整性来度量。

3.5.3 封装

接口是客户和服务端的约定,也称为合同(contract)。封装是面向对象编程的基本特征,也是类和对象的主要特征。封装将数据以及加在这些数据上的操作组织在一起,成为有独立意义的构件。外部无法直接访问这些封装后的数据,从而保证了内部数据的正确性。如果这些数据发生了差错,也很容易定位错误是由哪个操作引起的。

封装考虑的是对象的内部实现,抽象考虑的是外部行为。封装是将类的属性定义为私有并通过公共方法提供属性访问的技术。如果一个属性字段被声明为私有,它不能由类以外的任何对象访问,从而隐藏了类中的属性字段。因此,封装也称为数据隐藏(见图 3-3)。封装被实现为防止代码和数据由定义在类外的其他代码随意访问的保护屏障。

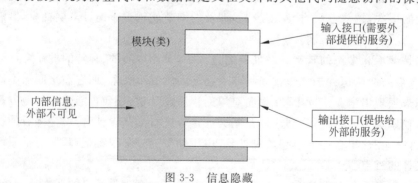

图 3-3　信息隐藏

有两方面的原因促使了类的设计者控制对成员的访问。

(1) 防止程序员接触他们不该接触的东西,这通常是内部数据类型的设计思想。类向用户提供的实际上是一种服务,用户只需操作接口即可,无须明白类的内部设计细节。

（2）允许类库设计人员修改内部结构，不用担心它会对客户程序造成连带影响。例如，类库设计人员最开始可能设计了一个简单的类，以便简化开发。以后又决定进行改写，使其更快地运行。若接口与实现方法早已隔离开，并分别受到保护，就可放心做到这一点。

信息隐藏使外部的可见部分和内部的不可见部分相互隔离，常见需要隐含的信息有容易被改动的区域、复杂的数据、复杂的逻辑、在编程语言层次上的操作等。容易被改动的区域包括对硬件有依赖的地方随硬件的变化而需要改动，比如监视器、打印机、绘图机等在尺寸、颜色、控制代码、图形能力及内存方面容易发生变化。另外，输入和输出常常会发生变化，主要发生变化的是输入、输出的格式，比如在打印纸上边界的位置、每页上边界的数量、域的排列顺序等容易发生变化。状态变量指示程序的状态，往往比其他数据更容易被改动。而且，数据规模常根据具体应用发生变化。商业规则会随着时间、外部环境的改变，也是容易变更的内容。

封装的主要优点是使得类能完全控制它保存的数据，客户不需要知道数据是被如何存储的，修改类的实现代码不会破坏其客户使用该类的能力。封装提高了代码可维护性、灵活性和可扩展能力。如果外部需要访问类里面的数据，就必须通过类的访问接口进行。访问接口规定了可对一个特定的对象发出哪些请求。接口的实现代码（函数）与隐藏起来的数据称为"隐藏实现"。一旦向对象发出一个特定的请求，就会调用对应的那个函数。通常将这个过程称为向对象"发送一条消息"。对象的职责就是决定如何对这条消息作出反应（即执行相应的代码）。

3.5.4 CRC 卡

类-职责-协作（Class-Responsibility-Collaborator，CRC）卡是比较流行的面向对象分析建模方法。应用 CRC 卡建模，能使整个开发团队对待构建系统的普遍的理解形成一致。CRC 作为团队的设计手段，其最大价值在于允许人们从思考过程模式中脱离出来，更充分地专注于对象技术。CRC 卡让用户充分参与到系统分析过程，同时允许整个项目组对设计作出贡献。参与系统设计的人越多，能够收集到的好主意也就越多。

CRC 卡是一个标准索引卡集合，包括 3 个部分：类名、类的职责和协作关系，每一张卡片表示一个类。类代表许多类似的对象，而对象是系统模型化中关注的实体或概念、过程。对象可以是人、地方、事情或任何对系统有影响的概念。类名一般列在 CRC 卡的顶部，职责是类需要知道或需要做的任何事物。这些职责是类自身所具备的知识，或类在执行时所需要的知识。协作者是指为获取消息或协助执行活动的其他类。在特定情形下，与指定的类按一个设想共同完成同一个（或许多）步骤。协作者的类名在 CRC 卡（见图 3-4）的右边排列。

发现类，从本质上讲是一项分析工作，因为它为应用程序确定构件。可以使用以下方式来发现潜在的类：参与者是潜在的类；确定客户；跟踪业

图 3-4　CRC 卡示意图

务/资金流；领域的术语概念是候选的类；领域中的关键事件是潜在的类和主要用户界面元素等。

类的职责是类知道的或要完成的事情。例如，顾客有名字、地址和电话号码，这是顾客知道的东西。顾客要借书和还书，这是顾客要完成的任务。一个类知道和要完成的事情构成了类的职责，重要的是类能够改变它所拥有的属性的值，但类不能改变其他类所拥有的属性的值。

发现职责是需求分析的重要任务，因为它定义某个类是什么，而不管它是如何实现的。对象范型基于以类的形式表示数据和功能（类要完成的事情）的组合，这也正是为什么 CRC 建模特别适合面向对象开发的原因。确定职责即确定类必须执行哪些功能和必须存储类的消息。对象责任的适当划分能提高软件的模块化，类的功能不要过分复杂，这有利于开发、测试和维护。每个类应该是比较小的、自我包含的，这样，它可重用的潜力就比较大；而且，在系统的需求变化时，它也更能弹性地适应变化。

CRC 卡基于用户情景试验实现卡片的收集整理和精化。用户情景试验是一个任务过程模式，其中用户们将积极地参与以保证需求是准确的。基本的思想是一组商业领域专家（也就是客户方）、设计者、系统分析员一步步通过一系列的用例证实 CRC 模能准确地反映出用户的需求。

因此，CRC 模型常被作为沟通方式，让客户方与开发方通过这种有效的、易实现、易操作的方式建立一个能描述准确的、双方达成共识的系统需求。CRC 建模因为用户积极参与到模型的定义中，他们对工作的满意度就会增加，并与开发者们并肩创造这个 CRC 模型，通过模型卡，双方对待建的系统需求开展深入的理解和挖掘。

3.6　对象的交互

3.6.1　对象协作

关键抽象反映了问题域的静态特征并通过类描述，但对象间的协作才是设计的灵魂。因此，在设计过程中，开发者除了考虑单个类的设计，还必须考虑这些类的实例如何一起工作。协作的难点是考虑构造软件系统的各种模式，确定协作的结构，一组对象间通过相互通信，提供满足问题域的需求的行为。

对象在履行职责时有 3 种选择。

（1）亲自完成所有的工作。

（2）请求其他对象帮忙完成部分工作，即和其他对象协作。

（3）将整个服务请求委托给另外的帮助对象。

在分析对象职责时，可以考虑"专家"模式，即专业的事情交给专家来完成，既不互相推诿，也不能越俎代庖。专家有其擅长的领域，如果把专家错放在它不熟悉的领域，不仅会降低工作效率，还可能引入潜在危机。

对象协作的本质就是对象间信息交换的问题，在面向对象的设计范型中，对象间通过发送消息进行通信，当一个对象发送一个消息给另一个对象，接收消息的对象的操作被调用。建模对象交互的目的是确定合适的信息传递组合以便满足特定的用户需求。

对象协作体现为对象之间的相互访问，即相互存取字段、属性和调用方法。CRC 卡能帮助建模对象之间的交互，对于需求中的每个用例，根据角色分配类之间的职责和交互，每个对象识别最合适的交互对象并完成必要的责任。对象职责划分的一个原则是：对象是懒惰的，除非确实必要，拒绝承担其他对象的任何责任。

有时一个类要实现某一职责，却没有足够的信息去完成该职责，就必须依靠与其他类协作来完成工作。协作通过以下两种形式之一完成，即对信息的请求或对完成某项工作的请求。仅当类 A 为类 B 完成某些事情的时候，类 A 才显示为类 B 的协作者。这里需要理解的一个重要概念是，协作必须发生在一个类需要它自己仍不知道的信息的时候。在确定协作时，需要注意 3 点。

(1) 对于任何协作，总是至少有一个发起者。换句话说，协作总是会从某个地方开始的。

(2) 为了完成一项协作，一个类必须与其他类协作，要减少不必要的转手，这样做通常会有更高的效率。

(3) 可能会产生新的职责来实现协作。

定义职责和协作者是个高度迭代的过程。在确定职责的时候，必须永远记住两个问题：第一，有时确定的是并不会去实现的职责。第二，类的很多职责是需要通过协作来完成的。注意，当一个类需要和其他类协作时，这意味着第二个类现在有了完成该协作的职责。换句话说，当发现职责的时候，需要定义协作；同时，当定义协作的时候，常常会发现新的职责，这是 CRC 建模成为迭代的原因之一。

3.6.2　不可变对象

对象属性的值被称为状态，比如在 Cat 类中有 setColorOfEyes()方法，它是一个能修改对象状态的方法，称为可变方法。而 getColorOfEyes()方法称为访问方法，因为它只返回对象的状态值，而不会修改它。可变方法对对象状态的修改，在对象之外都是可见的。可变方法有个副作用，即对隐式参数的修改，比如，setColorOfEyes()方法中对 Cat 对象的隐式属性 type 进行了修改。

不可变(Immutable)对象即对象一旦被创建它的状态就不能改变，反之即为可变(Mutable)对象。不可变是一个非常好的性质，因为它使得对象的行为是可预测的。它可以被其他对象随意引用，而不用担心不可变对象状态在某个时刻被修改。

不可变对象的类即为不可变类，不可变对象有很多优点。

(1) 构造、测试和使用都很简单。

(2) 当用作其他类的属性时不需要保护性复制。

(3) 可以很好地用作 Map 集合的键值和 Set 集合的元素(见第 8 章)。

为了编写一个不可变类，请不要提供任何可以修改对象状态的方法，包括 set()方法和任何其他可以改变状态的方法。比如定义通讯录联系人类 Contacts 时，将其属性 name 和 mobile 都声明为 private final，同时没有修改状态的方法，则 Contacts 类即为不可变类。

程序清单 3-12：

```
public final class Contacts {
    private final String name;
    private final String mobile;

    public Contacts(String name,String mobile) {
        this.name=name;
        this.mobile=mobile;
    }
    public String getName(){
        return name;
    }

    public String getMobile(){
        return mobile;
    }
}
```

3.7 UML 类图及关系

面向对象程序设计的关键是抽象建模问题。建模可以把在复杂世界的许多重要的细节抽象出来，以便更好地理解问题域并方便地沟通。设计软件就好像建造建筑物一样，系统越复杂，参与编写与配置软件的人员之间的交流也就越重要。在过去 10 多年里，UML (Unified Modeling Language)已成为系统分析师、设计师和程序员之间的"建筑蓝图"（见图 3-5）。现在它已经成为软件行业的一部分，UML 是分析师、设计师和开发员之间在软件设计和实现时的通用语言。

图 3-5　建筑蓝图

学习 UML 必须熟悉面向对象解决问题的根本原则：模型的构造。模型是领域问题的抽象，领域就是问题所处的真实世界。模型是由对象组成的，它们之间通过相互发送消息来相互作用。一个对象是有生命的，或者说"活着的"：对象有它们知道的事（属性）和能做的事（行为或操作）。对象属性的值决定了它的状态。类是对象的"蓝图"，一个类在一个单独的实体中封装了属性（数据）和行为（方法或函数）。

UML 图可以归纳为静态建模和动态建模两大类。静态建模主要包括 3 种。

（1）用例图，主要是用于描述需求。

（2）静态图，包括类图、对象图和包图，主要作用是描述类的结构。

（3）实现图，包括组件图、部署图，主要作用是描述软件结构。

动态建模主要包括两种。

（1）行为图，包括状态图、活动图，主要作用是动态建模。

（2）交互图，包括序列图、协作图，主要描述交互关系。

本节主要介绍类、类之间关系及其图形表示方法。

3.7.1 类图

类图（Class Diagram）通过绘制系统的类以及类之间的关系来表示软件系统。类图是静态的，它显示出什么可以产生影响但不会告诉你什么时候以及如何产生影响。

类图是面向对象系统建模中最常用的图，是定义其他图的基础。类图主要是用来显示系统中的类、接口以及它们之间的静态结构和关系。它有 3 个基本要素：类名、属性和方法。类图用矩形方框代表，它被分成 3 个区域，分别是类名、属性和类的操作。UML 类图如图 3-6 所示。

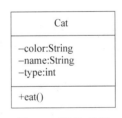

图 3-6　UML 类图

对象之间要相互作用，才能构成可运行的软件实体。因此，除了类图，还需要表达类之间关联关系的图。类之间主要存在泛化、依赖和关联关系。

3.7.2 依赖

依赖（Dependency）关系是一种使用关系，特定类的改变有可能会影响到使用该类的其他类，在需要表示一个类使用另一个类时使用依赖关系。大多数情况下，依赖关系体现在某个类的方法使用另一个类的对象作为参数。

UML 中依赖关系用带箭头的虚线表示，由依赖的一方指向被依赖的一方。例如，驾驶员开车，在 Driver 类的 drive() 方法中将类 Car 的对象作为参数传递，以便在 drive() 方法中能够调用 Car 的 move() 方法，且驾驶员的 drive() 方法依赖车的 move() 方法，因此类 Driver 依赖类 Car，其依赖关系如图 3-7 所示。

图 3-7　依赖关系

在编码实现阶段，依赖关系通过 3 种方

式来实现：将一个类的对象作为另一个类中方法的参数；在方法中将另一个类的对象作为其局部变量；在一个类的方法中调用另一个类的静态方法。图 3-7 对应的 Java 代码片段如程序清单 3-13。

程序清单 3-13：

```
public class Driver {
  public void drive(Car car) {
     car.move();
  }
        ⋮
}


public class Car {
     public void move() {
        ⋮
     }
}
```

3.7.3 聚合

关联（Association）关系是类与类之间最常用的一种关系，它是一种结构化关系，用于表示一类对象与另一类对象之间有联系，如汽车和轮胎、师傅和徒弟、班级和学生等。在 UML 类图中，用实线连接有关联关系的对象所对应的类，在实现关联关系时，通常将一个类的对象作为另一个类的成员变量。聚合和组合关系都属于关联关系。

聚合（Aggregation）关系表示整体与部分的关系。在聚合关系中，成员对象是整体对象的一部分，但是成员对象可以脱离整体对象独立存在。在 UML 中，聚合关系用带空心菱形的直线表示。例如，汽车发动机（Engine）是汽车的组成部分，但是汽车发动机可以独立存在，因此，汽车和发动机是聚合关系，如图 3-8 所示。

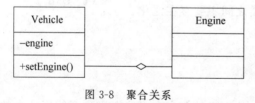

图 3-8　聚合关系

在代码实现聚合关系时，成员对象通常作为构造方法、Setter()方法或业务方法的参数注入到整体对象中，图 3-8 对应的 Java 代码片段如程序清单 3-14。

程序清单 3-14：

```
public class Vehicle {
     private Engine engine;
     //构造注入
     public Vehicle (Engine engine) {
        this.engine=engine;
     }
```

```
//注入
public void setEngine(Engine engine) {
    this.engine=engine;
}
    ⋮
}

public class Engine {
    ⋮
}
```

3.7.4　组合

组合是关联关系的一种特例,它体现的是一种包含关系,这种关系比聚合更强,也称为强聚合。组合也体现整体与部分间的关系,但此时整体与部分是不可分的,整体的生命周期结束也就意味着部分的生命周期结束。比如人和人的大脑;表现在代码层面和关联关系是一致的,只能从语义级别来区分。组合关系如图 3-9 所示。

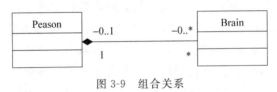

图 3-9　组合关系

3.8　日志分析系统设计与测试

搜索引擎方便了互联网时代人们对信息的需求,但人们在面对大量信息时可能无法从中获得对自己真正有用的那部分信息,这就是所谓的信息过载(information overload)问题。

解决信息过载问题一个非常有潜力的技术是推荐,它是根据用户的信息需求、偏好等将用户感兴趣的信息、产品推荐给用户的个性化信息服务系统。和搜索引擎相比推荐系统通过研究用户的资料和历史操作,进行个性化计算,由系统发现用户的兴趣点,从而引导用户发现自己的真实需求。它从用户的历史行为中收集数据,通过离线分析计算获得各类推荐模型,并基于该模型为用户产生推荐列表,如图 3-10 所示。接下来以设计推荐系统数据分析器为例,讨论面向对象的分析设计过程。

在面向对象的程序设计中,要发现类,确定类的职责,并描述类之间的关系。要发现类,就必须从问题域出发,在深入理解需求和问题的基础上,寻找可能的参与者、受众等。推荐系统分析器通过分析算法对日志数据集进行分析运算,并将分析结果(模型)保存在输出集中,该模型作为在线推荐引擎的输入,结合用户的特征信息产生最终的推荐列表。

离线数据分析模块需要根据业务需求的不同,执行不同的分析算法(比如,协同过滤

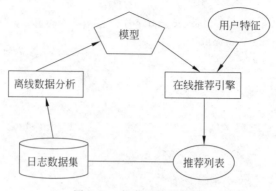

图 3-10　推荐系统结构图

算法、基于内容的过滤算法等)。同时,从调用者(在线分析模块)的角度来看,它只关心分析需要处理的用户特征以及离线分析产生的推荐模型。那么,谁应该来承担分析的职责呢? 显然可以定义分析器类来履行该职责。此外,调用者其实并不关心分析算法的实现以及分析的过程,也就是说分析过程对调用者是透明的,它只关心调用接口和承诺的行为。为了调用者的方便,它只需和推荐模型类交互,而分析的职责封装在数据分析类中,它隐藏了具体的分析算法,分析算法被独立封装到推荐算法类中。

海量数据分析不仅要考虑分析算法的实现,还需要考虑分析器中各个模块的职责划分和交互。数据分析器虽然是离线数据分析的专家,但为实现高效快速的数据分析,需要将数据分片后交给执行器运行,分析器将这一职责委派给任务调度器 JobScheduler,它负责维护任务列表并管理任务的执行过程,它可以启动分析任务的运行,并在运行完毕的时候,通知任务的调用者。对于 JobScheduler 而言,它并不关心具体执行了何种任务。这样的设计让对象尽量保持对调用者内部的不可见,以避免产生不必要的依赖。

虽然在之前的分析中认为分析器 DataAnalyzer 对象承担分析数据的职责。不过,这一职责仅就调用者而言是可行的,对于 DataAnalyzer 的内部实现则不然。这是因为分析过程的复杂程度,它需要对输入数据进行多个步骤的处理,包含数据的转换、清洗、模型计算以及存储。如果让 DataAnalyzer 承担,则可能导致职责过重,形成一个庞大的复杂对象。这既有碍于代码的阅读性,也不利于处理过程或算法的重用。另一个重要的原因是分析过程的可变性:根据不同的输入数据,可能需要不同的分析算法;随着系统的运行,可能开发新的算法来提高推荐的准确率。DataAnalyzer 不应该负责对算法的决策与选择,而且,随着需求的变化,数据分析器可能需要扩展。

将分析任务抽象出来,可以很好地应对这些变化。数据分析任务使用 Job 类描述,它是加入到任务调度器的基本单位,Job 对象负责具体的分析工作。分析流程中的每一步都会产生中间结果,因此任务调度器 JobScheduler 引入 JobResult 对象表示执行的结果,它用于判断任务执行的状态。显然,引入 Job 对象可以将 DataAnalyzer 从繁重的分析任务中解放出来,同时又能够保证它对分析任务的封装,是对象协作表现。

输入到 Job 中的数据也需要通过单独的类来定义,它负责对日志数据的结构化描述。当然,数据的读入和格式化也需要单独的类来负责,读入后的结果放入到 InputData 中。

数据分析的设计过程中,不能忽略的另一个职责是 Job 对象的创建。可以要求调用者完成对 Job 对象的创建,并将创建好的对象传递给任务调度器。可以由 DataAnalyzer 负责创建,并传递给任务调度器。然而,这样设计会导致 DataAnalyzer 的职责混淆不清,因为它的核心是分析任务,创建 Job 对象的职责会增加它的复杂度。而且,它并没有持有创建 Job 对象所必需的数据,违背了将数据与行为封装在一起的原则。更好的做法是定义独立的类来创建 Job 对象,这样可以减轻调用者的负担,而且对象的职责划分也更为清晰。创建对象的职责可以通过定义静态工厂模式对象 JobFactory 实现。

任务的执行步骤被抽象为 RecommendAlgorithm 类,它用于实现特定的推荐算法,而 JobResult 则用于协调输入数据和输出数据。数据模型通过 Model 类定义,它是离线数据分析的输出结果。日志数据分析器的类图如图 3-11 所示。

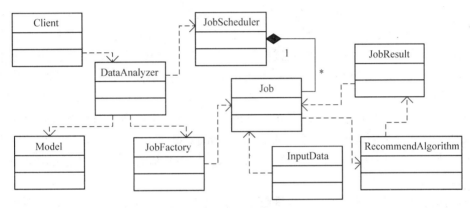

图 3-11　日志数据分析器的类图

当编写完类的代码实现后,需要测试该类是否实现了预期的目标。这时就需要编写测试类,该类的作用是对业务类进行功能白盒测试,来验证该业务逻辑类是否满足功能规约。编写单独的测试类的好处有 3 个。

(1) 符合面向对象的设计原则,每个类完成单独的功能。

(2) 避免测试代码污染业务类的实现,可以通过调用多个业务类的不同执行路径,测试功能覆盖的完整性。

(3) 可以将代码实现和测试交给不同的人员实现,从而实现更客观的测试。

程序清单 3-15:

```
public class ClientTester {
    public static void run(InputData input) {
        ClientTester ct=new ClientTester();
        InputData input=...;
        ct.run(input);
    }
    public void run(InputData input) {
        DataAnalyzer analyzer=new DataAnalyzer();
        AnalyticResult result=analyzer.analysis(input);
```

```
        analyzer.output(result));
    }
}
class DataAnalyzer {
    public AnalyticResult analysis(InputData input) {}
    public OutputData output(AnalyticResult result) {}
}
```

3.9　本章小结

　　封装是将代码及其处理的数据绑定在一起的编程机制,该机制保证了数据和操作该数据的动作不受外部干扰且不易被误用。类是实现封装的基本机制,类定义了一组对象共享的数据结构和行为。类将数据和基于数据的操作结合在一起,数据被保护在类的内部,系统的其他部分只有通过该类被授权的操作接口,才能够与这个类进行交互。封装可以提高程序中数据的完整性、安全性并降低开发过程的复杂性,减少出错可能,提高类或模块的可重用性。

　　类是逻辑结构,而对象是真正存在的物理实体。每一个给定的对象都包含这个类定义的数据和操作,对象也被看成是类的实例(instance of a class)。所有的对象都存储在堆上,因此,new关键字的完整含义是在堆上创建对象,然后将对象在堆上的地址赋给对象的实例变量(引用)。

　　构造方法用于初始化对象,可以重载多个构造方法。当对象作为参数时以引用方式传递,在方法中对对象状态的修改会影响实参对象,即形参和实参引用指向同一个对象。

　　面向对象编程的思路认为程序都是对象的组合,因此要克服面向过程编程的思路,直接按照对象和类的理念去构造程序模块和关联,面向对象所具有的封装性、继承性、多态性等特点使其具有强大的生命力。

3.10　本章习题

　　1. 请解释对象和它定义的类之间的关系。

　　2. 如何声明一个对象引用变量,如何创建一个对象?

　　3. 构造方法与普通方法之间的区别是什么?

　　4. 能否从一个静态方法中引用实例变量或调用实例方法? 能否从一个实例方法中调用静态方法或静态变量?

　　5. 描述传递基本数据类型和传递对象引用类型参数的区别,并写出下面程序的输出。

```
public class count
{
    public int count;
    public Count(int c)
```

```
    {
        count=c;
    }
    public Count()
    { count=1;
    }
}

public class Test{

  public static void increament(Count c,int times){
    c.count++;
    times++;
}

public static void main(String args[])
{
    Count myCount=new Count();
    in times=0;
    for(int i=0;i<3;i++)
        increment(myCount,times);
    System.out.println("myCount.count"+myCount.count+" times="+times);
    }
}
```

6. 编写一个账户类 Account，它包括一个名为 id 的 int 型账号属性，一个名为 balance 的 double 型的账号余额属性，定义一个类型为 java. util. Date 的属性，dateCreated 用于记录账号的创建日期。同时，定义无参的构造函数，一个名为 withDraw 的方法从账号提取特定数目的金额，一个名为 deposit 的方法向账号存入特定数目的金额。

请编写测试程序，测试各个方法。

7. 编写股票类 Stock，这个类包括：

一个名为 code 的字符串表示股票的代码；

一个名为 name 的字符串表示股票的名字；

一个名为 previousClosingPrice 的 double 型字段，用于存储前一日的收盘价；

一个名为 currentPrice 的 double 型字段，用于记录当前的股票价格；

编写一个具有名字和代码的构造函数；

编一个方法 getChangePercent() 的方法计算前一日到当前价格的变化百分比；

编写测试程序，创建 Stock 对象。

8. 基于位置的服务是目前地图提供的基础服务，设计位置类 Location 用来表示地图中的一个点（平面上），并定义二维数组表示地图中商铺的位置，设计一个函数找出距离给定位置最近的商铺的位置，其函数形式为

```
public Location locateNearest(Location Mylocation)
```

请编写程序测试之。

9. 设计一个类用来求解一元二次方程的根,该类有 3 个成员变量用于表示系数 a、b 和 c。设计方法 computeRoot()用于计算方程的解,该方法需要检查系数的合法性,并根据系数给出方程的解。

第 4 章 数组和字符串

本章目标

- 熟练使用数组。
- 掌握增强 for 循环使用。
- 掌握二维数组的使用。
- 掌握 String 的构造方法。
- 掌握取子串、判等操作。
- 理解 String 和 StringBuffer 的异同。
- 掌握正则表达式的基本用法。
- 掌握 Scanner 的用法。

数组是最简单和常用的复合数据类型,很多高级的数据结构都是基于数组来实现的,因此,必须要熟练掌握数组的使用。而字符串类 String 是程序中使用最频繁的类,用于各种文本相关的处理操作。

4.1 为什么需要数组

假设现在要整理全班 40 个同学的 Java 测试成绩,比如统计成绩的分布情况(均值、方差、中位数等),可能还想画出成绩分布的直方图。要实现这些,需要有 40 个变量来表示学生的成绩。显然,我们不希望定义 40 个名称不同的变量(比如,s1,s2,…,s40)来表示学生的成绩数据,这时,数组(Array)就该登场了。

数组体现了物以类聚的思想,即将相同类型的数据组织在一起。数组可以实现线性访问,因此数据管理和处理上相当方便。实际上,基于数组可以实现很多复杂的数据结构,所以有必要熟练掌握数组的基本用法和注意事项。

4.2 数组的基本用法

数组是特定类型数据的有序集合,数组中的每个元素具有相同的数据类型,可以用一个统一的数组名和下标来唯一地确定数组中的元素。数组分为一维数组和多维数组,但多维数组本质上仍然是一维数组。

为了在程序中使用数组,必须声明一个数组的引用变量,并指明数组的元素类型,其声明语法为

```
elementType[] arrayRefVar;
```

elementType 是数组元素的类型,[]称为索引运算符(Indexing Operator),用于访问

数组中的特定元素。在 Java 中，声明一个浮点型的数组的语法为

```
float[] scores;
float scores[];
```

4.2.1 数组的创建和初始化

不同于基本数据类型，声明一个数组引用变量时并不为数组在内存中分配存储空间，它只是创建了一个数组的引用的位置。该引用可以不指向任何数组，此时，可以赋值为空。比如：

```
int []score=null;
```

要创建数组，需要使用 new 操作符，语法如下：

```
elementType[] arrayRefVar=new elementType[arraySize];
```

上述语句实际上做了两件事：在堆空间中开辟了一块内存，大小由数据类型和 arraySize 决定；将该堆空间的首地址赋值给数组引用变量 arrayRefVar。值得注意的是，arraySize 在编译时必须能确定大小，否则编译器会报错。比如：

```
float[] scores=new float[10];
```

这条语句执行后，数组名 scores 指向数组元素的首地址，如图 4-1 所示。

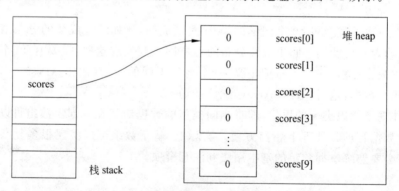

图 4-1 数组内存分配示意图

数组还可以在定义时直接初始化，有两种形式：

```
float[] scores={1,2,3,4};
float[] scores=new float[]{1,2,3,4};
```

方括号中不能指定数组长度，因为元素个数是由后面花括号的内容决定的。

4.2.2 数组操作

由于数组大小是已知的，而且数组内的元素类型是相同的，因此，很自然地想到可以

使用 for 循环来处理数组。数组是对象,它由属性 length 来记录数组的长度。比如,要初始化数组元素,可以通过以下语句实现:

```
for(int i=0;i<scores.length; i++)
    scores[i]=Math.random() * 100;
```

上述代码将数组进行随机初始化。对数组所有元素求和,也可以通过循环来实现,比如下面的方法 sum()中定义名为 total 的变量存储累加和。

```
public float sum()
{
    float total=0;
    for(int i=0;i<scores.length; i++)
        total +=scores[i];
    return total;
}
```

在一些应用程序中,需要打乱数组中元素的位置,即实现乱序(Shuffle)功能。为了实现这一操作,针对每个元素 scores[i],随意产生一个下标 j,然后将元素 scores[i]和 scores[j]互换即可。

程序清单 4-1:

```
public void shuffle()
{
    for (int i=0; i<scores.length; i++) {
        int index=(int) (Math.random() * scores.length);
        float temp=scores [i];
        scores [i]=scores [index];
        scores [index]=temp;
    }
}
```

数组乱序操作如图 4-2 所示。

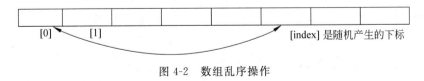

[0]　　[1]　　　　　　　　　　　　　　　[index] 是随机产生的下标

图 4-2　数组乱序操作

4.2.3　for-each 循环

for-each 也称为增强型 for 循环,for-each 就是"for 每一个"的意思,主要用于遍历集合类型,它不需要使用下标就可以顺序遍历整个集合。

for-each 的语句格式为:

```
for(元素类型 t 变量 var : 集合对象引用){
    //处理每一个元素;
}
```

看一个例子:

```
float scores[]={20,30,100};
for (float x : scores) {
    System.out.println(x);                              //逐个输出数组元素的值
}
```

4.2.4 数组复制

Java 中使用赋值语句 x=y 实现基本类型变量的复制。但是如果 x、y 是两个同类型的数组变量,x=y 相当于让数组引用变量 x 和 y 指向同一个数组。要实现数组内容的复制,常见的方式有两种。

(1) 使用 for 循环将数组的元素依次复制,需要特别注意数组长度,避免数组越界错误。

```
public boolean copyArray(int []src,int []dest)
    {
        if(dest.length<src.length)
            return false;
        for(int i=0;i<src.length;i++)
            dest[i]=src[i];
        return true;
    }
```

其中,dest 是目标数组,代码首先检查目标数组的长度,确保目标数组长度不比源数组小。然后,逐个复制源数组元素到目标数组中。

(2) 使用 System. arraycopy()方法,这是推荐使用的方式。

System 类提供了一个静态方法 arraycopy(),可以使用它来实现数组之间的复制。函数原型如下:

```
public static void arraycopy(Object src,int srcPos,Object dest,int destPos,int
length)
```

其中,src 表示源数组,srcPos 是源数组要复制的起始位置,而 dest 是目的数组,destPos 是在目的数组中放置数据的起始位置,length 是复制数据的长度。注意,src 和 dest 必须是同类型或者类型兼容的数组。

```
int[] src={1,3,5,6,7,8};
int[] dest=new int[6];
System.arraycopy(src,0,dest,0,src.length);
```

有趣的是函数 arraycopy 可以实现自己到自己的复制，比如：

```
int[] fun={0,1,2,3,4,5,6};
System.arraycopy(fun,0,fun,3,3);
```

结果为{0,1,2,0,1,2,6}。

4.2.5 传递数组

方法可以使用基本数据类型作为参数，当然也可以使用数组作为参数。注意数组有属性成员，因此它是对象，作为参数传递时传递的是数组的引用。下面通过一个例子看一下数组作为参数的效果。

程序清单 4-2：

```
public class ArrayTest {
    float scores[]=null;
    public void init()
    {
        scores=new float[5];
        for(int i=0;i<scores.length; i++)
            scores[i]=(float) (Math.random() * 100);
    }

    public void print()
    {
        for(int i=0;i<scores.length; i++)
            System.out.println(scores[i]);
    }

    public boolean copyArray(int []src,int []dest)
    {
        if(dest.length<src.length)
            return false;
//与 arraycopy()方法效果等价
//        for(int i=0;i<src.length;i++)
//            dest[i]=src[i];
        System.arraycopy(src,0,dest,0,src.length);
        return true;
    }

    public static void main(String[] args) {
        ArrayTest at=new ArrayTest();
        at.init();
```

```
        at.print();

        int[] src={1,3,5,6,7,8};
        int[] dest=new int[6];
        at.copyArray(src,dest);
        for (float x: dest) {
            System.out.println("data of dest:" x);
        }
    }
}
```

程序输出：

```
data of dest: 1.0
data of dest: 3.0
data of dest: 5.0
data of dest: 6.0
data of dest: 7.0
data of dest: 8.0
```

在 copyArray()方法内部修改了数组 dest 的值以后,实参数组 dest 的值也会发生改变,间接实现了返回值的效果。注意,dest 数组创建后,JVM 会将其元素初始化为 0。

4.2.6 可变长参数列表

可变长参数机制使得可以声明一个能接受可变数目参数的方法,可变长参数本质上是一个数组。声明参数个数可变的方法,既可以传递离散的若干个值,也可以传递一个数组对象。如果方法有多个参数,可变长参数必须是方法声明中的最后一个参数。

```
public int add(int···arrays){
    int sum=0;
    for(int i: arrays){
        sum += i;
    }
    return sum;
}
```

函数调用时可以传递多个离散参数,也可以直接传递一个数组。比如：

```
add(1,2,3);
add(new int[]{1,2,3});
```

4.2.7 二维数组

二维数组可以理解为一个一维数组,它的每个元素都是一维数组,其声明与一维数组

相同,可以先声明再分配内存,也可以声明时分配内存。先声明再分配内存的方式为

```
elementType matrixRefVar[][];
```

而声明二维数组的同时分配内存的语句为

```
elementType matrixRefVar[][]=new elementType[rowSize][columnSize];
```

假如要开发一个围棋游戏,则棋盘可以通过二维数组来表示,采用先声明后分配内存的方式实现如下:

```
int Chess[][];
Chess=new int[64][64];
```

二维数组的赋值同一维数组类似。只是在大括号{}中的每个元素又是一个一维数组。二维数组声明时赋值按如下格式进行:

```
elementType matrixRefVar[][]={
        {val1,val2,val3,val4 },          //第一行数据
            {val5,val6,val7,val8},        //第二行数据
                ⋮
    };
```

二维数组中,可以有列数不相等的数组,即每一行的列数不同,此时需要对每一行进行赋值。列数不相等的二维数组的赋值格式如下:

```
int classRoom[][]={
            {102,103,105},
            {201,209,207},
            {310,311,312,313},
            {401}
        };
```

4.2.8　二维数组的应用

假设有一个平面点的集合,找出该点集合中距离最近的两个点(见图 4-3)。这个问题是算法设计中的经典问题,可以通过分治的策略求解。当然,更为直观的是使用二维数组表示点集,计算所有点之间的距离,从而找出最短的距离,时间复杂度为 $O(n^2)$。

程序清单 4-3:

```
public class FindNearestPoints {
    public static void main(String[] args) {
        new FindNearestPoints().getNearestPoints();
    }
    public void getNearestPoints()
        int numberOfPoints=10;
```

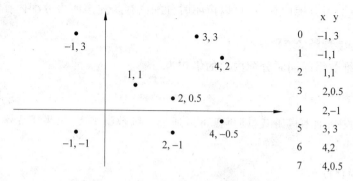

图 4-3　平面点集求距离最短点对

```
double[][] points=new double[numberOfPoints][2];
for (int i=0; i<points.length; i++) {
    points[i][0]=Math.random() * 100;
    points[i][1]=Math.random() * 100;
}
int p1=0,p2=1;
double shortestDistance=distance(points[p1][0],points[p1][1],
        points[p2][0],points[p2][1]);
for (int i=0; i<points.length; i++) {
    for (int j=i+1; j<points.length; j++) {
        double distance=distance(points[i][0],points[i][1],
                points[j][0],points[j][1]);
        if (shortestDistance>distance) {
            p1=i;
            p2=j;
            shortestDistance=distance;
            //Update shortestDistance
        }
    }
}
System.out.println("The closest two points are "+"("+points[p1][0]
    +","+points[p1][1]+") and ("+points[p2][0]+","
    +points[p2][1]+")");
}

public static double distance(double x1,double y1,double x2,double y2) {
    return Math.sqrt((x2-x1) * (x2-x1)+(y2-y1) * (y2-y1));
}
}
```

程序输出：

The closest two points are (8.482109086610478,90.84725422454383) and (13.4042888411261,

85.06850721873717)

由于点集是随机初始化的,因此,每次运行程序找到的最短距离是不同的。而且,注意到最近的点对可能不止一对,以上代码只能找到一对最近的点对。当然,简单修改后,就可以找到所有的最近点对,请读者自己尝试一下。

4.3　数组的应用

数组作为一种管理数据的容器,可以实现各种操作,比如对数据进行排序、乱序、查找等。当然,本节主要介绍数组操作的包装类 Array 和对象数组。

4.3.1　二分查找

从给定的数据集合中查找符合要求的数据,具有广泛的应用场景,也有大量的算法可以实现。二分查找算法是一种在有序的数组中查找某一特定元素的搜索算法,也称为折半查找。该算法的搜索过程是从数组的中间元素开始,如果中间元素正好是要查找的元素,则搜索过程结束;如果待查找元素大于或者小于中间元素,则在数组大于或小于中间元素的那一半中查找,而且仍然从中间元素开始比较。如果在某一步骤数组为空,则代表找不到。二分搜索算法每一次比较都使搜索范围缩小一半。

程序清单 4-4:

```java
public class BinaraySearch {

    public int binarySearch(float[] array,int from,int to,float key) {
        if (from<0 || to<0) {
            System.out.println("params from & length must larger than 0 .");
            return-1;
        }
        if (from<=to) {
            int middle= (from >>>1)+ (to >>>1);     //右移即除以 2
            double temp=array[middle];
            if (temp>key) {
                to=middle-1;
            } else if (temp<key) {
                from=middle+1;
            } else {
                return middle;
            }
        }
        return binarySearch(array,from,to,key);
    }
```

```
    public static void main(String[] args) {
        float scores[]={ 20,30,55,79,90,95,100 };
        BinarySearch bs=new BinarySearch();
        int index=bs.binarySearch(scores,0,scores.length,95);
        System.out.println("the search result:"+index);
    }
}
```

程序输出：

the search result: 5

二分查找是典型的递归算法，在 binarySearch()方法中通过右移运算实现索引指示变量的移动。

4.3.2　Arrays 类

java. util. Arrays 类能方便地操作数组，它提供的所有方法都是静态的。它提供的方法具有以下功能。

(1) fill()方法给数组元素赋值。

(2) 通过 sort()方法按升序对数组排序。

(3) 比较数组，通过 equals()方法比较数组中元素值是否相等。

(4) 查找数组元素，通过 binarySearch()方法能对排序好的数组进行二分查找操作。

程序清单 4-5：

```
import java.util.Arrays;
public class ArraysTester {
    public static void output(int[] array) {
        if (array !=null) {
            for (int i=0; i<array.length; i++) {
                System.out.print(array[i]+" ");
            }
        }
        System.out.println();
    }

    public static void main(String[] args) {
        int[] array=new int[5];
        Arrays.fill(array,5);
        System.out.println("填充数组：Arrays.fill(array,5)：");
        ArraysTester.output(array);

        Arrays.fill(array,2,4,8);
        //将数组的第 2 个和第 3 个元素赋值为 8
```

```
        ArraysTester.output(array);
        int[] array1={ 7,8,3,2,12,6,3,5,4 };
        Arrays.sort(array1,2,7);
        //对数组的第 2 个到第 6 个进行排序
        ArraysTester.output(array1);
        Arrays.sort(array1);
        //对整个数组进行排序
        ArraysTester.output(array1);
        int[] array2=array1.clone();
        System.out.println("是否相等: "+Arrays.equals(array1,array2));
        //比较数组元素是否相等
        Arrays.sort(array1);
        //使用二分搜索算法查找指定元素所在的下标 (先排序)
        System.out.println("元素 3 在 array1 中的位置: "+Arrays.binarySearch(array1,3));
    }
}
```

程序输出:

填充数组: Arrays.fill(array,5):
5 5 5 5 5
5 5 8 8 5
7 8 2 3 3 6 12 5 4
2 3 3 4 5 6 7 8 12
是否相等: true
元素 3 在 array1 中的位置: 1

4.3.3 对象数组

数组元素不是基本数据类型时,数组中存放的是引用类型,而不是对象本身。必须让数组元素指向具体对象之后,才能访问数组,否则会引发程序异常。

程序清单 4-6:

```
public class ObjectArray
{
    public static void main(String[] args)
    {
        Cat[] p=new Cat[3];
        //未生成对象时,引用元素 p[0]为空
        System.out.println(p[0]);
        p[0]=new Cat ("tom","yellow");
        p[1]=new Cat ("ketty","white");
        p[2]=new Cat ("detective","black");
```

```
        for(int i=0; i<p.length; i++)
        {
            System.out.println(p[i].getLegs());
        }
    }
}
```

程序输出：

```
null
0
0
0
```

从程序中可以看到，语句 Cat[] p＝new Cat[3]创建了一个对象引用数组，每个元素是指向 Cat 类型对象的引用，但并没有指向具体的对象，只有将 p[i]指向到具体的对象上，对象数组才可以使用。从输出结果看，第一次输出是 null，也证明了这一点。

4.4　String

String 类用于字符串操作，它本质是字符数组 char[]，并且其值不可改变。也就是说，当你想修改一个 String 对象的内容时，JVM 不会改变原来的对象，而是生成一个新的 String 对象。这是 String 类非常关键的一个特性。

4.4.1　构造字符串

字符串的构造可以通过字节数组、字符数组实现，String 的构造方法有 5 个。

（1）String()：构造一个空字符串对象。

（2）String(byte[] bytes)：通过 byte 数组构造字符串对象。

（3）String(byte[] bytes,int offset,int length)：通过 byte 数组从 offset 开始，总共 length 长的字节构造字符串对象。

（4）String(char[] value)：通过 char 数组构造字符串对象。

（5）String(Sting original)：构造字符串 original 的副本，相当于复制 original。

程序清单 4-7：

```
public class StringTester {
    public static void main(String[] args) {
        byte[] b={'j','a','v','a','c','o','u','r','s','e'};
        char[] c={'0','1','2','3','4','5','6','7','8','9'};
        String sb=new String(b);
        String sb_sub=new String(b,3,2);
        String sc=new String(c);
        String sc_sub=new String(c,3,2);
```

```
        String sb_copy=new String(sb);
        System.out.println("sb:"+sb);
        System.out.println("sb_sub:"+sb_sub);
        System.out.println("sc:"+sc);
        System.out.println("sc_sub:"+sc_sub);
        System.out.println("sb_copy:"+sb_copy);
    }
}
```

程序输出：

sb: javacourse

sb_sub:ac

sc: 0123456789

sc_sub:34

sb_copy:javacourse

4.4.2 不可变字符串

String 类是不可变类，定义一个 String 类型的变量有两种方式：

String name="java course ";

String name=new string("java course ");

使用第一种方式时就使用了串池（String Pool）技术，而第二种方式是普通的创建对象的方式。所谓串池，是一段字符串的内存缓冲区。当创建字符串对象 name 时，JVM 会检查 name 在串池中是否存在内容相同的字符串对象，如果不存在，则在池中创建一个字符串 name，否则将 name 指向串池中已存在的对象。

程序清单 4-8：

```
public class ImmutableString {
    public static void main(String[] args) {
        String str1="java course";
        String str2="java course";
        System.out.println(str1==str2);

        String str3=new String("java course");
        System.out.println(str1==str3);
        System.out.println(str1.equals(str3));
    }
}
```

程序输出：

true

```
false
true
```

如果使用第一种方式,那么在声明一个内容也是" java course "的 String 时,将使用串池里已有的字符串,而不会重新创建字符串对象,即引用变量 str1 和 str2 指向同一块内存。而第二种方式下,会在堆内存中新生成 String 对象,即 str3 指向不同于"java course"的内存空间。结论:基于串池创建 String 对象的方式更加高效。

4.4.3　字符串长度

length()方法返回字符串的长度,也就是返回字符串中字符的个数。汉字也是一个字符。

程序清单 4-9:

```
public void length()
{
    char chars[]={'a','b','c'};
    String s=new String(chars);
    int len=s.length();
    System.out.println("ANSI characters length:"+len);
    s="Java 语言";
    len=s.length();
    System.out.println("Chinese characters length:"+len);
}
```

程序输出:

```
ANSI characters length: 3
Chinese characters length: 6
```

4.4.4　字符串比较

compareTo()方法用于比较两个字符串的大小,比较的原理是依次比较每个字符的字符编码值。首先比较两个字符串的第一个字符,如果第一个字符串的字符编码大于第二个的字符串的字符编码,则返回大于 0 的值;如果小于则返回小于 0 的值;如果相等则比较后续的字符;如果两个字符串中的字符编码完全相同则返回 0。

例如:

```
String s="abc";
String s1="abd";
int result=s.compareTo(s1);
```

s1 大于 s 的值,因此结果是－1。String 类中类似的方法是 compareToIgnoreCase,

它忽略字符的大小写进行比较,比较的规则和 compareTo 一样。例如:

```
s="aBc";
s1="ABC";
result=s.compareToIgnoreCase (s1);
```

则 result 的值是 0,即两个字符串相等。

4.4.5　equals()方法

equals()方法的作用是判断两个字符串对象的内容是否相同。如果相同则返回 true,否则返回 false。例如:

```
String s="abc";
String s1=new String("abc");
boolean result=s.equals(s1);
```

显然,result 的值为 true。请注意 equals 是被 String 类重新实现了的,它的功能与操作符==是不同的,后者比较的是两个对象在内存中存储的内存地址是否一样。例如上面的代码中,如果使用以下语句判断字符串变量 s 和 s1:

```
boolean r=(s==s1);
```

则变量 r 的值是 false,因为 s 对象对应的地址和 s1 使用 new 申请的新内存地址必然不一样。类似的方法 equalsIgnoreCase()忽略大小写比较两个字符串的内容是否相同,例如:

```
String sc="abc";
String sc1="ABC";
boolean result=sc.equalsIgnoreCase (sc1);
```

则变量 result 的值是 true。

4.4.6　子串查找

indexOf()方法的作用是查找特定字符或字符串在当前字符串中的起始位置,如果不存在则返回 -1。它有个 4 个重载方法,能接收字符、字符串作为查找目标,同时还能指定开始查找的位置。

程序清单 4-10:

```
public int indexOf()
  {
      int idx=-1;
      String str="java course";
      idx=str.indexOf('a');
```

```
        System.out.println("the position of a:"+idx);
        idx=str.indexOf('a',2);
        System.out.println("the position of a:"+idx);
        idx=str.indexOf("va");
        System.out.println("the position of va:"+idx);
        idx=str.lastIndexOf('a');
        System.out.println("the last position of a:"+idx);

        return idx;
    }
```

indexOf()方法返回字符 a 在字符串 str 中第一次出现的位置。当然，也可以从特定位置以后查找对应的字符，只需要在 indexOf()中指定起始位置就可以。另外一个类似的方法是 lastIndexOf()方法，其作用是从字符串的末尾开始向前查找第一次出现的规定字符或字符串，在上例中将从右侧找字符 a 出现的位置，因此结果为 3。

4.4.7　截取子串

substring()方法的作用是截取字符串中的"子串"，子串就是字符串中的一部分。它最常用的方法形式如下：

```
String substring(int start,int pastEnd);
```

例如：

```
String greeting="Hello,World!";
String sub=greeting.substring(0,5);
```

则 substring 的作用是取字符串 greeting 中索引从 0 到 5 部分的子串（包括索引值为 5 的字符），即 sub 的值为 Hello。以下代码的作用是输出任意一个字符串的所有子串。

程序清单 4-11：

```
public void substring() {
    String s="Welcome to java world!";
    int len=s.length();
    for (int start=0; start<len-1; start++) {
        for (int end=start+1; end<=len; end++) {
            System.out.println(s.substring(start,end));
        }
    }
}
```

在以上方法中，循环指示变量 start 代表需要获得的子串的起始索引值，其变化的区间从第一个字符的索引值 0 到倒数第二个字符串的索引值 len-2，而 end 代表需要获得的子串的结束索引值，其变化的区间从起始索引值的后续一个到字符串长度。

4.4.8 分割字符串

split()方法是以特定的字符串作为间隔,拆分当前字符串的内容,一般拆分以后会获得一个字符串数组。split()的函数原型为

```
public String[] split(String regex,int limit);
```

程序清单 4-12:

```
public class StringSplit {
    public static void main(String[] args) {
        String sourceStr="1,2,3,4,5";
        String[] sourceStrArray=sourceStr.split(",");
        for (int i=0; i<sourceStrArray.length; i++) {
            System.out.println(sourceStrArray[i]);
        }
        int maxSplit=3;
        sourceStrArray=sourceStr.split(",",maxSplit);
        for (int i=0; i<sourceStrArray.length; i++) {
            System.out.println(sourceStrArray[i]);
        }
    }
}
```

使用 split()方法分隔字符串时,分隔符如果用到一些特殊字符,可能会得不到预期的结果。对于特殊含义的字符,使用时必须进行转义。

程序清单 4-13:

```
public void converterSplit() {
    String value="192.168.128.33";
    String[] names=value.split("\\.");
    for (int i=0; i<names.length; i++) {
        System.out.println(names[i]);
    }
}
```

字符"|"、"＊"、"＋"作为分隔符时都需要加上转义字符,即在前面加上"\\"。而如果是"\",那么就得写成"\\\\"。当一个字符串中有多个分隔符,可以用"|"作为连字符。

程序清单 4-14:

```
String str="Java string- split#test";
String[] rs=str.split(" |-|#");
for(String rr:rs)
    System.out.println("split result:"+rr);
```

程序输出：

```
split result: Java
split result: string
split result: split
split result: test
```

用 str. split(" │─│♯")把每个字符串分开,结果是把字符串分成了 4 个子字符串。值得特别提醒的是,传递给 split()方法的正则表达式中应有一个空格,否则分割的结果是单个的字符。

4.4.9 int 转换为 String

基本数据和字符串对象之间不能使用以前的强制类型转换的语法进行转换,String的静态方法 valueOf()能将其他类型的数据转换为字符串,valueOf()是重载函数,它为每一种基本数据类型都定义了转换方法。例如：

```
int n=10;
String s=String.valueOf(n);
```

则字符串 s 的值是"10",上述转换使得数据的类型发生了变化。比如,要判断一个自然数中包含几位数字,就可以通过将该数字转换为字符串的方式实现。

```
int n=12345;
String s=String.valueOf(n);
int len=s.length();
```

则字符串的长度 len 就代表该自然数的位数。

注意到,将 String 对象转换为数字需要用到 Integer 类的静态方法 int parseInt(String s),它传入的参数必须是一个数字字符串,否则会抛出数字转换异常。

4.4.10 自动装箱/拆箱(Autoboxing/Unboxing)

Java 为每个基本数据类型都定义了包装类,8 种基本数据类型对应 8 个包装类。所有的包装类都位于 java. lang 下,分别是 Byte、Short、Integer、Long、Float、Double、Character 和 Boolean,它们的使用方式是一样的,可以实现基本数据类型与包装类型的双向转换。

为什么要使用包装类型呢？包装类型是一个类,有属性有方法,所以就比基本数据类型的功能强大。假如需要将一个字符串的类型转化为整数,就需要用到包装类型的方法了。

以 Integer 类为例,Integer 类将 int 类型的值包装到一个对象中,它提供了多个与整数相关的操作方法。例如,将一个字符串转换成整数,以及表示整数的最大值和最小值的常量等。Integer 通过下面这个构造方法构造相应的整型数的对象：

```
public Integer(int value);
```

public int intValue()方法则返回该包装类所包装的整型值。

在基本数据类型与其对应的包装类之间进行转换略显烦琐，Java 提供自动将基本类型数据和它们包装类之间转换的机制：自动装箱和自动拆箱。自动装箱是指将基本数据类型自动转换为包装类，而自动拆箱则完成相反的功能，即将包装类型自动转换为基本数据类型。自动装箱/拆箱机制极大地方便了基本类型数据和它们包装类的使用。

程序清单 4-15：

```java
public class AutoBoxing {
  public static void main(String[] args) {
      String x="123";
      int p=Integer.parseInt(x);
      Integer p2=new Integer(x);
      System.out.println(p);
      System.out.println(p2);

      autoBoxing();
  }

  private static void autoBoxing() {
      int a=3;
      Integer iArray[]=new Integer[5];
      iArray[0]=a;
      Integer b=iArray[0];
      Integer y=b+2;
      System.out.println(y);
  }
}
```

在 autoBoxing()方法中，将整型变量 a 直接赋值给 Integer 类型的数据元素是允许的，a 被自动转换为 Integer 类型；而在加法操作中，Integer 先自动转换为 int 进行加法运算，然后 int 再次转换为 Integer。

4.4.11 增强的 switch 语句

Java 7 及后续版本，可以在 switch 语句的测试条件表达式中使用 String 对象。比如要根据月份的名字显示月份的整数值，就可以通过增强的 switch 语句实现多分支选择。

程序清单 4-16：

```java
public class StringSwitchDemo {
    public static int getMonthNumber(String month) {
        int monthNumber=0;
        if (month==null) {
```

```java
            return monthNumber;
        }
        switch (month.toLowerCase()) {
        case "january":
            monthNumber=1;
            break;
        case "february":
            monthNumber=2;
            break;
          ：
        case "december":
            monthNumber=12;
            break;
        default:
            monthNumber=0;
            break;
        }
        return monthNumber;
    }

    public static void main(String[] args) {

        String month="August";
        int returnedMonthNumber=StringSwitchDemo.getMonthNumber(month);
        if (returnedMonthNumber==0) {
            System.out.println("Invalid month");
        } else {
            System.out.println(returnedMonthNumber);
        }
    }
}
```

switch 表达式引入 String 对象后,在对比每个 case 标签关联的表达式时,将自动使用 String 类的 equals()方法验证是否满足特定分支。为了避免输入中大小写的影响,程序清单 4-16 中使用 toLowerCase()方法将输入转换为小写,因为 case 标签对比的字符串都是小写。

4.5　StringBuffer

　　StringBuffer 类和 String 一样,也用来代表字符串,但 StringBuffer 的内部实现方式和 String 不同,主要区别在于 StringBuffer 在进行字符串处理时,不生成新的对象,在内存使用上要优于 String 类。

　　所以在实际使用时,如果经常需要对一个字符串进行修改,例如插入、删除等操作,使用 StringBuffer 要更加高效。在 StringBuffer 类中存在很多和 String 类一样的方法,这些方法在功能上和 String 类中的功能是完全一样的。但是最显著的区别在于,对于 StringBuffer 对象的每次修改都会改变对象自身,而 String 类每次都生成新对象。

4.5.1 StringBuffer 的初始化

StringBuffer 的初始化不同于 String 类,通常情况下它使用构造方法进行初始化,例如:

```
StringBuffer s=new StringBuffer(128);
```

这样初始化的 StringBuffer 对象是一个长度为 128 字节的空对象。从实现上看,StringBuffer 内部使用字符数组,当放入 StringBuffer 对象的字符长度超过该字符数组长度时,需要重新开辟长度增加两倍的字符数组,并把原来的字符数组内容复制到新字符数组中。因此,设置合适的初始长度,对 StringBuffer 的性能影响很大。

如果需要创建带有内容的 StringBuffer 对象,则可以使用:

```
StringBuffer s=new StringBuffer("abc");
```

这样初始化得到的 StringBuffer 对象的内容就是字符串"abc"。需要注意的是,StringBuffer 和 String 属于不同的类型,它们不能直接进行强制类型转换。实现 StringBuffer 对象和 String 对象之间互转的代码如下:

```
String s="abc";
StringBuffer sb1=new StringBuffer("123");
StringBuffer sb2=new StringBuffer(s);          //String 转换为 StringBuffer
String s1=sb1.toString();                       //StringBuffer 转换为 String
```

4.5.2 StringBuffer 的常用方法

StringBuffer 类中的方法主要偏重于对字符串的修改操作,例如追加、插入和删除等,这是 StringBuffer 和 String 类的主要区别,也是引入 StringBuffer 类的原因。

1. append()方法

该方法的作用是追加内容到当前 StringBuffer 对象的末尾,类似于字符串的连接。调用该方法后,StringBuffer 对象的内容也发生了改变,例如:

```
StringBuffer sbt=new StringBuffer("abc");
sbt.append(true);
```

则对象 sbt 的值将变成"abctrue"。使用该方法进行字符串的连接,将比 String 更加节约内存,因为 StringBuffer 不需要产生新的对象。append()方法常被应用于数据库 SQL 语句的拼接。

程序清单 4-17：

```
StringBuffer sb=new StringBuffer();
    String user="test";
    String pwd="123";
    sb.append("select * from userInfo where username=")
        .append(user)
        .append(" and pwd=")
        .append(pwd);
    System.out.println("append sqls:\n"+sb);
```

程序输出：

```
append sqls:
select * from userInfo where username=test and pwd=123
```

2. deleteCharAt()方法

该方法的作用是删除指定位置的字符，然后将剩余的内容形成新的字符串。例如：

```
StringBuffer sb=new StringBuffer("Test");
sb.deleteCharAt(1);
```

该代码的作用是删除字符串对象 sb 中索引值为 1 的字符，也就是删除第二个字符，剩余的内容组成一个新的字符串。类似地，

```
public StringBuffer delete(int start,int end);
```

其作用是删除指定区间以内的所有字符，包含 start 但不包含 end 索引值的区间。例如：

```
StringBuffer sb=new StringBuffer("Test String");
sb.delete (1,4);
```

结果为"T String"。

3. insert()方法

该方法的作用是在 StringBuffer 对象中插入内容，它是一个重载方法，可以插入各种基本数据类型、String、StringBuffer 和各类对象。插入时，可以指定插入的位置。例如：

```
StringBuffer sb=new StringBuffer("Leaning");
sb.insert(3,'r');
```

执行后对象 sb 的值是"Learning"。

4. reverse()方法

该方法的作用是将 StringBuffer 对象中的内容反转，然后形成新的字符串。例如：

```
StringBuffer sb=new StringBuffer("abc");
sb.reverse();
```

经过反转以后,对象 sb 中的内容将变为"cba"。

5. setCharAt()方法

该方法的作用是修改对象中索引 index 位置的字符为新的字符。例如:

```
StringBuffer sb=new StringBuffer("learning");
sb.setCharAt(0,'L');
```

则对象 sb 的值将变成"Learning"。

6. trimToSize()方法

该方法的作用是将 StringBuffer 对象中存储空间缩小到和字符串长度一样的长度,去掉字符串两侧的空格,从而减少空间的浪费。

在实际使用时,String 和 StringBuffer 各有优势和不足,需要根据具体的使用场景,选择合适的类型,从而提高程序执行的效率。

4.5.3 回文数的判断

使用 StringBuffer 能够容易实现回文数的判断,代码如程序清单 4-18。

程序清单 4-18:

```
public class PalindromicNumber {
    public static void main(String args[]) {
        String str;
        String str2;
        int i;
        StringBuffer sb=new StringBuffer();
        str="123454321";
        for (i=0; i<str.length(); i++) {
            if (Character.isLetterOrDigit(str.charAt(i)))
                sb.append(str.charAt(i));
        }
        str=sb.toString();
        str2=sb.reverse().toString();
        if (str.equals(str2))
            System.out.println("是一个回文串");
        else
            System.out.println("不是一个回文串");
    }
}
```

4.6 正则表达式

字符串处理是程序中非常重要的部分,它用于文本处理、数据可视化等。java.util. regex 包用于各种文本处理操作,如匹配、搜索、提取和分析结构化文本内容。

正则表达式是一个特殊的字符序列,它使用专门的语法表示模式以匹配或找到其他字符串或字符串集。java.util.regex 是一个用正则表达式的模式对字符串进行匹配处理的类库。它包括两个类:Pattern 和 Matcher。Pattern 是正则表达式经编译后的表现模式,通过 Pattern 类可以容易确定字符串是否匹配某种模式,模式可以是匹配某个特定的字符串,也可以很复杂,比如需要分组和控制符等。Pattern 类的方法如表 4-1 所示。

表 4-1　Pattern 类的方法

方　　法	说　　明
static Pettern compile(String regex,int flag)	编译模式,参数 regex 表示输入的正则表达式,flag 表示模式类型(比如,Pattern.CASE_INSENSITIVE 表示不区分大小写)
Matcher match(CharSequence input)	获取匹配器,input 是待处理的字符串
static boolean matches(String regex, CharSequence input)	快速的匹配方法,直接根据输入的模式 regex 匹配字符串 input
String[] split(CharSequence input,int limit)	分隔字符串 input,limit 参数可以限制分隔的次数

Matcher 是一个状态机,它使用 Pattern 对象作为匹配模式对字符串展开匹配检查。首先,Pattern 实例定义了一个正则表达式经编译后的模式,然后 Matcher 实例在这个给定的 Pattern 实例的模式控制下进行字符串的匹配工作。Matcher 类的方法如表 4-2 所示。

表 4-2　Matcher 类的方法

方　　法	说　　明
boolean matches()	对整个输入字符串进行模式匹配
boolean lookingAt()	从输入字符串的开始处进行模式匹配
boolean find(int start)	从 start 处开始匹配模式
int groupCount()	返回匹配后的分组数目
String replaceAll(String replacement)	用给定的 replacement 全部替代匹配的部分
String repalceFirst(String replacement)	用给定的 replacement 替代第一次匹配的部分
Matcher appendReplacement(StringBuffer sb, String replacement)	根据模式用 replacement 替换相应内容,并将匹配的结果添加到 sb
StringBuffer appendTail(StringBuffer sb)	将输入序列中匹配之后的末尾字串添加到 sb 当前位置之后

4.6.1　匹配量词

对于单个字符串比较而言,使用正则表达式没有什么优势。它的强大之处在于字符类和量词(* 、+ 、?)等更复杂的模式的处理上。常用的量词如下:

\d　数字

\D　非数字

\w　单字字符(0~9,A~Z,a~z)

\W　非单字字符

\s　空白(空格符、换行符、回车符、制表符)

\S　非空白

[]　由方括号内的一个字符列表创建的自定义字符类

.　匹配任何单个字符

下面的量词将用于控制将一个子模式应用到匹配次数的过程,它们被称为匹配优先量词。匹配优先的意思是它会尽可能多地匹配。

?　重复前面的子模式 0 次到一次

*　重复前面的子模式 0 次或多次

+　重复前面的子模式一次到多次

正则表达式最简单的功能是准确匹配一个给定字符串的模式,模式与要匹配的文本是等价的。Pattern. matches()方法用于比较一个字符串是否匹配一个给定模式,下面通过例子说明其用法。

程序清单 4-19:

```java
public void match() {
        String[] dataArr={ "moon","mon","mooonish","mono" };
        for (String str : dataArr) {
            String patternStr="m(o+)n";
            boolean result=Pattern.matches(patternStr,str);
            if (result) {
                System.out.println("字符串\t"+str+"\t 匹配模式\t"+patternStr
                    +"\t 成功");
            } else {
                System.out.println("字符串\t"+str+"\t 匹配模式\t"+patternStr
                    +"\t 失败");
            }
        }
    }
```

模式"m(o+)n"表示 mn 中间的 o 可以重复一次或多次,因此字符串"moon"、"mon"、"mooonish"能匹配成功,而"mono"在 n 后多了一个 o 和模式匹配不上。下面的例子演示了量词[]的作用。

程序清单 4-20：

```
public void singleMatch() {
        String[] dataArr={ "ban","ben","bin","bon","bun","byn","baen" };
        for (String str : dataArr) {
            String patternStr="b[aeiou]n";
            boolean result=Pattern.matches(patternStr,str);
            if (result) {
                System.out.println("字符串"+str+"匹配模式"+patternStr+"成功");
            } else {
                System.out.println("字符串"+str+"匹配模式"+patternStr+"失败");
            }
        }
    }
```

方括号[]表示只有其中指定的字符才能匹配,方括号中只允许单个字符,模式 "b[aeiou]n"指定只有以 b 开头 n 结尾,中间是 a、e、i、o、u 中任意一个字符的字符串才能匹配上,所以数组的前 5 个可以匹配,后两个元素无法匹配。如果需要匹配多个字符,用 ()加上|来实现。()表示一组,|表示或的关系,模式 b(ee|ea|oo)n 就能匹配 been、bean、boon 等单词。

对于多次出现的字符,通过量词+表示,而\\d 表示的是数字,所以模式\\d+就表示一位或多位数字。对于下面的匹配模式:

```
String[] dataArr={ "1","10","101","1010","100+"};
String patternStr="\\d+";
```

前 4 个能匹配上,最后一个因为+是非数字字符而匹配不上。模式\\w+\\d+表示的是以多个单字符开头,多个数字结尾的字符串。

```
String[] dataArr={ "a100","b20","c30","df10000","gh0t"};
String patternStr="\\w+\\d+";
```

因此前 4 个能匹配上,最后一个因为数字后还含有单字字符而不能匹配。

4.6.2　split()方法

实际上,String 类的 split()方法也支持正则表达式,比如:

```
String str="薪水,职位 姓名;年龄 性别";
String[] dataArr=str.split("[,\\s;]");
```

模式"[,\\s;]"能匹配",",单个空格和";"中的一个,split()方法把它们中任意一个当作分隔符,将一个字符串分割成字符串数组。

程序清单 4-21：

```java
public void splitMatch() {
        String str="薪水,职位 姓名;年龄 性别";
        String[] dataArr=str.split("[,\\s;]");
        for (String strTmp : dataArr) {
            System.out.println(strTmp);
        }
        str="2014年12月11日";
        Pattern p=Pattern.compile("[年月日]");
        dataArr=p.split(str);
        for (String strTmp : dataArr) {
            System.out.println(strTmp);
        }
}
```

程序输出：

薪水
职位
姓名
年龄
性别
2014
12
11

4.6.3 字符串替换

除此之外，正则表达式也用于字符串的替换。比如：

```java
public void replace(){
        String str="10元 1000人民币 10000元 100000RMB";
        str=str.replaceAll("(\\d+)(元|人民币|RMB)","$ 1￥");
        System.out.println(str);
}
```

模式(\\d+)(元|人民币|RMB)按括号分成了两组，第一组\\d+匹配单个或多个数字，第二组匹配元、人民币、RMB中的任意一个，替换部分＄1表示第一个组匹配的部分不变，其余组替换成￥。替换后的字符串为10￥1000￥10 000￥100 000￥。

以下代码则将单词数字混合的字符串中单词部分替换为大写字母，而其他单词和数字串不变。

程序清单 4-22：

```java
public void replaceLowerLetter() {
```

```
String regex="([a-zA-Z]+[0-9]+)";
Pattern pattern=Pattern.compile(regex);
String input="age45 salary500000 50000 title";
Matcher matcher=pattern.matcher(input);
StringBuffer sb=new StringBuffer();
while (matcher.find()) {
    String replacement=matcher.group(1).toUpperCase();
    matcher.appendReplacement(sb,replacement);
}
matcher.appendTail(sb);
System.out.println("替换完的字串为"+sb.toString());

}
```

程序输出：

替换完的字串为 AGE45 SALARY500000 50000 title

4.7 Scanner 类

Scanner 是一个简易文本扫描器，用于输入数据、处理文本。常见的构造方法有：

```
public Scanner(File source) throws FileNotFoundException
public Scanner(String source)
public Scanner(InputStream source)       //用指定的输入流来创建一个 Scanner 对象
```

常用的方法有：

```
public void close()                  //关闭
public Scanner useDelimiter(String pattern) //设置分隔模式，String 可以用 Pattern 取代
public boolean hasNext()             //检测输入中，是否还有单词
public String next()                 //读取下一个单词，默认把空格作为分隔符
public String nextLine()             //读一行
```

Scanner 常用于接收终端输入，其构造方法如下：

```
Scanner reader= new Scanner(System.in);
```

reader 对象调用各种方法来读取用户在命令行输入的数据，方法执行时都会阻塞，等待用户在命令行输入数据并回车确认。接下来，看一个从键盘输入文本数据的例子。

程序清单 4-23：

```
public void input_str(){
    Scanner sc=new Scanner(System.in);
    System.out.println(sc.nextLine());
    sc.close();
}
```

Scanner 类可以封装 system. in 输入流,也可以接收字符串。hasNext()方法判断是否有内容,有则用 sc. nextLine()方法取出。将一个文本串中的非数字过滤掉,可以参考下例。

程序清单 4-24:

```
public void filterNonDigits() {
        String text1="last summber 23,I went to 555 the italy 4 ";
        //使用分隔符
        Scanner sc=new Scanner(text1).useDelimiter("\\D\\s * ");
        while (sc.hasNext()) {
            String str=sc.next();
            if (str !=null && str.length() >0)
                System.out.println(str);
        }
        sc.close();
    }
```

程序输出:

```
23
555
4
```

上例中,Scanner 使用正则表达式作为分割模式,使用空格或者非数字作为分隔符来分割字符串,其中,\\D 表示非数字,\\s * 表示所有空格。

4.8　本章小结

数组是一个容器,它持有固定数目同一类型的数据。当创建数组时,数组的长度就确定了。数组的每个成员是通过索引访问的,它的索引从 0 开始。声明数组后必须为它开辟存储空间,数组才能被访问。数组的访问处理可以通过 for 循环方便地实现,通过数组的 length 字段可以得到数组的大小。数组是对象,那么它作为参数传递时的特点和对象是一致的。使用符号=对数组对象赋值时是将对象引用指向同一个数组,而不是将数组内容进行复制。数据内容的复制可以通过循环实现,也可以通过 System. arraycopy 实现。

String 类是不变的字符串,创建后内容就不会更改。当需要使用内容可变的字符串时,考虑使用 StringBuffer,在对它的内容修改时,不会产生新的对象。

Pattern 和 Matcher 实现正则表达式的处理,Pattern 是经编译后的模式,模式控制字符串的匹配方式,Matcher 使用 Pattern 对象作为匹配模式对字符串展开匹配检查。

4.9　本章习题

1. 如何创建一个数组? 如何访问数组元素?
2. 下面程序的运行结果是_____。

```
main(){
    int x=30;
    int[] numbers=new int[x];
    x=60;
    System.out.println(numbers.length);
}
```

    A. 60   B. 20   C. 30   D. 50

3. 数组下标的类型是什么？最小的下标是多少？一维数组 a 的第 3 个元素如何表示呢？

4. 数组越界访问会发生什么错误？怎样避免该错误？

5. 给方法传递数组参数与传递基本数据类型变量的值有何不同？

6. 复制数组有哪些方法，请举例说明。

7. 数组创建后，其元素被赋予的默认值有哪些？

8. 如何声明和创建一个二维数组？

9. 声明数组变量会为数组分配内存空间吗？如果没有，如何为数据分配内存？

10. 一个二维数组的行可以有不同的长度吗？如果可以，试创建一个此类型的数组。

11. 有一个整数数组，其中存放着序列 1,3,5,7,9,11,13,15,17,19。请将该序列倒序存放并输出。

12. 编写一个程序，提示用户输入学生数量、各自的姓名和他们的成绩，并按照成绩的降序来打印学生的姓名。

13. 编写一个程序，求出整数数组中最小元素的下标。如果这样的元素个数大于 1，则返回下标最小数的下标。

14. 现有如下的一个数组：

```
int oldArr[]={1,3,4,5,0,0,6,6,0,5,4,7,6,7,0,5}
```

要求将以上数组中值为 0 的项去掉，将不为 0 的值存入一个新的数组。

15. 现在给出两个数组：
数组 A：1,7,9,11,13,15,17,19
数组 B：2,4,6,8,10
请将两个数组合并为数组 C，按升序排列。

16. 假设字符串变量 s1 指向 "Welcome to beijing"，s2 指向 "welcome to beijing"，请为以下陈述编写代码。

（1）检查 s1 和 s2 是否相等。

（2）比较 s1 和 s2，将结果赋值给整型变量 x。

（3）在忽略大小写的情况下判断 s1 和 s2 是否相等。

（4）创建一个新字符，它是 s1 和 s2 的合并。

（5）找出 s1 中第一次出现 e 的下标。

（6）将 s2 的长度赋值给整型变量 len。

（7）将 eij 最后一次出现的下标赋值给变量 x。

17. 怎样判断一个字符是字母还是数字,如何判断字母是大写还是小写?

18. 博客网站设定了校验密码的规则,编写方法检验一个字符串是否是合法的密码。规则如下。

(1) 密码长度不小于 8。

(2) 密码只能包含字母和数字。

(3) 密码必须存在至少 2 个数字。

如果用户输入的密码符合规则就显示 valid password,否则提示 Invalid password。

19. 编写方法 public int countLetters(String s)统计字符串中字母的个数。

20. 编写一个方法 public String binaryToHex(String binaryStr)将二进制的字符串转换为十六进制的字符串。

21. 生物信息中使用字母 ACTG 构成的序列对基因组进行建模。基因是基因组的一个子串,基因组在三字符 ATG 之后开始、在三字符 TAG、TAA 和 TGA 之前结束。因此,基因字符串的长度是 3 的倍数,而且基因不包括任何 ATG、TAG、TAA 和 TGA。编写一个程序,提示用户输入一个基因组,然后显示基因组中所有的基因。如果在输入序列中没有任何基因,就显示无基因。比如:

```
Enter a enome string:TTATGTTAAATGGGCGTTAGTT
TTT
GGGCGT
Enter a genome string:TGTGTGTATAT
no gene is found
```

22. 信用卡必须是 13～16 位的整数串,它必须通过 Luhn 算法来验证通过才是合法的卡号。Luhn 算法校验的过程如下。

(1) 从卡号最后一位数字开始,逆向将奇数位(1、3、5 等)相加。

(2) 从卡号最后一位数字开始,逆向将偶数位数字,先乘以 2(如果乘积为两位数,则将其减去 9),再求和。

(3) 将奇数位总和加上偶数位总和,结果应该可以被 10 整除。

例如,卡号是 5432123456788881,则奇数位和＝35。偶数位乘以 2(有些要减去 9)的结果为 1 6 2 6 1 5 7 7,求和等于 35。最后 35＋35＝70 可以被 10 整除,认定校验通过。

请编写一个程序,从键盘输入卡号,然后判断是否校验通过。通过显示:"成功",否则显示"失败"。

比如,用户输入:356827027232780。

程序输出:成功。

第 5 章　继承和接口

本章目标

- 理解包的概念和用法。
- 理解继承的概念。
- 掌握继承机制的使用。
- 掌握多态的概念及多态的实现。
- 理解抽象类。
- 掌握接口的定义。
- 掌握内部类的定义和使用。
- 理解面向对象的设计原则。
- 理解开放封闭原则。
- 掌握 Lambda 表达式的语法。

5.1　包

包是 Java 语言中管理类的有效机制。包就是文件夹,可以把包看作是管理类文件的文件夹。引入包的原因是随着项目越来越大,定义的类越来越多,有效地组织类非常有必要。使用包的好处很明显。

(1) 利于查找。当类较多时,可以通过声明包的形式按功能将类分别组织在不同的包中。

(2) 避免类的名字冲突。通过声明不同包,可以避免名字空间污染。由于包创建了一个新的命名空间,当前类的名字不会和另一个包的类的名字冲突。

(3) 利于记忆。同一包的类是相关的,因此,调用者容易知道去哪里找能提供特定功能的类。

(4) 访问控制。同一个包的类之间是非严格的访问控制,但是对包外的类的访问是严格控制的。

5.1.1　package 语句

package 用来声明包,该语句放在源程序的第一行。例如:

```
package cn.edu.javacourse.ch5;
public class InheritDemo(){
    ...
}
```

该例表明 InheritDemo 类在 cn. edu. ldu. javacourse. ch5 包中(见图 5-1)。如果源程序中省略了 package 语句,则默认该类被放在无名包中,即该包没有名字。

包名可以是任何合法的标识符,也可以是若干个标识符用"."连接的。习惯上,包名用公司名称或单位域名作为前缀,从而避免不同公司的不同项目的名称冲突。注意到,用"."分割的多级包名会在文件系统中对应多级目录。

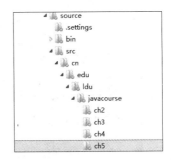

图 5-1 包对应的目录结构

5.1.2 import 语句

编程时往往需要引用 JDK 提供的类库或者第三方类库,这样不仅可以加速程序开发,还能有效提高代码的质量。为了告诉编译器需要引入哪些类库,就需要使用 import 语句声明待引入的包或包中的具体类。

Java 平台本身提供了很多包,用于实现不同的通用的功能。以下列出了几个常用的包。

(1) java. lang　　　　　核心类所在包

(2) java. awt/javax. swing　包含界面设计的图形、文本类

(3) java. io　　　　　　输入输出类所在包

(4) java. net　　　　　包含网络功能的类

(5) java. util　　　　　实用类集

如果要引入一个包里全部的类,用 ＊ 表示,例如:

```
import cn.edu.javacourse.ch5.*;
```

如果要引入一个包里的特定类,需明确提供该类的名字,例如:

```
import cn.edu.javacourse.ch5.InheritDemo;
```

Java 编译器为所有程序自动引入包 java. lang,所以不必显式引入。

接下来,重新回到 Java 的环境变量 classpath。classpath 是编译器 javac 的一个环境变量,当遇到 improt java. util. ＊ 时,编译器解析 import 关键字,就知道要引入 java. util 这个包中的类,但是编译器如何知道包被放在哪里了呢? 所以首先得告诉编译器这个包在文件系统中的位置,那么如何告诉它呢? 就是设置 classpath。如果 java. util 这个包在 C:\jdk\目录下,则需要把 C:\jdk\这个路径设置到 classpath 中去。比如:

```
classpath=.; c:\jdk;
```

编译器会查找 classpath 所指定的目录,并检视子目录 java\util 是否存在,然后找出名称吻合的已编译文件(.class 文件)并加载对应的类。如果没有找到就会报错。注意"."表示当前路径,JVM 会把当前路径作为搜索路径。

如果在 Eclipse 中开发程序,选中工程名称,右击,选择 build path→Configure Build Path 选项,打开如图 5-2 所示界面。

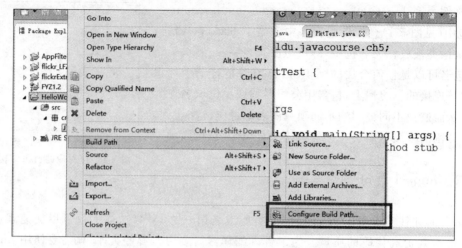

图 5-2   在 Eclipse 中配置第三方类库

在打开的对话框中，显示了 Eclipse 配置的 classpath，可以通过 Add JARs 或 Add External JARs 添加工作空间中的类库或其他第三方类库到项目中来。从图 5-3 可看到，当前项目使用的类库 *.jar 都被罗列出来。

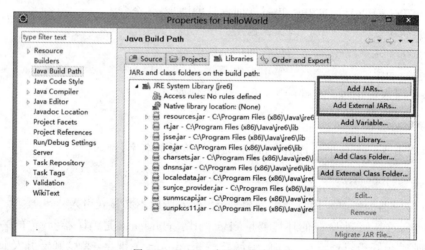

图 5-3   Eclipse 中配置类库路径

5.1.3   jar 命令

jar 是 java achive file 的缩写，它与 Java 应用息息相关，是 Java 的一种文档格式。jar 文件把类和一些相关的资源封装到一个压缩文件中，便于程序中引用。jar 文件格式以 ZIP 文件格式为基础，但与 ZIP 文件不同的是，jar 文件不仅用于压缩和发布程序，而且还用于部署和打包库、组件和插件，并可被编译器和 JVM 直接使用。在 jar 中包含特殊的文件，如 manifests 和部署描述符，用来指示部署工具和发布应用服务器如何处理特定的 jar。

总的来说，一个 jar 文件可以用于如下。

(1) 发布和引用类库。

(2) 作为应用程序和扩展的构建单元。

(3) 作为组件、Applet 或者插件程序的部署单元。

(4) 用于打包与组件相关联的辅助资源。

(5) 数字化签名以便提高文件的安全性。

(6) 实现版本控制，提高发布的灵活性。

jar 文件是 Java 中的 class 文件和其他资源通过 jar 命令打包而成的，也可以通过 Eclipse 来生成。jar 包可以直接被执行，比如：

```
java -jar *.jar
```

但在 jar 包中的 Manifest.mf 文件中一定要指明主类(mainclass)，即从哪一个类开始执行当前 jar 包。

5.2　继承

继承是面向对象编程技术的基石，它是一种由已有的类创建新类的机制。继承是一个类获得另一个类的属性和行为的过程，由继承而得到的新类称为子类(Subclass)或派生类，被继承的类被称为父类(Superclass)或超类。特别地，直接或间接被继承的类都是父类。

继承用来建模类之间的一般特殊关系，拥有共同属性的类建模为一般类，根据该一般类再创建具有特殊的、具体属性的派生类，派生类与一般类有共性，但也有不同于一般类的特性或行为。

继承支持按层次分类的概念，简单地说，类的继承性是新的子类可以从父类自动继承其全部属性和方法的能力。子类继承父类的属性与方法，就如同在子类中直接声明的一样，可以被子类中声明的任何实例方法所调用。子类不仅继承父类的属性和行为，同时也可以修改继承自父类的属性和行为，并添加新的属性和行为特征。父子类构成树形结构，子类更具有特殊性。

继承用来为类之间的"is a"关系建模，不要为了重用方法而盲目地派生一个类。例如，从类 Car 派生类 Tree 毫无意义，派生必须表达实际的逻辑关系，具有合理性，即子类和父类之间必须存在"is a"关系。

Java 中不直接支持多重继承，即一个子类一般只有一个父类。单一继承并不会削弱 Java 的继承机制的能力，相反，它使得继承关系更为简单清晰，有助于增强程序的可读性、可维护性和健壮性。

5.2.1　创建子类

通过在类的声明中加入 extends 子句来创建一个类的子类，其语法格式如下：

```
class Subclass extends Superclass{
    ...
}
```

如果没有 extends 子句,则默认父类为 java. lang. Object。Object 类是所有类的父类,它的方法可被所有类使用。

子类可以继承父类中被 public、protected 修饰的属性和方法,但是不能直接访问被 private 修饰的属性和方法。还有一种缺省(default)访问权限,即成员无访问修饰符,default 权限的属性和方法需要区分两种情况。

(1) 子类和父类在同一包中,子类可以继承父类的缺省成员。

(2) 子类和父类不在同一包中,子类不能继承父类的缺省属性和方法。

来自不同包的父类的不同访问修饰符修饰的成员在子类中的可见性如表 5-1 所示。方法中的变量不能有访问修饰符,所以表 5-1 仅针对于在类中定义的成员变量。

表 5-1　访问修饰符与可见性关系

作用域	当前类	同一包内	子类	其他包
public	√	√	√	√
protected	√	√	√	×
default	√	√	×	×
private	√	×	×	×

子类继承父类所有的公有和保护的成员,而不管父类在哪个包中。如果子类和父类在同一个包,它还会继承父类的缺省(default)成员。

5.2.2　子类能做的事

对于继承的成员,可以替换它、隐藏它或者补充新成员。子类能够做以下的事情。

(1) 被继承的成员变量可以直接使用,就像使用子类新定义的其他成员一样。

(2) 声明新成员变量,如果名字和父类的成员变量名字相同,就隐藏了该成员。

(3) 继承父类的方法可以直接使用,声明一个父类中不存在的新成员方法。

(4) 在子类实现一个与父类签名一样的方法,它覆盖父类的方法。

(5) 实现子类的构造方法,通过隐式或者显式使用 super 调用父类的构造方法。

子类不能直接访问父类的私有(private)成员,但是,如果父类已经有公有或保护方法能访问该私有成员,那么可以通过继承父类的方法间接访问父类的私有属性。实际上,这是实现父类信息隐藏的主要手段,通过将类的属性设置为私有,避免子类的直接访问,可以保护该属性被随意修改,从而保证对象的状态改变的可控性。

程序清单 5-1:

```
package cn.edu.javacourse.ch5;
public class Bicycle {
```

```java
//the Bicycle class has three fields
public int cadence;
private int gear;
private int speed;

public Bicycle() {
    gear=0;
    cadence=0;
    speed=0;
    System.out.println("The default constructor of bicycle is called.");
}

public Bicycle(int startCadence,int startSpeed,int startGear) {
    gear=startGear;
    cadence=startCadence;
    speed=startSpeed;
    System.out.println("The parameterized constructor of bicyle is called.");
}

public void setCadence(int newValue) {
    cadence=newValue;
}

public void setGear(int newValue) {
    gear=newValue;
}

public void applyBrake(int decrement) {
    speed-=decrement;
}

public void speedUp(int increment) {
    speed +=increment;
}
}
```

类 MountainBike 继承自 Bicycle,它增加了属性用来描述座椅的高度。

程序清单 5-2:

```java
package cn.edu.javacourse.ch5;
public class MountainBike extends Bicycle {
    //the MountainBike subclass adds one field
    private int seatHeight;

    public MountainBike(int startHeight,int startCadence,int startSpeed,
```

```
        int startGear) {
    super(startCadence,startSpeed,startGear);
    seatHeight=startHeight;
    System.out.println("The constructor of MountainBicyle is called.");
    }

    public void increaseSetHeight(int newValue) {
        seatHeight +=newValue;
    }
}
```

MountainBike 继承 Bicycle 的所有变量和方法，并添加了 seatHeight 变量和对应的增加座椅高度的方法 increaseSetHeight（）。MountainBike 新类有 4 个变量和 5 个方法，不过你未必要全部都使用。如果 Bicycle 的方法已经花费了大量的时间调试和测试，那么这种复用代码的方式，是相当简单并有价值的。

继承关系也成为泛化（Generalization）关系，用于描述父类与子类之间的关系，在 UML 中，泛化关系用带空心三角形的直线来表示，如图 5-4 所示。

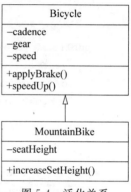

图 5-4 泛化关系

5.2.3 构造方法与子类的内存结构

与属性和普通方法不同，父类的构造方法并不传给子类，父类的构造方法只能从子类的构造方法中通过关键字 super 调用。

类的构造方法是实例化对象时调用的方法，它用来初始化类中的变量。构造方法不能有修饰符、返回类型和异常声明子句。子类的构造方法被调用时，它首先调用父类的构造方法，然后执行实例变量和静态变量的初始化块，最后才执行子类自己的构造方法。

如果构造方法没有显示地调用父类的构造方法，那么编译器会自动为它加上一个默认的 super()方法调用。但如果父类又没有默认的无参数构造方法，编译器就会报错。super()语句必须是构造方法的第一个子句。

当然，除了使用构造方法初始化对象的属性外，还可以通过实例变量初始化器，即一个用{}包含的语句块，它在类的构造方法被调用时运行，运行于父类构造器之后，当前类的构造方法执行之前。而类变量也可以通过类变量初始化器来进行初始化，类变量初始化器是一个用 static{}包含的语句块，只可能被初始化一次。

程序清单 5-3：

```
public class InheritMemTest{
    public static void main(String args[])
    {
        MountainBike moutainBike=new MountainBike(4,9,11,2);
    }
}
```

程序输出：

```
The parameterized constructor of bicycle is called.
The constructor of MountainBicyle is called.
```

请注意以上代码执行过程中构造方法的调用顺序。

为了更清晰地理解继承机制的代码复用能力，需要理解子类的内存分配情况。Java 中内存被分为堆（heap）、栈（stack）、全局数据区和代码区。new 出来的对象都存放在堆里，而它的使用者通过"引用"来调用它，引用被压入栈里（引用很小，所以很适合在栈里进进出出）。

当上述代码被执行时，JVM 会在堆内为对象 moutainBike 分配一段内存区域。从图 5-5 中可以看到，子类 MountainBike 实际上拥有父类 Bicycle 的所有属性。但是，MountainBike 的对象是不能直接访问 Bicycle 类中的变量的，比如：

```
moutainBike.gear=11;
```

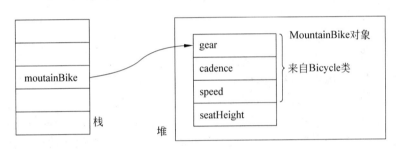

图 5-5　派生类的内存分配

这样的语句是非法的，这其实是类封装的关键。虽然从内存的角度看，moutainBike 对象有属性 gear，但是必须通过 Bicycle 提供的公共或保护的方法接口才能修改 gear 的值。

```
moutainBike.setGear(11);
```

初看起来可能觉得这种机制似乎把简单事情变得更复杂了，没看出有直接的必要性。

实际上，如果限制一下 Bicycle 的应用需求，即要求 gear 字段的值必须在 0～20 之间。通过修改一下 setGear() 方法就能简单地实现。

程序清单 5-4：

```
public boolean setGear(int newValue) {
        if (newValue>0 && newValue<=20) {
            gear=newValue;
            return true;
        }
        return false;
}
```

这样一来，由于 gear 的值只能通过 setGear 接口修改，因此，就达到了控制修改值合法性检查的目的。

5.2.4 Java 中的修饰符

Java 中的修饰符分为类修饰符、属性修饰符和方法修饰符。根据功能的不同，主要分为以下 5 种。

（1）访问权限修饰符 public、protected、private 和 default，这部分在 5.2.1 节中已介绍过。

（2）final 修饰符。final 的意思是不可变的，它可以修饰类、属性和方法。修饰类后类不能被扩展，也就是不能被继承。修饰属性后属性的值不能被改变，final 修饰的属性声明时应进行手动初始化。修饰方法后该方法不能被重写，即该方法是最终版本，子类中不能修改该方法的实现。

（3）abstract 修饰符。它可以用来修饰类和方法。修饰类表明该类为抽象类，不能被实例化，必须进行扩展后才能生成对象。修饰方法后声明方法为抽象方法，必须被子类重写（Override）。

（4）static 修饰符。static 用来修饰方法和属性。修饰属性说明该属性属于类而不属于特定对象。修饰方法说明该方法属于类而不属于类的实例。通过 static 修饰的属性和方法可以通过类名直接调用而无须创建类的实例。

（5）super 修饰符。super 是指向父类的引用，它使被屏蔽的父类成员变量或者成员方法变为可见。如果在子类重写了父类的方法或定义了与父类相同的成员变量，父类的方法和成员变量就被屏蔽了。子类在隐藏了父类的属性或重写了父类的方法后，常常还要用到父类的属性或使用父类被重写的方法，这时通过 super 来实现父类成员的访问。super 的使用可以分为下面 3 种情况。

① 用来访问父类被隐藏的属性，如 super.variable。
② 用来调用父类中被重写的方法，如 super.method([paralist])。
③ 用来调用父类的构造方法，如 super([paralist])。

程序清单 5-5：

```
package cn.edu.javacourse.ch5;
public class StaticTester {
    private static int a;
    private int b;

    static {
        StaticTester.a=3;
        System.out.println("in first static init block a="+a);
        StaticTester t=new StaticTester();
        t.set(12);
        t.b=1000;
        System.out.println(t.b);
```

```
        }

    static {
            StaticTester.a=4;
            System.out.println("in 2th static init block a="+a);
    }

    public static void main(String[] args) {
        StaticTester st=new StaticTester();
        st.set(44);
        StaticTester st2=new StaticTester();
        st2.get();
    }

    {
        System.out.println("in instance init block a="+a);
    }

    public void set(int af) {
        a=af;
        System.out.println("in fun set(),hhahhahah:"+a);
    }
    public void get() {
        System.out.println("in fun get(),a:"+a);
    }

    public StaticTester() {
        System.out.println("in constructor a="+a);
    }
}
```

程序输出：

```
in first static init block a=3
in instance init block a=3
in constructor a=3
in fun set(),hhahhahah:12
1000
in 2th static init block a=4
in instance init block a=4
in constructor a=4
in fun set(),hhahhahah:44
in instance init block a=44
in constructor a=44
in fun get(),a:44
```

请仔细分析程序 5-5 的执行顺序。静态代码块最早被顺序执行,而且只会被执行一次。而实例代码块则在对象生成时在构造方法被调用前,被调用多次。注意,在 main() 方法中,对象 st 将静态属性 a 设置为 44,之后生成了对象 st2,此时 st2 的属性 a 的值也是 44。这说明对象的类变量是共享的。

5.3 多态

继承的好处是提高了代码的重用性,同时,也让类和类之间建立了联系,为多态创造了条件。

多态就是指程序中定义的引用变量所指向的具体类型在编程时并不确定,而是在程序运行期间才确定。由于在程序运行时才确定具体的类,即不修改程序代码就可以改变程序运行时所绑定的具体代码,让程序选择多个运行状态,这就是多态性。

多态可分为编译时多态和运行时多态。编译时多态主要是体现在方法重载上,系统在编译时就能确定调用重载函数的哪个版本。一般说来,多态指的是一种运行期的行为,而不是编译期的行为。运行时多态基于面向对象的继承性实现,它指的是父类型的引用可以指向子类型的对象,即上转型。通过一个父类引用发出的方法调用可能执行的是方法在父类中的实现,也可能是某个子类中的实现,它是由运行时刻具体的对象类型决定的。

5.3.1 向上转型

子类是父类的特殊化,每个子类的实例都是其父类的实例,但是反过来就不成立。比如,每个山地车都是一个自行车对象,但并非每个自行车都是山地车。因此,总可以将子类的实例传给需要父类类型的参数。比如以下语句是正确的:

```
Bicycle myBike=new MountainBike();
```

类 MountainBike 派生自 Bicycle,所以实例 myBike 既是一个 MountainBike,也是一个 Bicycle。向上转型就是在允许的继承关系中,将子类型对象赋值给父类型引用的特性。类似地:

```
Object obj=new MountainBike();
```

这样 obj 既是一个 Object,也是一个 Mountainbike。相反地,如果这么写:

```
MountainBike myBike=new Object();
```

则会导致一个编译时错误。另外,下转型必须是显式的,看下面代码段:

```
Object obj=new MountainBike();
MountainBike myBike=obj;
```

仍然会有编译错误,因为编译器不知道 obj 是指向 MountainBike,编译器认为它是 Object

类型的,必须通过显式转换将 obj 转换为类型 MountainBike。

```
MountainBike myBike= (MountainBike)obj;
```

这一转换编译器会通过,但如果运行时 obj 不是 MountainBike 类型,会抛出异常。当然,可以使用 instanceof 操作符做逻辑测试,判断 obj 是否是 MountainBike 类型再做转换。

```
if (obj instanceof MountainBike) {
    MountainBike myBike= (MountainBike)obj;
}
```

这样转换后就不会有运行时异常了。但是,如果继承关系的层次很深,那么这种判断分支将会是噩梦。实际上,在设计良好的程序中,应该尽量避免使用这种判断。

5.3.2 方法重写

当子类中定义了一个方法,并且它的名字、返回类型、参数个数以及类型都和父类的某个方法完全相同时,父类的方法将被隐藏,这称为重写(Override)了父类的方法。当子类中定义的变量和父类中的变量同名时,称子类的变量隐藏了父类的变量。子类通过变量的隐藏和方法的重写把父类的状态和行为改变为自身的状态和行为。

在方法重写中,子类需要保持与父类完全一致的方法声明,即参数个数、类型、顺序与父类完全相同,而返回类型可以不同,但类型必须兼容,即可以返回类型的子类型。特别地,父类的静态方法不可以被子类重写为非静态,父类中的非静态方法不可以被子类重写为静态方法。

5.3.3 多态的实现

继承为多态的实现做了准备。子类继承父类后,父类类型的引用变量就既可以指向父类对象,也可以指向子类对象。当相同的消息发送给一个对象引用时,该引用会根据具体指向子类还是父类对象而执行不同的行为。多态性就是相同的消息使得不同的对象作出不同的响应的机制。

Java 中有两种形式可以实现多态:继承和接口。

就基于继承实现多态性而言,实现多态有 3 个必要条件:继承关系、重写和向上转型。也就是说,多态必须存在有继承关系的子类和父类间,而且,子类对父类中某些方法进行了重新定义,即方法被子类重写,子类对同一方法的重写使它表现出不同的行为。同时,需要将子类的引用赋值给父类对象引用,只有这样父类引用才能够具备调用父类的方法和子类的方法的能力。

只有满足了上述 3 个条件,才能够在一个继承结构中使用统一的逻辑代码处理不同的对象,从而达到执行不同动作的目标。需要强调的是,基于继承实现多态必须遵循一个准则:当父类对象引用变量引用子类对象时,被引用对象的类型而不是引用变量的类型决定了调用谁的成员方法,而且该方法必须是在父类中定义过,同时又在子类中被重写过的方法。

程序清单 5-6：

```
package cn.edu.javacourse.ch5;
public class OverrideDemo {
    public static void main(String[] args) {
        Car sc=new ElectronicCar();
        sc.brake();
    }
}

class Car {
    public void brake() {
        System.out.println("SuperClass: I can brake~");
    }
}

class ElectronicCar extends Car {
    public void brake() {
        super.brake();
        System.out.println("SubClass: I can prevent collision~~~");
    }
}
```

程序输出：

```
SuperClass: I can brake~
SubClass: I can prevent collision~~~
```

请注意子类实现中，通过 super 调用父类的方法。这也是为什么程序输出的第一行会是父类的方法实现。到目前为止，程序清单 5-6 已经实现了基于继承的多态，但看起来还感觉不到多态能给程序带来的好处，请看下例。

程序清单 5-7：

```
package cn.edu.javacourse.ch5;
public class OverrideDemo {
    public static void main(String[] args) {
        Car sc=new Car();
        brakeInterface(sc);
        sc=new ElectronicCar();
        brakeInterface(sc);
        sc=new HoveringCar();
        brakeInterface(sc);
    }

    public static void brakeInterface(Car sc)
```

```
    {
        sc.brake();
    }
}


class Car {
    private String color;
    private String name;
    public void brake() {
        System.out.println("Car: I can brake~");
    }
}


class HoveringCar extends Car{
    public void brake() {
        super.brake();
        System.out.println("HoveringCar: I can predict the intention of brake~");
    }
public void floating()
    {
        System.out.println("HoveringCar: I can float!~");
    }
}


class ElectronicCar extends Car {
    public void brake() {
        super.brake();
        System.out.println("ElectronicCar: I can prevent collision~~~");
    }
}
```

程序输出：

Car: I can brake~

Car: I can brake~

ElectronicCar: I can prevent collision~~~

Car: I can brake~

HoveringCar: I can predict the intention of brake~

与程序清单 5-6 相比，程序清单 5-7 增加了一个新的子类 HoveringCar 和一个调用接口 brakeInterface。接口 brakeInterface 的目标是无论 Car 的子类如何变化，接口 brakeInterface 保持不变。当接口 brakeInterface 是提供给第三方使用时，这一点非常关键，方法接口保持稳定，能够在不影响第三方原有代码的基础上，扩展类库的功能。良好的扩展能力是程序设计始终追求的目标之一。

5.3.4 equals()方法

操作符＝＝可以用于比较两个基本数据类型的变量是否相等,但若使用该运算符比较两个对象的引用变量,则实质上是比较两个引用变量是否指向了相同的对象。这里,相同的对象是指在堆中占用同一块内存单元中的同类型对象。

若比较两个对象的引用变量所指向的对象的内容是否相同,则应该使用 equals()方法,该方法的返回值类型是 boolean。equals()方法是 Object 类中定义的方法,默认情况下它比较的是对象的引用是否相同。需要注意的是,String、Integer、Date 中这个方法被重写了,在这些类中 equals()方法有其自身的实现,而不再是比较对象在堆内存中的存放地址了,这些对象调用 equals()方法比较的是对象的内容。若用自定义的类来创建对象,则调用 equals()方法比较的是两个引用是否指向了同一个对象。因此,如果自定义的类想要支持对象内容的比较,需要在类中重写 equals()方法,即定义如何比较该类的对象内容。

```
public boolean equals(Object obj)
{
    Car ketty=(Car)obj;
    if(this.color.equals(ketty.color)&& this.name.equals(ketty.name))
        return true;
    return false;
}
```

这样类 Car 的对象就可以使用 equals 判断对象的内容是否相等了。

5.3.5 实现多态的注意事项

指向子类的父类引用由于向上转型,它只能访问父类中拥有的方法和属性,而对于子类中存在而父类中不存在的方法,该引用是不能使用的。比如,在代码 5-8 中,方法 floating()是 HoveringCar 独有的方法,则如下代码:

```
Car sc=new HoveringCar();
sc.floating();
```

编译时是无法通过的。因为编译认为 sc 是 Car 的对象引用,但类 Car 中不存在方法 floating()。

5.4 抽象类

在继承的层次结构中,随着新子类的出现,类变得越来越具体。类的设计应该保证父类包含子类的共同特征,为此常常将父类设计得非常抽象,以至于它没有具体的实例与之对应,这样的类称为抽象(abstract)类。

抽象类可以有属性和方法,但是不能用 new 操作符创建实例。抽象方法是只有方法声明而没有方法体的方法,它的实现由子类提供。包含抽象方法的类必须是抽象的,但是也允许声明没有抽象方法的抽象类。非抽象类不能包含抽象方法,从抽象父类派生的子类如果不能实现所有的抽象方法,它必须声明为抽象的。

子类可以是抽象的,即使它的父类是具体的。抽象类可以定义构造方法,该构造方法可在子类的构造方法中调用。

5.4.1 抽象类的实例化

假设要编写程序计算各类几何图形的面积和周长。可以定义图形类声明计算方法接口,但考虑到计算几何图形的面积及周长,其实现取决于几何对象的具体类型。这时,可以在父类中只声明方法接口,而将实现推迟到子类中,即在父类中声明 getArea()和 getPerimeter()方法为抽象方法,这些方法将在子类中具体实现。

程序清单 5-8:

```
package cn.edu.javacourse.ch5;
public class ShapeTest {
    public static void main(String[] args) {
        Shape c=new Circle(10);
        System.out.println("the area of a circle:"+c.getArea());
    }
}


abstract class Shape {
    private String color="white";
    public final String getColor() {
        return color;
    }
    public void setColor(String color) {
        this.color=color;
    }

    public abstract double getArea();
    public abstract double getPerimeter();
}

class Circle extends Shape {
    private double radius;
    public Circle(double r) {
        this.radius=r;
    }
```

```
public double getArea() {
    return Math.PI * radius * radius;
}

public double getPerimeter() {
    return 2 * radius;
}
}
```

如图 5-6 所示,Shape 类声明了子类的公共方法接口,调用者只需要了解抽象类的方法接口,就能知道子类的行为能力。子类继承抽象父类,增加自己特有的属性,并实现父类的抽象方法。而且,Shape 也是第三方程序的编程接口,在不确定需要一个 Circle、Rectangle 或 Triangle 时,总是用 Shape 来声明。这样,在程序运行时,通过传递的实际的参数,由 JVM 在运行时根据对象的类型动态地决定调用哪一个子类的方法。

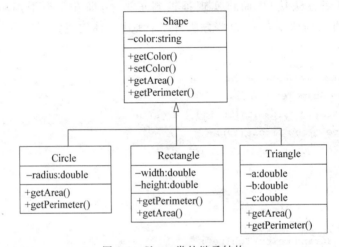

图 5-6　Shape 类的继承结构

5.4.2　final 的作用

抽象类的目的是建立类的层次关系,让子类去派生该抽象类。但有时候,并不希望某些类被其他子类派生或修改行为,这时候,就需要使用关键字 final 了。

前面介绍过 final 可以修饰类、属性和方法,用 final 修饰类来避免产生子类。当 final 修饰一个类定义时,表示当前类不允许被派生,即当前类不能作为其他类的父类。比如,String 类被使用 final 修饰,表明 String 是最终类,不能有子类。

而当 final 修饰方法时,则意味着终止方法重写。这主要是为了防止创建子类和进行方法重写,替换原有的类从而攻击系统。比如:

```
public final void brake()
{
}
```

这样，子类就不能重写 brake()方法了。

5.5　继承与组合

　　继承是一种强耦合关系，如果父类变，子类就必须变。而且，继承破坏了封装性，对于父类而言，它的实现细节对子类是可见的。因此，虽然继承能带来诸多好处，但是不是就可以大量地使用继承呢？理性的做法如下：

　　慎用继承，尽量选择组合。

　　在新类里创建已有类的对象，这种创建新类的方法称为"组合"，即新类由现有类的对象合并而成。组合可以重复利用已有代码的功能，是代码复用的重要手段。

　　组合是一个类的对象是另外一个类的成员，一般的程序都有组合的意味，比如成员变量中的基本数据类型，下面请看具体的例子，如图 5-7 所示。

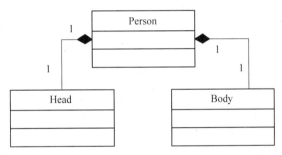

图 5-7　Person 的组合类图

程序清单 5-9：

```
package cn.edu.javacourse.ch5;
class Head {
    Head() {
        System.out.println(" head ");
    }
}

class Body {
    Body() {
        System.out.println(" body ");
    }
}

class Person {
    Head h=null;
    Body b=null;

    Person() {
```

```
        h=new Head();
        b=new Body();
        System.out.println("init person.");
    }

}

public class CombinationTest {
    public static void main(String[] args) {
        Person p=new Person();
    }
}
```

程序输出：

```
head
  body
init person.
```

如图 5-7 所示，组合机制用来描述类之间的整体部分关系，被嵌入的类实现部分功能，而整体类则通过组织并调度各个部分类来实现特定的功能。整体类不关心嵌入类的实现，只能通过嵌入类暴露的操作接口去访问它，因此，整体类和嵌入类的关系更加松散。这符合面向对象程序设计的高内聚低耦合的原则。

下面的例子中通过多个"基本组件"类组合出 ModernCar 类，它忠实地描述车辆类的结构成分，通过将复杂的功能合理分解到各个基本组件中，使得各个类的功能单一，结构清晰，类图如图 5-8 所示。

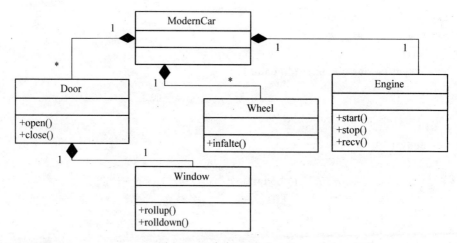

图 5-8　组合实现 ModernCar

程序清单 5-10：

```
package cn.edu.javacourse.ch5;
class Engine
```

```
{
    public void start()
    {
    }

    public void recv()
    {
    }

    public void stop()
    {
    }
}

class Wheel
{
    private int psi;
    public void inflate(int psi)
    {
        System.out.println("inflate:"+psi);
        this.psi=psi;
    }
}

class Window
{
    public void rollup()
    {
        System.out.println("roll up the window.");
    }

    public void rolldown()
    {
        System.out.println("roll down the window.");
    }
}

class Door
{
    public Window window=new Window();
    public void open()
    {
    }
```

```java
    public void close()
    {
    }
}

public class ModernCar
{
    public Engine engine=new Engine();
    public Wheel[] wheel=new Wheel[4];
    public Door left=new Door(),right=new Door();        //2-door

    ModernCar()
    {
        for (int i=0; i<4; i++)
            wheel[i]=new Wheel();
    }

    public static void main(String[] args)
    {
        ModernCar car=new ModernCar();
        car.left.window.rollup();
        car.wheel[0].inflate(72);
    }
}
```

  类之间的"属于"关系是用继承来表达的,而"包含"关系是用组合来表达的。包含关系更加普遍,也更符合面向对象的设计原则。因为组合不会侵入类的内部,能够让类独立扩展而不会产生严重的依赖关系。

  如程序清单 5-10 中,通过组合设计的类 ModernCar 更加直观,更忠实地反映了客观现实。实际上,通过"组合"技术用现成的类来构造新类在设计时应该更多地被采用。因此,尽管继承在学习面向对象编程的过程中被大量地强调,但并不意味着应该尽可能地到处使用它。相反,使用它时要特别慎重。只有在清楚知道继承在所有方法中最有效的时候才可考虑它。为判断自己到底应该选用组合还是继承,一个简单的办法就是考虑是否需要从新类上转型回父类。若必须上溯,就需要继承,否则就应提醒自己防止继承的滥用。

5.6　接口

  Java 不直接支持多重继承,也就是说一个类一般只继承一个父类。单继承使得类层次结构更加清晰、易于管理,但是一个类可以实现多个接口。接口不是类,而是一组对类应该设计成什么样子的约定,即类的需求描述。

  类通过暴露的方法实现与外部世界的交互,这些方法形成对象和外部世界交互的规约。接口通过一组空方法体的方法来声明。通过实现接口，类可以更加正式地声明它承诺提供的行为。

接口构成了类和外部世界之间的契约，并且该契约在编译时由编译器强制检查。如果类声明实现一个接口，那么该接口定义的所有方法都必须出现在其源代码中，否则就不能成功编译。

接口不是类层次结构的一部分，但它们与类结合在一起工作。通过接口使得处于不同层次，甚至互不相关的类可以具有相同的行为。而且，这些类通过实现的共同接口而建立了联系。

5.6.1　接口定义

接口用来建立类与类之间的协议，接口所提供的只是一种形式，而没有具体的实现。接口用关键字 interface 来声明，其一般格式如下：

```
[接口修饰符] interface 接口名 [extends 接口 1,接口 2…] {
    //声明变量
    //抽象方法
}
```

接口修饰符只能是 public 或缺省，public 表明任意类和接口均可使用该接口，而缺省修饰符表明只有与该接口定义在同一个包中的类和接口才可以使用该接口。

在接口中，可以声明属性，但必须定义为常变量，它默认被 public、final 和 static 修饰，而不需特意写明以上修饰符。属性不能被其他修饰符所修饰。

接口中的方法只进行方法的声明，而不负责方法的实现，因此没有方法体（Java 8 之后可以有缺省实现，但需要用 default 修饰方法，见 5.10.6 节）。定义在接口中的方法默认为 public 和 abstract，同样不需特意修饰，也不能被其他修饰符限定。同时，接口可以继承多个父接口，而且，如果在子接口中定义了和父接口同名的常量，则父接口中的常量被隐藏。如果在子接口中定义了和父接口同名的方法，则父接口中的方法被覆盖。比如，接口 Controllable 如下定义：

```
public interface Controllable {
    public abstract void start();
    void stop();
}
```

注意方法 start() 和 stop() 的声明是等价的。

5.6.2　接口实现

类通过使用 implements 关键字来声明要实现的接口，它表示该类遵循某个或某组特定的接口契约。同时也意味着“接口只是它的外观，现在定义它是如何工作的”。例如：

```
class Trunk implements Controllable {
    ...

}
```

如果一个类实现了某个接口,那么它必须实现该接口的所有方法。接口 Controllable 定义了 start()方法和 stop()方法,则任何实现该接口的类都承诺了接口的行为,它可以建立不同类之间的联系。比如卡车类 Trunk 可以具有 Controllable 的行为,而无线接入器 Wifi 实例也可以实现 Controllable 接口。显然,Wifi 和 Trunk 除了 Controllable 接口的承诺之外,不会存在其他联系。

在 UML 中,类与接口之间的实现关系用带空心三角形的虚线来表示,如图 5-9 所示。注意,继承、实现体现的是类与类、或者类与接口间的纵向关系,其他的关系(依赖、组合)则体现的是类与类或者类与接口间的引用或横向关系。

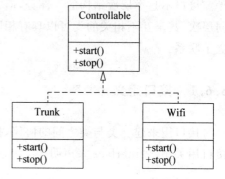

图 5-9　Controllable 接口的实现类

程序清单 5-11:

```
package cn.edu.javacourse.ch5;
class Trunk implements Controllable {
    public void start() {
        System.out.println("Car is started");
    }

    public void stop() {
        System.out.println("Car is stoped");
    }
}

class Wifi implements Controllable {
    public void start() {
        System.out.println("Wifi is started");
    }

    public void stop() {
        System.out.println("Wifi is stoped");
    }
}

public class InterfaceDemo {
    public static void start(Controllable ct) {
        ct.start();
    }
```

```
public static void main(String args[]) {
    Controllable ct=new Trunk();
    start(ct);
    ct=new Wifi();
    start(ct);
}
}
```

程序输出：

```
Car is started
Wifi is started
```

请大家注意 InterfaceDemo 中的 start()方法，该方法是一个通用的 start 接口，如果还有一个类 Light 也实现了接口 Controllable，则加入 Light 类后 InterfaceDemo 中的 start()方法并不需要修改。这是接口扩展能力的一个重要体现。

实际上，通过接口实现多态比基于继承实现多态应用更加广泛。

5.6.3　接口的特性

接口是抽象类的延伸，Java 不支持多重继承，但是接口不同。一个类可以同时实现多个接口，而不管这些接口之间有没有关系，所以接口弥补了抽象类不能支持多重继承的缺陷。

接口不是类，因为不能实例化一个接口。如"new Controllable();"肯定是错误的，只能实例化它的实现类。接口可以作为对象的引用类型，例如：

```
Controllable cw=new Wifi();
```

总之，在使用接口过程中需要注意如下 6 个问题。

(1) 接口的所有方法的访问权限被自动声明为 public。

(2) 接口中声明的属性必须是不可变的常量，它自动变为 public static final。可以通过类名直接访问：ImplementClass. name。

(3) 接口中不存在方法的实现。

(4) 实现接口的非抽象类必须要实现该接口的所有方法，抽象类可以不用全部实现。

(5) 不能使用 new 操作符实例化一个接口，但可以声明一个接口变量，该变量必须引用一个实现该接口的类的对象。可以使用 instanceof 检查一个对象是否实现了某个特定的接口。例如：

```
if(anObject instanceof Controllable){

}
```

(6) 在实现多接口的时候一定要避免方法名的重复。

最后，介绍接口设计的一个核心原则：接口隔离原则（Interface Segregation Principle)，它是接口设计的最佳实践。

① 使用多个专门的接口比使用单一的总接口要好。

② 一个类对另一个类的依赖性应当是建立在最小的接口上的。

该原则说明，一个接口代表一个角色，接口的功能要单一、简练，不应当将不同的角色都交给一个接口。没有直接关系的接口合并在一起，会形成一个臃肿的大接口。

5.7　接口和抽象类的区别

抽象类和接口可谓是 Java 中的双骄，既相辅相成又各司其职，但在使用的选择上，却容易产生困惑。Java 中为什么会出现看起来有些模糊不清的一对机制呢？

在面向对象的概念中，所有的对象都是通过类来描绘的，但是反过来，并不是所有的类都能产生对象，如果一个类中没有包含足够的信息来描绘一个具体的对象，这样的类就是抽象类。接口是一组方法的声明，是行为特征的集合。接口只有方法的声明没有方法的实现，因此这些方法可以在不同的地方被不同的类实现，实现可以表现出不同的行为。

从语法上来讲，抽象类定义中只要一个方法是抽象的，该类就是抽象类。比如：

```
abstract class Itxxz{
    abstract void draw();
    void myprint(){
        System.out.println("I am a abstract class");
    }
}
```

而与之功能对应的接口定义如下：

```
interface Itxxz{
    void draw();
    void myprint();
}
```

在以上两种定义方式中可以看出，抽象类中是可以有自己的方法定义的。

从用途上来讲，在程序开发中尤其是多方参与的开发，需要定义公共的开发协议，这时需要一般使用接口而非抽象类，为什么呢？

首先，接口是给外部提供的，是双方进行沟通的契约和桥梁，而抽象类往往是给自己用的。比如，在数据访问框架 Hibernate(www.hibernate.org)中定义数据操作时，都会继承一个称为 BaseDao 的基类，而该基类中定义了最常用的增删改查和分页等常用的操作，这些都是人们不希望让外界知道或者调用的。

另外，从面向对象设计理念上讲，抽象类是用来被继承的，从继承关系上而言必须满足"is a"的关系。比如，对于门来说，有开和关两个动作，这个无论用接口还是抽象类来描述都可以，但是假如是一个具有报警功能的门，又该怎么来设计呢？

如果把开门、关门和报警都放到抽象类里，那么需要考虑报警是门的固有属性吗？如果把它们都放到接口里，开门、关门和报警可归属于同一角色吗？实际上，开门、关门才是门的固有行为,而报警是附加能力。因此,可以如图 5-10 所示来设计。

代码清单 5-12:

```
abstract class Door{
    abstract void open();
    abstract void close();
}
interface Alarm{
    void alarm();
}
```

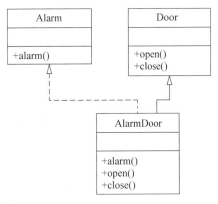

图 5-10　抽象类和接口实现报警门

代码 5-13 中定义了一个类(门)和一种行为(报警),开门和关门是门本身具备的两个执行动作。至于门还有什么样的功能,完全可以把这一系列相近的行为统一归属于接口中。

```
public class AlarmDoor extends Door implements Alarm{
    void open{…}
    void close{…}
    void alarm{…}
}
```

注意到门可以发报警,窗口也可以,电冰箱也可以。这样,一个接口就可以被很多类所实现,而这些看似不相干的类之间通过 Alarm 接口建立起了联系,即它们具有相似的(部分)行为。

概括来说,接口和抽象类存在如下 3 个不同点。

(1) 抽象层次不同。抽象类是对类抽象,而接口是对行为的抽象。抽象类是对整个类整体进行抽象,包括属性、行为,但是接口只对行为进行抽象。

(2) 建模关系不同。抽象类对具有相似特点的类建模,而接口却可以对不相关的类建模。抽象类从子类中发现公共部分,然后抽取成抽象类,子类继承该父类即可。但是接口不同,实现它的类可以不存在任何关系。例如猫、狗可以抽象成一个动物抽象类,具备叫的方法。鸟、飞机可以实现 Fly 接口,具备飞的行为,但不能将鸟、飞机共用一个父类。所以说,抽象类所体现的是一种继承关系,父类和派生类在概念本质上应该是相同的。接口则不然,并不要求接口的实现者和接口在概念本质上是一致的,仅仅是实现了接口声明的契约而已。

(3) 设计层次不同。对于抽象类而言,它是自下而上来设计的。一般而言,要先知道子类才能抽象出父类,而接口则不同,它根本就不需要知道实现类的存在,只需要定义一个规则即可,至于实现类、什么时候如何实现都不需要关心。比如:设计了猫、狗两个类,抽象它们的共同点就形成动物抽象类,这是代码复用的要求,抽象类是通过重构而来的。但对接口来说,关心的是描述需求,比如 Alarm 接口,不需要知道谁会实现该接口,实际上,设计时只需要关心行为需求描述。因此可以认为抽象类是自底向上抽象而来的,接口是自顶向下设计出来的。

5.8 内部类

内部(Inner)类是指将一个类的定义放在另一个类的内部。内部类拥有普通类的所有特性，也拥有类成员变量的特性。内部类可以访问其外部类的成员变量、方法和其他内部类。但访问的具体规则需要根据内部类的不同而定，先看一个普通的内部类的代码示例。

程序清单 5-13：

```java
package cn.edu.javacourse.ch5;
public class OuterClass {
    private String name ;
    private int age;
    public String getName() {
        return name;
    }
    public void setName(String name) {
        this.name=name;
    }

    public int getAge() {
        return age;
    }

    public void setAge(int age) {
        this.age=age;
    }

    class InnerClass extends Shape{
        public InnerClass(){
            name="chenssy";
            age=23;
        }

        public double getArea() {
            return 0;
        }

        public double getPerimeter() {
            return 0;
        }
    }
}
```

这里 InnerClass 就是内部类,可是为什么要使用内部类呢? 在 *Thinking in Java* 一书中有这样一句话:使用内部类最吸引人的原因是每个内部类都能独立地继承一个类或接口的实现,所以无论外部类是否已经继承了某个类或接口的实现,对内部类都没有影响。而且,内部类对象的创建时刻并不依赖于外部类对象的创建,内部类没有令人迷惑的"isa"关系,它就是一个独立的实体。内部类提供了更好的封装,除了其所在的外部类,其他类都不能访问。

在创建一个内部类的时候,它无形中就与外部类产生了一种联系,依赖于这种联系,它可以无限制地访问外部类的成员。内部类有 4 种形态:静态内部类、成员内部类、局部内部类和匿名内部类。

5.8.1 静态内部类

类声明中包含 static 关键字的内部类,称为静态内部(Static Inner)类。只有静态内部类才能拥有静态成员,普通内部类只能定义普通成员。而且,静态类跟静态方法一样,只能访问其外部类的静态成员。而如果在外部类的静态方法中访问内部类,只能访问静态内部类。

程序清单 5-14:

```
package cn.edu.javacourse.ch5;
public class StaticInner {
    private static int a=1;
    private int c;
    public static class InnerClass {
        private static int b=1;
        public void execute() {
                //System.out.println(a+b +c);编译错误
            //静态内部类不能访问外部类的非静态成员
            System.out.println(a+b);
        }
    }

    public static void main(String[] args) {
        StaticInner.InnerClass innerClass=new StaticInner:InnerClass();
        innerClass.execute();
    }
}
```

静态内部类与非静态内部类之间最大的一个区别是,非静态内部类在编译完成之后会隐含地保存一个引用,该引用指向创建它的外部类,但是静态内部类却没有。没有该引用就意味着静态内部类的创建是不需要依赖于外部类的,因此,它就不能使用任何外部类的非 static 成员变量和方法。同时,也只有静态内部类可以声明静态的成员变量,其他的内部类不可以。

5.8.2　成员内部类

成员内部(Member Inner)类可以访问外部类的静态与非静态的方法和成员变量。

程序清单 5-15：

```
package cn.edu.javacourse.ch5;
public class MemberInner {
    private int a=1;
    public void execute() {
        InnerClass innerClass=new InnerClass();
        innerClass.execute();
    }

    public class InnerClass {
        private int a=2;

        public void execute() {
            System.out.println("inner:"+a);
            System.out.println("outer:"+MemberInner.this.a);
            //在内部类中使用外部类的成员变量的方法
        }
    }

    public static void main(String[] args) {
        MemberInner.InnerClass innerClass=new MemberInner().new InnerClass();
        innerClass.execute();
    }
}
```

程序输出：

```
inner: 2
outer: 1
```

在外部类中可以创建成员内部类，在内部类可以定义与外部类同名的成员变量，这样会隐藏外部类中的变量。如果需要在内部类中访问被隐藏的变量，需要通过外部类的类名来调用，如 MemberInner.this.a。

在成员内部类中要注意两点：成员内部类中不能存在任何 static 的变量和方法；成员内部类是依附于外部类的，所以只有先创建外部类对象才能够创建内部类对象。

5.8.3　局部内部类

局部内部(local inner)类是嵌套在方法作用域内的类，它主要是解决比较复杂的问题时,想创建一个类来辅助,但又不希望该类是公共可用的,所以就创建局部内部类。局部内部类和成员内部类一样被编译,只是它的作用域发生了改变,它只能在该方法中被使用,出了方法就会失效。它类似于局部变量,因此不能定义为 public、protected、private 或者 static 类型。

局部内部类定义在方法中,只能访问方法中声明为 final 类型的变量。

程序清单 5-16:

```
package cn.edu.javacourse.ch5;
public class LocalInner {
    public void execute() {
        final int a=1;
        class InnerClass {
            public void execute() {
                System.out.println("LocalInner Class");
                //局部内部类只能访问 final 类型的变量
                System.out.println("access variable of current method:"+a);
            }
        }
        new InnerClass().execute();
    }

    public static void main(String[] args) {
        LocalInner localInner=new LocalInner();
        localInner.execute();
    }
}
```

程序输出:

```
LocalInner Class
access variable of current method: 1
```

从上例中可以看到,局部内部类的定义和对象的创建都在其所在方法体内完成。在方法体外,局部内部类是不可见的,因此不能在 main() 方法中创建局部内部类的实例。

5.8.4 匿名内部类

匿名(anonymous inner)类是一种特殊的局部类,因此局部类的特性与约束都适用于它。匿名内部类没有类名,没有 class 关键字也不能用 extends 和 implements 等关键字修饰。因为没有名字,所以匿名内部类只能使用一次,它通常用来简化代码编写。但使用匿名内部类还有个前提条件:

必须继承一个父类或实现一个接口。

创建匿名类的格式如下:

```
new 父类构造器 (参数列表) |实现接口 ()
{
    //匿名内部类的类体部分
}
```

注意到匿名内部类没有 class 关键字，这是因为匿名内部类是直接使用 new 来生成一个对象的引用，当然这个引用是隐式的。由于匿名内部类不能是抽象类，所以它必须要实现它的抽象父类或者接口里面所有的抽象方法。

程序清单 5-17：

```
package cn.edu.javacourse.ch5;
public class AnonymousInner
{
    public static void main(String[] args) {
        Outer out=new Outer();
        out.instanceMethod();
    }
}
class Outer {
    public void instanceMethod() {
        //定义匿名类实现 Action 接口,并创建一个实例
        Action action=new Action() {
            public void doAction() {
                System.out.println("a simple anonymous class demo");
            }};
        action.doAction();

        //定义匿名类从 BaseClass 派生,并创建一个实例
        new BaseClass(5) {
            public void printData(){
                System.out.println("data="+getData());
            }
        }.printData();
    }
}

interface Action {
    void doAction();
}

class BaseClass {
    private int data;

    public BaseClass (int data) {
```

```
        this.data=data;
    }

    public int getData() {
        return data;
    }
}
```

程序输出：

a simple anonymous class demo
data=5

实际上，只要一个类是抽象的或是一个接口，那么它都可以使用匿名内部类来实现。使用匿名内部类的过程中，需要注意如下 4 点。

(1) 匿名内部类必须继承一个类或者实现一个接口，但是两者不可同时。

(2) 匿名内部类中不能定义构造函数。

(3) 匿名内部类中不能存在静态成员变量或方法。

(4) 匿名内部类不能是抽象的，必须要实现父类或者实现接口的所有抽象方法。

5.9　面向对象的设计原则*

掌握一门语言的语法和设计机制不能帮助人们开发出优秀的代码，就像人们学习了几千个汉字无法保证能写出优秀的文章一样。编写优秀的代码需要深刻理解面向对象的设计理念和设计经验，并能自觉应用到代码设计中。

面向对象编程追求高内聚和低耦合的解决方案和代码模块化设计。查看 Apache 和 Sun 的开放源代码能帮助人们发现其他设计原则在这些代码中的实际运用，人们也将会看到设计模式的反复使用。设计模式是针对反复出现的问题的经典解决方案，它是对特定条件（上下文）下问题的设计方案的经验总结，是前人设计实践经验的精华。

面向对象设计的原则是面向对象思想的提炼，它比面向对象思想的核心要素（封装、继承和多态）更具可操作性，但与设计模式相比，却又更加的抽象，是设计精神要义的抽象概括。形象地讲，面向对象思想就好比是法理的精神，设计原则相当于基本宪法，而设计模式就好比各式各样的具体法律条文。

软件设计中通常用耦合度和内聚度作为衡量模块独立程度的标准，划分模块的一个准则就是高内聚低耦合。

耦合度（Coupling）是对模块间关联程度的度量。耦合的强弱取决于模块间接口的复杂性、调用模块的方式以及通过界面传送数据的多少。耦合度描述了模块之间的依赖关系，包括控制关系、调用关系、数据传递关系。模块间联系越多，其耦合性越强，也表明其独立性越差。降低模块间的耦合度能减少模块间的影响，防止对某一模块修改所引起的"牵一发动全身"的连锁效应，保证系统设计顺利进行。

耦合是类之间的互相调用的关系，如果耦合很强，互相牵扯调用很多，则不利于维护和扩展。耦合按从弱到强的顺序可分为以下 5 种。

（1）无耦合。模块能独立地工作，不需要其他模块的存在。

（2）数据耦合。两个模块彼此通过参数交换信息，且交换的仅仅是数据。

（3）控制耦合。一个模块通过传递开关、标志、名字等控制信息，明显地控制选择另一模块的功能。

（4）公共耦合。一组模块都访问同一个公共数据环境，该公共数据环境可以是全局数据结构、共享的通信区、内存的公共区等。

（5）内容耦合。一个模块直接修改另一个模块的内部数据，或直接转入另一个模块。

类之间应该低耦合，但是每个类应该高内聚。内聚是表示模块、类内部聚集和关联的程度，是内部各元素之间联系的紧密程度。高内聚是指要高度地聚集和关联，因为低内聚表明类中的元素之间很少相关。内聚和耦合密切相关，同其他模块存在强耦合关系的模块常意味着弱内聚，强内聚则意味着弱耦合。高内聚体现了各个类需要职责分离的思想。每一个类完成特定的独立的功能，这个就是高内聚。高耦合、底耦合如图 5-11 和图 5-12 所示。

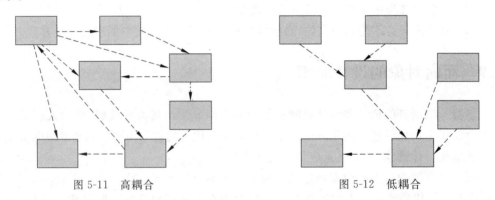

图 5-11　高耦合　　　　　　　　　　　　　　图 5-12　低耦合

设计出基本不用修改的代码要以低耦合为标准。那么怎样才能最大限度地降低耦合度呢？最佳实践原则如下。

（1）少使用类的继承，多用接口隐藏实现的细节。面向对象编程引入接口除了支持多态外，隐藏实现细节也是其中一个目的。

（2）避免使用全局变量。

（3）多用设计模式，比如采用 MVC 设计模式就可以降低界面与业务逻辑的耦合度。

（4）尽量不用"硬编码"的方式写程序，同时也尽量避免直接用 SQL 语句操作数据库。

（5）避免直接操作或调用其他模块或类（内容耦合），如果模块间必须存在耦合，原则上尽量使用数据耦合，少用控制耦合，同时限制公共耦合的范围，避免使用内容耦合。中介者（Mediator）模式也是降低耦合度的重要模式，如图 5-12 所示。

面向对象的设计常用原则也被成为 SOLID 原则：单一职责原则（Single responsibility）、开放封闭原则（Open-closed）、Liskov 替换原则（Liskov substitution）、接口隔离原则（Interface segregation）、依赖倒置原则（Dependency inversion），除此之外，常

用的还有迪米特法则和合成/聚合复用原则等。

5.9.1 最小化访问权限

抽象是应对复杂性的有效手段,抽象抽取对象的本质特征从而可以与其他对象相区别,它为对象提供了清晰的概念边界。抽象关注对象的外部视图,并将实现从对象的行为中分离。而封装是实现数据、内部结构、对象实现细节隐藏的手段,对象之间的所有交互都应该通过公有接口进行。因此,类应该是不透明的,其内部的实现细节不应该暴露出来。

在软件设计领域中唯一不变的就是"变化",因此封装人们认为或猜测未来将发生变化的代码。有几种设计模式也使用封装,比如工厂(Factory)设计模式是封装"对象创建",其灵活性使得之后引进新代码不会对现有的代码造成影响。

从信息隐藏的角度看,只要有可能就应该将方法和属性成员定义为私有的,并逐步增加访问权限,即根据需求从 private 到 protected 和 public。比如 Bicycle 类中的属性 speed:

```
public double speed;
```

就应该被替换为程序清单 5-18 中的代码。

程序清单 5-18:

```
private double speed;
public double getSpeed() {
    return speed;
}
public void setSpeed(double newSpeed) {
    speed=newSpeed;
}
```

这样做的好处是对修改方法还可以增加约束,比如在 setSpeed()方法中验证修改值是否符合期望。

```
public void setSpeed(double newSpeed) {
  if (newSpeed<0) {
     sendErrorMessage(…);
    newSpeed=Math.abs(newSpeed);
  }
  speed=newSpeed;
}
```

以上代码的修改体现了防御式(Defensive)编程的思想。防御式编程是防御式设计的一种表现形式,它是为了保证对程序的不可预见的使用不会造成之后程序功能的破坏。防御式编程技术主要使用在那些容易发生错误输入以及错误的使用会带来灾难性后果的程序片段上。防御式编程和非防御式编程的区别在于开发者不对特定功能的调用或库的使用情况做想当然的假定。保护程序免受非法数据的破坏有 3 种常见的处理方法。

（1）检查来自于外部资源（External Sources）的数据值，例如，来源于网络的数据值和来源于文件的数据值。

（2）检查子程序所有输入参数的值，类似于检查外部资源的数据，只不过数据是来自于其他子程序。

（3）决定如何处理错误的输入数据，对不同的错误类型进行处理。

如果允许直接访问对象属性，人们是无法约束修改对象状态的。而且，在方法中还添加其他的"副作用"，比如：

```
public double setSpeed(double newSpeed) {
    speed=newSpeed;
    notifyObservers();
}
```

这样，可以轻松实现状态值修改后通过 notifyObservers( )通知其他关注的对象。注意，所有的这些新增的功能都保证了方法接口是没有变化的。

5.9.2　以类代替基本数据类型

类中如果有相互关联的多个基本数据类型，应该将其抽取为一个类，并将抽取类的对象作为当前定义类成员。这样做可以提高类的可理解性并且易于修改，比如使用 Address 类替换 Student 类中的定义的数据域：

```
private String city;
private String street;
private String state;
private String zip;
```

这样可以容易地适应地址的变化，比如当描述国际学生的时候，只需要修改 Address 类，而无须修改 Student，这样可以起到隔离变化的作用。

5.9.3　单一职责

单一职责原则就是一个类只设计用来实现一个职责，只会有一个引起变化的原因。如果一个类承担的职责过多，就等于把这些职责耦合在一起，一个职责的变化会削弱或抑制这个类完成其他职责的能力，耦合会导致脆弱的设计。

面向对象设计的核心任务，就是发现职责并把这些职责相互分离；如果能够想到多于一个动机去改变一个类，那么这个类就具有多于一个职责，就应该考虑分解类的功能。

案例是学习设计原则或模式的最佳途径，下面以电话类的设计过程为例。

程序清单 5-19：

```
public class Phone{
```

```
    public void dial(){}
    public void hangup(){}
    public void send(){}
    public void receive(){}
}
```

类 Phone 有 4 个方法,即拨电话 dial()、挂电话 hangup()、接收信息 receive()和发信息 send()。不难发现,dial()和 hangup()属于通信连接的范畴,而 receive()和 send()属于数据传送的范畴。类 Phone 具备两个职责,显然违反了单一职责原则。

这样的设计有潜在的隐患,如果要改变连接的方式,势必要修改 Phone 的设计,而修改 Phone 类的结果导致凡是依赖 Phone 的类都需要修改,这样就需要重新编译和部署,而不管数据传输部分是否需要修改。因此要重构 Phone 类,从中抽象出两个接口,一个专门负责通信连接,另一个专门负责数据传送。依赖 Phone 类的元素要做相应的细化,根据职责的不同分别依赖不同的接口。

程序清单 5-20:

```
public interface IConnect{
    public void dial();
    public void hangup();
}
public interface ITransmit{
  public void send();
    public void receive();
}
public class Phone implements ITransmit,IConnect{
    ...
}
```

这样,无论单独修改连接部分还是单独修改数据传送部分,都彼此互不影响。总之,单一职责的优点有 4 个。

(1) 降低类的复杂性。

(2) 提高可维护性。

(3) 提高可读性。

(4) 降低需求变化带来的风险。

需求变化是不可避免的,如果单一职责贯彻得好,接口修改只对相应的实现类有影响,对其他的接口无影响,这对系统的扩展性和维护性有很大帮助。

5.9.4 不要重复造轮子

不要写重复的代码,而是用 Abstraction 类来抽象公有的东西。如果需要多次用到一个硬编码(Hard Code)值,那么将其设为公共常量;如果需要在两个以上的地方使用一个代码块,那么请重构代码,将它抽取为一个独立的方法。

面向对象的设计原则强调易于维护,但要注意不要滥用功能代码的合并,注意这里说的重复不是针对代码,而是针对功能。比如,对于订单管理系统来说,客户下单后需要验证业务代码中的订单号(OrderID)和流水号(SSN),虽然可以使用公共代码来验证两者,但它们是不同的功能。使用公共代码来实现两个不同的功能,是把这两个功能捆绑到了一起,如果 OrderID 改变了格式,SSN 验证代码也会中断。因此要慎用这种组合,不要随意捆绑类似但不相关的功能。

5.9.5 开放封闭原则

所谓开放封闭原则(Open-Closed Principle,OCP)就是软件实体应该对扩展开放,而对修改封闭。开放封闭原则是面向对象设计原则的核心,软件设计本身所追求的目标是封装变化并降低耦合,而开放封闭原则正是对这一目标的最直接体现。

开放封闭原则主要体现在两个方面。

(1)对扩展开放,意味着有新的需求变化时,可以对现有代码进行扩展,以适应新的情况。

(2)对修改封闭,意味着类一旦设计完成,就不要对类的实现做任何修改。

为什么要用到开放封闭原则呢?软件需求总是变化的,没有一个软件的需求是不变的,因此对开发人员来说,必须在不需要对原有系统进行修改的情况下,实现灵活的系统扩展。如何做到对扩展开放,对修改封闭呢?

实现开放封闭的核心思想就是对抽象编程,而不对具体编程,因为抽象相对稳定。让类依赖于固定的抽象,所以对修改就是封闭的;而通过继承和多态机制,可以实现对抽象体的具体化,通过重写其方法来改变固有行为,实现新的扩展方法,所以对于扩展就是开放的。

从编程的角度看,应强调针对接口编程,而不是针对实现编程。因此,应使用接口类型作为方法返回类型、方法参数类型等。

对于违反这一原则的类,必须通过重构来改进。常用于实现 OCP 的设计模式有模板方法(Template Method)和策略(Strategy)模式。而封装变化,是实现这一原则的重要手段,比如将经常变化的状态封装为一个类。下面以银行业务处理为例讨论 OCP 的设计,BankStaff 类使用 switch 语句来处理银行业务,缺乏业务扩展能力。

程序清单 5-21:

```
public class BankProcess
{
    public void deposite(){}
    public void withdraw(){ }
    public void transfer(){}
}
public class BankStaff
{
    private BankProcess bankpro=new BankProcess();
```

```
    public void BankHandle(Client client)
    {
        switch (client.Type)
        {
            case "deposite":
                bankpro.deposite();
                break;
            case "withdraw":
                bankpro.withdraw();
                break;
            case "transfer":
                bankpro.transfer();
                break;
        }
    }
}
```

　　这种设计显然是存在问题的,目前有 3 个功能,将来如果业务增加了,比如增加申购基金功能、理财功能等,就必须要修改 BankProcess 业务类。分析上述设计就不难发现把不同业务封装在一个类里面,违反单一职责原则,而有新的需求发生,必须修改现有代码,则违反了开放封闭原则。

　　从开放封闭的角度分析,发现系统中最可能扩展的就是业务处理功能的增加或变更。业务流程应该作为可变、可扩展的部分来设计,当有新的功能时,不需要再对现有业务进行重新梳理,然后再对系统做大的修改。

　　如何才能实现低耦合和灵活性兼得呢?那就是使用抽象,将业务功能抽象为接口,当业务依赖于固定的抽象时,对修改就是封闭的,而通过继承和多态,从抽象体中扩展出新的实现,就是对扩展的开放。以下是符合 OCP 的设计,首先声明一个业务处理接口,将业务类型通过该接口描述。

程序清单 5-22:

```
public interface IBankProcess{
  void Process();
}
public class DepositProcess implements IBankProcess
{
    public void Process()
    {  System.out.println("Process Deposit");
    }
}
public class WithDrawProcess implements IBankProcess
{
    public void Process()
    {
```

```
        System.out.println("Process WithDraw");
    }
}
public class TransferProcess implements IBankProcess
{
    public void Process()
    {
        System.out.println("Process Transfer");
    }
}
```

程序清单 5-23：

```
public class BankStaff
{
    private IBankProcess bankpro=null;
    public void BankHandle(Client client)
    {
        switch (client.Type)
        {
            case "Deposit":
                userProc=new DepositUser();
                break;
            case "Transfer":
                userProc=new TransferUser();
                break;
            case "WithDraw":
                userProc=new WithDrawUser();
                break;
        }
        userProc.Process();
    }
}
```

这样当业务变更时，只需要修改对应的业务实现类就可以，其他不相干的业务就无须修改。当业务增加时，只需要增加对应业务的实现类即可。

5.9.6　里氏替换原则

里氏替换原则（Liskov Substitution Principle，LSP）是指在任何基类可以出现的地方，子类一定可以出现。LSP 是继承复用的基石，只有当子类可以替换父类，软件单位的功能不受影响时，父类才能真正被复用，而子类也可以在父类的基础上增加新的行为。

继承必须确保父类中所拥有的性质在子类中仍然成立，也就是说子类必须能够替换成它的父类。里氏替换原则是实现开放封闭原则的具体规范。这是因为实现开放封闭原则的关键是抽象,而继承关系又是抽象的一种具体实现。

程序清单 5-24:

```
public class Rectangle
{
    public int Width {get; set;}
    public int Height {get; set;}
}

public class Square extends Rectangle
{
    //添加正方形的特定代码
}
```

但如果这样调用:

```
Rectangle o=new Square();
o.Width=5;
o.Height=5;
```

就违反了里氏替换原则,因为 Rectangle 不能长宽相同。如果重构以上代码使其符合里氏替换原则呢?答案是抽象新的父类。

程序清单 5-25:

```
public abstract class Shape
{
    private int width;
    private int height;
    public int getWidth {}
    public int getHeight {}
}
```

然后,通过 Shape o＝new Square()即可。因此,如果子类不能完整地表达父类,那么建议断开父子继承关系,采用组合等关系代替继承。

5.9.7 依赖倒置原则

依赖倒置原则(Dependence Inversion Principle)强调程序设计要依赖于抽象,不要依赖于具体。简单地说就是对抽象进行编程,不要对实现进行编程,这样可以降低客户类(调用类)与实现模块间的耦合。

这是因为,一般的情况下抽象的变化概率很小,让用户程序依赖于抽象,实现的细节也依赖于抽象。即使实现细节不断变化,只要抽象不变,客户程序就不需要变化,这大大降低了客户程序与实现细节的耦合度。例如,很多业务逻辑都需要日志功能,用来记录操作过程中的事件和程序异常,下面的代码为业务类添加了写文件的日志功能。

程序清单 5-26：

```
public class CustomerBAL
{
    public void Insert(Customer c)
    {
        try
        {
            //Insert logic
        }
        catch (Exception e)
        {
            FileLogger f=new FileLogger();
            f.LogError(e);
        }
    }
}

public class FileLogger
{
    public void LogError(Exception e)
    {
        //Log Error in a physical file
    }
}
```

查看以上代码发现它也确实满足了当前的需求,但是软件的需求是变化的,如果将来业务发生变化了,日志需要写到数据库,或者日志需要对特定事件进行处理。这就需要对业务类就行修改,日志系统的设计也会越来越臃肿,而且由于业务类直接依赖日志模块,只要日志模块变动,业务类就不得不跟着变动,导致系统设计变得非常脆弱和僵硬。

导致上述问题一个原因是,高层策略的模块如 CustomerBAL 模块,依赖于它所控制的低层的具体细节的模块(如 FileLogger)。如果能使 CustomerBAL 模块独立于它所控制的具体细节,而是依赖抽象,业务类就能保持稳定。

程序清单 5-27：

```
public interface ILogger
{
    void LogError(Exception e);
}

public class FileLogger implements ILogger
{
    public void LogError(Exception e)
    {
        //Log Error in a physical file
    }
```

```
}
public class EventViewerLogger implements ILogger
{
    public void LogError(Exception e)
    {
        //Log Error in a physical file
    }
}
public class CustomerBAL
{
    private ILogger _objLogger;
    public CustomerBAL(ILogger objLogger)
    {
        _objLogger=objLogger;
    }

    public void Insert(Customer c)
    {
        try
        {
            //Insert logic
        }
        catch (Exception e)
        {
            _objLogger.LogError(e);
        }
    }
}
```

现在业务系统依赖于 ILogger（见图 5-13），而与具体的实现细节 FileLogger 和 EventViewerLogger 无关，所以实现细节的变化不会影响业务类 CustomerBAL，比如更改日志的工作方式，不会影响 CustomerBAL。

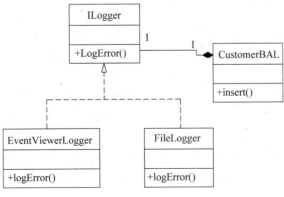

图 5-13　依赖接口 ILogger

总之,高层次的模块不应该依赖于低层次的模块,它们都应该依赖于抽象。抽象不应该依赖于具体,具体应该依赖于抽象。

5.9.8 迪米特法则

迪米特法则又称为最少知识原则,就是说一个对象应当对其他对象了解得尽可能少。

对面向对象来说,一个软件实体应当尽可能少地与其他实体发生相互作用。每一个软件单元对其他的单元都只有最少的知识,而且局限于那些与本单元密切相关的软件单元。

迪米特法则的目的在于降低类之间的耦合。由于每个类尽量减少对其他类的依赖,因此,很容易使得系统的功能模块相互独立,相互之间不存在依赖关系。应用迪米特法则有可能造成的一个后果就是,系统中存在的大量的中介类,这些类之所以存在完全是为了传递类之间的相互调用关系,这在一定程度上增加系统的复杂度。

设计模式中的门面(Facade)模式和中介(Mediator)模式都是迪米特法则的应用。

5.10 Lambda 表达式

Java 8 是 Java 的最新版本,它带来了诸多新特性,最为重要的是 Lambda 表达式、接口改进(默认方法)和批量数据(8.8.2 节)操作。

Lambda 表达式实现了函数式的编程,它能够让开发者将程序代码如同数据一样使用。方法可以被当作参数传递到其他方法内,如同对象实例或数据。Lambda 表达式可以用于替换广泛使用的内部匿名类实现回调功能,用于事件响应器等。

5.10.1 函数式编程

从本质上说,编程关注两个维度:数据和数据上的操作,面向对象的编程范型强调让操作围绕数据,这样可以方便地实现以类为单位的重用,当为类添加新的数据类型时,原有的代码无须修改。

函数式编程是一种不同的编程模型,它以操作(函数)为中心,强调变量不变性。函数式编程的准则是不依赖于外部的数据,而且也不改变外部数据的值。它的这一特性满足了多核并行程序设计的需求,因此能简化并行程序开发。

函数式编程用函数来表达所有的概念,完成所有的操作。在面向对象编程中,把对象作为参数传递,而在函数式编程中,函数可以作为其他函数的参数传递,返回值也可以是函数,这被称为高阶函数,实现数学中的复合函数的概念。

从开发人员角度来看,函数式编程不支持赋值操作,一个函数的执行只会返回一个值/函数,不会有任何副作用,所以看上去,一个函数就是一个大的表达式。

5.10.2 Lambda 表达式语法

Lambda 表达式可以理解为是一个能够作为参数传递的匿名函数对象,它没有名字,但有参数列表、函数体、返回类型,也可以抛出异常。它的类型是函数接口(Functional Interface)。

Lambda 语法包含 3 个部分。

(1) 形式参数。括号内用逗号分隔的参数,是函数式接口里方法的参数。

(2) 箭头符号(→):起到分割作用。

(3) 方法体。可以是表达式和代码块,是函数式接口中方法的实现。如果是代码块,则必须用{}来包裹起来,可以通过 return 返回值。

Lambda 表达式的语法形式如下:

(参数列表)→表达式;

或者

(参数列表)→{ 语句块;}

下面的 Lambda 表达式都是对的。

```
a→return a+1;
(a)→return a+1;
(a)→{return a+1;}
(a,b)→{int c=a+b; return c>>1;}
()→ System.out.println("empty");
```

5.10.3 函数式接口

Lambda 表达式需要一个函数式接口作为其对应的类型,它的方法体其实是函数接口的实现,而函数式接口是指仅包含一个抽象方法的接口,每一个该类型的 Lambda 表达式都会被匹配到该抽象方法。比如,java.lang.Runnable 和 java.util.Comparator 都是典型的函数式接口。

对于函数式接口,除了可以使用标准的方法来创建实现对象之外,还可以使用 Lambda 表达式来创建实现对象,这可以在很大程度上简化代码的实现。在使用 Lambda 表达式时,只需要提供形式参数和方法体。由于函数式接口只有一个抽象方法,所以通过 Lambda 表达式声明的方法体就肯定是这个唯一的抽象方法的实现,而且形式参数的类型可以根据方法的类型声明进行自动推断。

程序清单 5-28:

```
interface Converter{
    Integer convert(String from);
```

```
    }
    Converter converter=(from)->Integer.valueOf(from);
    Integer converted=converter.convert("123");
```

5.10.4　自动类型推导

编译器知道接口 Converter 只有一个方法 convert()，所以 converter()方法肯定对应表达式(from)→Integer. valueOf(from)。由于 convert()方法只有一个 String 类型的参数，所以(from)→Integer. valueOf(from)中的 from 一定是 String 类型的。

5.10.5　方法引用

任何一个 Lambda 表达式都可以代表某个函数接口的唯一方法的匿名描述符。可以使用某个类的某个具体方法来代表这个描述符，称为方法引用。这样就无须绑定方法引用到某个实例，直接将实例作为功能接口的参数进行传递。

通过::语法来引用某个方法，方法引用被认为是跟 Lambda 表达式一样的，可用于功能接口所适用的地方。例如：

```
    Converter converter=Integer::valueOf;
    Integer converted=converter.convert("123");
```

上述第一行代码相当于让 Converter 接口的方法等价于 Integer::valueOf。

5.10.6　接口的默认方法

开发中所推荐的实践是面向接口而不是实现来编程。接口作为不同组件之间的契约，接口的实现可以不断地演化。但接口本身的演化则比较困难，当接口发生变化时，该接口的所有实现类都需要作出相应修改。如果在新版本中对接口进行了修改，会导致早期版本的代码无法运行。在代码演化的过程中，一般所遵循的原则是不删除或修改已有的功能，而是添加新的功能作为替代。

接口的默认方法的主要目标是解决接口的演化问题。当往一个接口中添加新的方法时，可以提供该方法的默认实现。对于已有的接口使用者来说，代码可以继续运行。新的代码则可以使用该方法，也可以重写默认的实现。

考虑下面的一个简单的进行公式接口，用于完成特定的计算。

程序清单 5-29：

```
interface Formula {
    double calculate(int a);
}
```

该接口在开发后在应用中已被使用。在后续的版本更新中，如果要提供开跟计算的功能,最直接的做法是在原有的接口中添加一个新的方法来支持,不过会造成已有的调用代码无法运行。而默认方法则可以很好地解决这个问题,使用默认方法的新接口如下。

程序清单 5-30:

```
interface Formula {
    double calculate(int a);
    default double sqrt(int a) {
        return Math.sqrt(a);
    }
}
```

5.11　重构日志数据分析器

本节重构 3.8 节中日志数据分析器的部分设计,使它更加通用和易于扩展,结构更加合理。

数据的分析任务是按照一定的步骤来完成的,这些步骤可能会采取不同的顺序或组合方式来执行。每一种执行步骤实质上就是一个算法,分别完成数据的收集、筛选、计算、分析和存储。Job 对象负责将这些步骤整合起来,执行算法的顺序被隐藏起来,考虑到算法的多样性,算法的公共行为被封装到接口中。同时,考虑到任务 Job 类的多样性,声明 Job 接口,并可以定义一个实现了 Job 接口的抽象类,统一完成整合分析步骤的工作。

任务的执行步骤被抽象为 RecommendAlgorithm 接口,其对象在 Job 中形成了一条流水线,前一个 RecommendAlgorithm 的输出是下一个 RecommendAlgorithm 的输入,提供 prepare()方法和 complete()方法来完成不同 Job 之间的转换。

从 3.8 节的设计中进一步细化会发现 Job 与 JobResult 都重复定义了 InputData 与 OutputData 的 get()方法和 set()方法。在设计和实现时,必须避免这样的重复代码。实际上,输入输出数据可以通过抽象的 DataChannel 接口(见图 5-14)来刻画,主要实现输入的接入和输出。

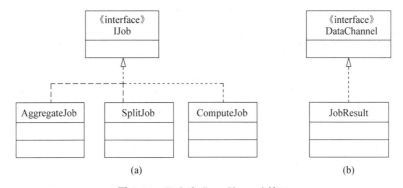

图 5-14　IJob 和 DataChannel 接口

同时,考虑到算法是数据分析过程中最为易变的部分,因此,将算法部分抽象为一个

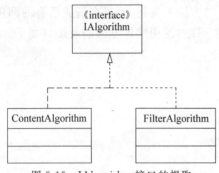

图 5-15　IAlgorithm 接口的提取

接口 IAlgorithm(见图 5-15),以方便接口扩展不同的算法实现。当然,具体实现时,一个算法类可能还需要进一步细分为多个接口,以便符合单一职责的原则。

通过对分析器职责的分析,可以大体确定主要责任类和接口的交互顺序,这些对象的协作顺序能帮助理解系统的工作过程和对象协作关系。如图 5-16 所示的执行流程分析可以看到,dataAnalyser 相当于数据分析器的外观,它总揽全局,管理着各种对象之间的协作,共同实现分析工作。jobScheduler 是任务的调度者和管理者,负责启动任务和结束任务,而它主要的职责则是封装了对多任务的处理,用以完成任务的异步调用过程。如果未来需求需要强化任务的调度模式,例如增加任务队列以调度和管理多个任务的执行,则可以修改 jobScheduler 而不影响它的调用者。

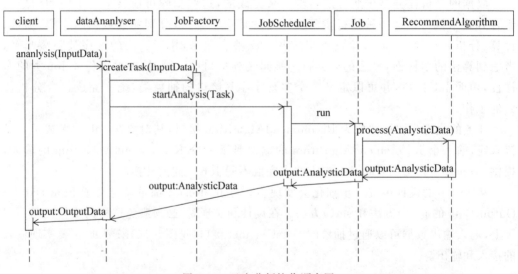

图 5-16　日志分析协作顺序图

IJob 对象体现了任务的独立性,同时又利用抽象统一了任务的执行方式,有利于任务的扩展。而 IAlgorithm 对象则完成对任务的切分,将任务步骤单独封装,有利于各种算法的重用。这些对象的协作以一种层层委派的方式,实现了职责的分离,避免了“集权式”的对象。不同的职责可以分别演化,又能很好地协作,共同完成数据分析的整体职责和流程。

5.12　本章小结

面向对象程序设计有三大特征:封装、继承和多态。封装实现了信息隐藏,有利于设计可复用的代码单元。继承是代码复用的手段,用于建立类之间的层次关系。继承通过 extends 关键字来实现,父类又称为基类或超类。继承表达的是“is a”的关系,或者说是一般和特殊的关系。

继承提高了类的可重用性。因此,当发现多个类之间存在共同属性和行为时,可以通过重构建立类的继承层次关系,将公有行为抽象到父类中,在自己的子类中定义特殊的行为,而不必重新定义类所需的全部属性和行为。子类继承其父类中非私有的成员变量和成员方法,而子类中定义的成员变量和父类中定义的成员变量名相同时,父类的成员变量会被隐藏。

为了让类型更容易查找和使用,避免命名冲突,方便访问控制,开发者要把相关的类组织为包。package 语句声明包,声明语句应放在源文件的第一行。

通过对象引用发出的消息调用由运行时刻具体的对象类型决定的特性称为多态。基于继承实现多态有 3 个必要条件:继承关系、重写和向上转型。重写是对从父类继承过来的方法重新定义其行为,向上转型是将子类的引用赋给父类对象的引用变量的技术。在接口实现的多态中,接口的引用必须指向实现了该接口的类实例,运行时根据对象引用的实际类型来执行对应的方法。

抽象类不能被实例化,抽象类中可以没有、有一个或多个抽象方法,甚至可以全部方法都是抽象方法。抽象类和接口都可以用于描述共同特征,但抽象类描述的是强"is a"关系,接口是对行为的抽象和契约。

面向对象设计的原则是面向对象思想的提炼,它比面向对象思想的核心要素更具可操作性,是设计理念的抽象概括。开放封闭原则是最为重要的设计原则,可以对代码进行重构,实现对修改封闭,对扩展开放的设计思路。虽然不可能让软件系统中的所有模块都满足 OCP 原则,但不满足该原则的模块应该尽可能地少。因为遵守该原则能实现最大程度的代码重用和可维护性。

5.13　本章习题

1. 为什么需要定义包? 如何定义和使用包?
2. 继承中子类能继承父类的构造函数吗? 子类如何才能访问父类的私有属性?
3. 请举例说明修饰符 public\protected\默认的\private 的区别。
4. 什么叫向上转型? 什么是方法重写?
5. 定义 Mother 类及其属性(身高、体重、年龄)和方法(工作、做家务);定义 Daughter 类继承 Mother 类,并增加一些属性(爱好)和方法(看动画片)。定义一个类 UseExtends,在该类的 main()方法中创建一个名为 Daught 的对象,使用 Mother 类和 Daughter 类的属性和方法。
6. 给定以下类定义的代码:

```java
public class Machine
{
    public void go()
    {
        System.out.println("I must be going!");
```

```
        }
        public void go(int x)
        {
            System.out.println("Hi there!-your number is "+x);
            go();
        }
    }
public class SpecialMachine extends Machine
{
    public void go(int x)
    {
        System.out.println("Hello!");
        super.go(x+1);
    }
}
```

如果执行：

```
Machine x=new SpecialMachine();
x.go(9);
```

以上代码段运行后的输出是（　　）。

A. `Hello!`
   `Hi there!-your number is 10`
   `I must be going!`

B. `Hello!`
   `Hi there!-your number is 9`
   `I must be going!`

C. `Hi there!-your number is 10`
   `I must be going!`

D. `Hi there!-your number is 9`
   `I must be going!`

E. `Hi there!-your number is 10`

7. 给定类的定义,以下语句会产生随机的投资组合,以 0.5 的概率投资债券,0.5 的概率投资股票：

```
public abstract class Asset { }
public class Bond extends Asset { }
public class Stock extends Asset { }
public class Test
{
    public static void main(String [] args)
    {
        Asset[] list=new Asset[5];
```

```
for (int i=0; i<list.length; i++)
    if (Math.random() >=0.5)
        list[i]=new Bond();
    else
        list[i]=new Stock();
int count=0;
for (int i=0; i<list.length; i++)
{
    //INSERT LINE HERE
    if (item instanceof Bond)
        count++;
}
System.out.println(count+" bonds");
    }
}
```

在//INSERT LINE HERE 处插入()行可以计数出投资中债券的投资数目。

    A. Object item=(Bond)list[i];

    B. Asset item=(Bond)list[i];

    C. Asset item=(Asset)list[i];

    D. Bond item=(Bond)list[i];

    E. Bond item=(Asset)list[i];

8. 抽象类和接口的异同有哪些？

9. 给定以下类和接口定义：

```
public interface InterW
{
}
public interface InterX<T>
{
}
public class ClassY
{
}
public class ClassZ
{
}
```

下列语句中能够编译成功的是(   )。

    A. public class ClassA extends ClassY,ClassZ implements InterW,InterX{}

    B. public class ClassB< T extends InterX< ClassY>> extends ClassZ implements
       InterW{}

    C. public interface InterC extends ClassY implements InterW{}

    D. public interface InterD implements InterW,InterX{}

E. `public class ClassE<T implements InterW> extends ClassZ{}`

10. 给定以下的类定义：

```java
public class ClassP
{
    public String printInfo()
    {
        return "This is ClassP;";
    }
    public String printAll()
    {
        return "In ClassP: "+printInfo();
    }
}
public class ClassQ extends ClassP
{
    public String printInfo()
    {
        return "This is ClassQ;";
    }
    public String printAll()
    {
        return "In ClassQ: "+printInfo()+" and: "+super.printAll();
    }
}
public class TestPQ
{
    public static void main(String [] args)
    {
        ClassP myP=new ClassP();
        ClassP myQ=new ClassQ();
        System.out.println("myP: "+myP.printAll());
        System.out.println("myQ: "+myQ.printAll());
    }
}
```

运行 TestPQ 后输出的结果是（　　　）。

A. myP: In ClassP: This is ClassP;

　　myP: In ClassP: This is ClassP;

B. myP: In ClassP: This is ClassP;

　　myP: In ClassP: This is ClassP; and: In ClassP: This is ClassP;

C. myP: In ClassP: This is ClassP;

　　myQ: In ClassQ: This is ClassQ; and: In ClassP: This is ClassP;

D. myP: In ClassP: This is ClassP;

　　myQ: In ClassQ: This is ClassQ; and: In ClassP: This is ClassQ;

E. `myP: In ClassP: This is ClassP;`

　　`myQ: In ClassQ: This is ClassQ;`

11. 关键词 final 有哪些作用?

12. 泛化用于描述父类与子类之间的关系,使用 UML 图描述下述类之间的关系:Student 类和 Teacher 类都是 Person 类的子类,Person 类的属性包含姓名(name)和年龄(age),每一个 Student 和 Teacher 也都具有这两个属性,另外 Student 类增加了学号(studentNo),Teacher 类增加了教师编号(teacherNo),Person 类的方法包括行走 move()和说话 say(),而且 Student 类还新增方法 study(),Teacher 类新增方法 teach()。

13. 定义一个交通工具类 Vehicle,包含属性 speed、name、color 和方法 start()、stop()、run();再定义一个飞行器子类 Aircraft 继承自 Vehicle 类。然后从 Aircraft 类派生两个子类:航天飞机(SpaceShuttle)和喷气式飞机(Jet)。

14. 多态性是指统一的接口,不同的表现形式。在 Game 类是定义了 play()方法,其子类 Football、Basketball 和 Popolong 从 Game 类派生而来。

```
public class Game {
    protected abstract void play();
}
```

请实现类 Football、Basketball、Popolong,各个类的调用方式如下:

```
public class Games {
  public static void main(String[] args) {
    Game[] games=new Game[3];
    games[0]=new Basketball();
    games[1]=new Football();
    games[2]=new Popolong();

    for(int i=0;i<games.length;i++){
      if(games[i]!=null)
        games[i].play();
    }
  }
}
```

请运行以上代码,观察代码的输出。另外,请考虑多态性是如何提高程序的扩展能力的?

15. 生活中也有多态的例子,比如给定一个英语句子,不同的人给出的翻译往往不同,比如:An apple a day,keep the doctor away。四十岁的人看到,会翻译为:每天一枚小苹果,医生都会远离我。而三十岁的人看到,可能会译为:一天玩一次 iPhone,博士都不能毕业! 请用代码描述翻译中的多态性。

16. 设计模式的作用是什么? 常见的设计模式有哪些?

17. 面向对象的设计原则有哪些? 为什么说开放封闭原则是面向对象设计原则的核心?

18. 请举例说明依赖倒置原则带来的好处。

第6章 异常处理

本章目标

- 理解 Java 的异常处理框架。
- 掌握 try catch 块处理程序异常。
- 理解在方法签名中声明异常。
- 掌握在方法体中抛出异常。
- 理解异常的链式传播机制。
- 掌握自定义异常类及其使用。
- 理解异常处理的规范和最佳实践。

6.1 为什么引入异常处理

阿丽亚娜（Ariane）五号运载火箭是欧洲航天局的主力运载火箭，它于 1996 年 6 月 4 日首次测试发射，但结果是失败的，整台火箭在发射 37s 后发生爆炸。事故调查委员会调查发现引发事故的元凶是控制火箭飞行的软件发生了故障，这可以说是历史上损失最惨重的软件故障。故障原因是惯性系统输出了错误信号，这是因为惯性系统沿用了阿丽亚娜-4 火箭的设计，但阿丽亚娜-5 火箭起飞后的速度比阿丽亚娜-4 火箭快得多，其拐弯也是在较高速度下进行的，这导致控制程序中的一个 64 位浮点数转化为 16 位数时产生处理器算子错误。浮点位数对于 16 位的算子来讲超出表示范围而溢出了，所以无法运算，该溢出错误最终导致火箭启动了自毁程序而爆炸（见图 6-1）。

图 6-1　程序异常引发火箭爆炸

一般来说，程序失效的原因是多种多样的：不良输入和程序逻辑错误只是许多可能原因中的两个。程序中应该以可预测的方式处理失败，处理程序失效包括两个方面：检测和恢复。错误处理的主要挑战是检测点和恢复点分离，要理解这一点，看一下在传统的

编程中错误检测、报告和处理是如何导致混乱的代码设计。例如,考虑以下伪码方法,它读取整个文件到内存中:

```
readFile {
    open the file;
    determine its size;
    allocate memory with size of the file;
    read the file into memory;
    close the file;
}
```

乍一看,这个功能看起来很简单,但它忽略了以下所有潜在的错误。

(1) 如果不能打开该文件,该如何处理?

(2) 如果该文件的长度无法确定将如何处理?

(3) 如果没有足够的内存,会发生什么?

(4) 如果读取失败,如何应对?

(5) 如果文件不能被关闭,该怎么办?

为了处理上述情况,readFile 的功能必须有更多的代码来执行错误检测、报告和处理。通常使用 if…else 来控制程序逻辑上的异常,但这种方式往往将正常的处理逻辑和失效逻辑混杂在不同的程序分支,导致程序逻辑上很混乱。而且,同一个异常或者错误如果在多个地方出现,那么每个地方都要做相同处理,同时,需要程序员输出大量的信息来辅助调试,而且不同程序员的不同处理风格也会给软件系统维护带来极大不便!

加入异常处理后,readFile 的实现方式如下:

```
errorCodeType readFile {
    initialize errorCode=0;

    open the file;
    if (theFileIsOpen) {
        determine the length of the file;
        if (gotTheFileLength) {
            allocate that much memory;
            if (gotEnoughMemory) {
                read the file into memory;
                if (readFailed) {
                    errorCode=-1;
                }
            } else {
                errorCode=-2;
            }
        } else {
            errorCode=-3;
        }
    }
```

```
        close the file;
        if (theFileDidntClose && errorCode==0) {
            errorCode=-4;
        } else {
            errorCode=errorCode - 4;
        }
    } else {
        errorCode=-5;
    }
    return errorCode;
}
```

有这么多的错误检测、报告和返回，原来的 7 行业务代码都被淹没在混乱的错误处理代码中。更糟糕的是，代码的逻辑流程也已丢失，判断代码是否在做正确的事情变得困难。代码在遇到异常情况时是否能准确执行就更加难以确定了：文件是否真正被关闭，如果该功能不能分配足够的内存该如何？当 3 个月后修改该方法将会非常痛苦，如此混乱的逻辑令人崩溃。

Java 语言在设计之初就考虑到这些问题，提出了异常处理框架的解决方案，所有的异常都用类来表示，不同类型的异常对应不同的异常处理流程。通过定义异常处理的规范，并增加了异常链机制，使异常处理与业务逻辑相分离，方便了异常跟踪。如果 ReadFile 函数中使用异常处理，它看起来是以下方式：

```
readFile {
    try {
        open the file;
        determine its size;
        allocate that much memory;
        read the file into memory;
        close the file;
    } catch (fileOpenFailed) {
        doSomething;
    } catch (sizeDeterminationFailed) {
        doSomething;
    } catch (memoryAllocationFailed) {
        doSomething;
    } catch (readFailed) {
        doSomething;
    } catch (fileCloseFailed) {
        doSomething;
    }
}
```

异常是程序中的一些错误，但并不是所有的错误都是异常，并且错误有时候可以避免。比如说，代码中少了一个分号，编译时就会被发现，这类错误不是本章关心的异常。

如果代码中有语句 System. out. println(11/x),而执行时 x 被赋值为 0 则程序会抛出 java. lang. ArithmeticException 异常,这是程序员必须处理的异常。

注意,异常处理不能代替程序员做报告和处理错误的工作,但异常处理规范帮助程序员更有效地组织异常处理工作。异常处理提供了一种识别及响应错误情况的一致性机制,有效的异常处理能使程序逻辑更加清楚、健壮并且易于跟踪和调试。异常处理之所以是一种强大的编程范型和调试手段,在于其回答了以下 3 个问题。

(1) 程序中什么出了错?

(2) 在哪出的错?

(3) 为什么会出错?

在有效使用异常处理机制的情况下,异常类型回答了"什么"被抛出,异常栈跟踪回答了"在哪"抛出,异常信息回答了"为什么"会抛出。

6.2 Java 中的异常

异常处理直接关系开发出的代码的健壮性和可维护性,它在编写健壮应用的过程中,扮演着重要的角色。它并不是应用的功能需求,但直接影响代码的质量。异常机制可以使程序中异常处理代码和正常业务代码分离,保证程序代码更加优雅,并有助于提高程序的健壮性。

Java 对异常的处理是分类型进行的,不同异常有不同的分类,每种异常都对应一个类型,每个异常都是一个异常类的对象。在程序运行出现意外时,系统会生成一个 Exception 对象并自动进行错误处理匹配,根据异常类型进入不同的处理分支。

异常机制主要依赖于 try、catch、finally、throw、throws 5 个关键字实现。

(1) try…catch:可能引发异常的代码块放置在 try 和 catch 之间,从而要求 JVM 监测该代码块的执行。catch 块用于处理特定类型的异常,try 代码块后可以有多个 catch 块。

(2) finally:用于回收在 try 块里打开的物理资源(如数据库连接、网络连接和磁盘文件等),异常机制保证 finally 块总是被执行。

(3) throw:用于在方法代码中主动抛出一个实际的异常对象。

(4) throws:在方法签名中声明该方法可能抛出的(多个)异常。

6.2.1 异常架构

所有非正常情况被分成两种:异常(Exception)和错误(Error),它们都继承自类 Throwable。错误是指虚拟机相关的问题,如系统崩溃、虚拟机出错等,这类错误无法恢复,将导致应用程序中断,因此应用程序不应捕获 Error 对象,也无须在其 throws 子句中声明该方法抛出任何 Error。

异常被分为两大类,受查(Checked)异常和运行时(Runtime)异常,所有运行时异常类及其子类的对象都被称为运行时异常,运行时异常无须显式声明抛出,如果程序需要捕捉运行时异常,可以使用 try…catch 块来捕获处理。

不是运行时异常实例的则被称为受查异常。受查异常是可以被处理(修复)的异常,所以程序必须显式地处理受查异常。如果程序没有处理受查异常,在编译时就无法通过。受查异常程序必须使用 try…catch 块来捕获,然后在对应的 catch 块中修补该异常。当方法不知道如何处理异常时,应该在定义该方法时声明抛出(throws)异常。当前方法不知道如何处理异常时应该由上一级调用者处理。异常类框架如图 6-2 所示。

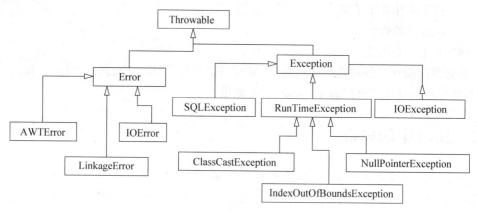

图 6-2 异常类框架

异常对象包含了异常的上下文信息,异常类定义了常用方法来获得这些信息,方法有 4 个。

(1) getMessage(),返回异常的详细描述字符串。

(2) printStackTrace(),将异常的跟踪栈信息输出到标准错误输出。

(3) printStackTrace(PrintStream s),将异常的跟踪栈信息输出到指定的输出流上。

(4) getStackTrace(),返回异常的跟踪栈信息。

6.2.2 异常抛出

异常必须被传递出去或者被处理掉,否则编译时编译器会报告错误。如果选择抛出异常,则遵循抛出-传递-处理的流程。首先,在异常发生的位置创建描述异常的对象,并将该对象使用 throw 抛出;异常传递从 throw 语句开始,被传递到调用该方法的位置,并不断沿着调用栈向上传递,直到 main()方法。在程序运行时,如果方法的某行代码抛出异常,那么方法中此行之后的所有代码都不会被执行。在某一层调用者程序捕捉异常对象并根据异常类型作出相应处理后,异常就不会再被传递。

6.2.3 异常处理

异常处理假设,如果程序能顺利完成,则一切正常。可能会产生异常的业务代码放在 try 块中定义,所有的可能受查异常逻辑放在 catch 块中。这实现了正常业务逻辑和异常逻辑的分离，以下是异常处理的结构。

```
try{
        //业务实现代码
}catch(Exception e){
        //异常处理逻辑
}
finally
{
    //资源回收
}
```

如果 try 块里的业务逻辑代码执行时产生异常，会生成一个异常对象，该异常对象被提交给运行环境 JVM，即异常被抛出。JVM 收到异常对象时，会寻找合适的 catch 块，如果找不到，程序将会退出。

JVM 根据 try 块中的异常对象类与 catch 语句中的异常匹配，如果成功，则进入到该 catch 语句块中执行。异常对象与 catch 语句中异常类型的匹配规则是：catch 语句中的异常类型必须是当前异常对象的类型或其父类型。

关于异常处理，有三点需要明确。

（1）不管程序代码块是否处于 try 块中，甚至位于 catch 块中代码，只要执行该代码时出现了异常，都会自动生成一个异常对象。

（2）可以有多个 catch 块，不同的 catch 块对应不同的异常类，提供不同的处理方法。

（3）异常捕获时应先捕获小的异常，再捕获大的异常。从异常类的层次结构来看，应先捕获靠近叶子节点的异常。

异常处理会导致程序发生中断并直接进入异常处理模块，异常点后的代码不会被执行。但有时候，开发者可能希望无论发生什么异常，程序申请的资源都应该被释放。比如，建立的网络连接、打开的文件等，则应使用 finally 语句，finally 语句块不处理异常，但它一定会被执行。通常情况下，finally 都用于释放程序占用的系统资源。

6.3　异常处理

对于异常，要遵循尽早处理的原则，应该尽可能在距离异常抛出点近的地方将其处理掉。对于无法处理的受查异常应转换为运行时异常处理。因为对于一个应用系统来说，抛出大量异常是有问题的，应该从程序开发角度尽可能地减少异常发生的可能。

从开发角度看，应该建立自己的异常处理框架，一旦异常发生，就能采用统一的处理风格，将优雅的异常信息反馈给用户。

6.3.1　捕获异常

在 try、catch 和 finally 结构中，try 块是必需的，catch 块和 finally 块至少出现其一，

也可以同时出现。对于可能抛出的异常，捕获的 catch 块可以有多个，而且捕获父类异常的 catch 块必须位于捕获子类异常的后面。

程序清单 6-1：

```java
package cn.edu.javacourse.ch6;
import java.util.Scanner;
public class CatchException
{
    public static void main(String[] args)
    {
        Scanner sc=null;
        try{
            sc=new Scanner(System.in);
            String input=sc.nextLine();
            int age=Integer.parseInt(input);
            System.out.println("the age is:"+age);
        }
        catch(NumberFormatException ioe)
        {
            System.out.println(ioe.getMessage());
            ioe.printStackTrace();
        }
        catch(Exception e)
        {
            e.printStackTrace();
        }
        finally
        {
            if(sc !=null)
            sc.close();
        }
    }
}
```

程序输出：

```
For input string: "d2"
java.lang.NumberFormatException: For input string: "d2"
    at java.lang.NumberFormatException.forInputString(Unknown Source)
    at java.lang.Integer.parseInt(Unknown Source)
    at java.lang.Integer.parseInt(Unknown Source)
    at cn.edu.javacourse.ch6.CatchException.main(CatchException.java: 13)
free resources.
```

上述代码如果输入 d2，就会抛出数字转换异常，从而程序进入 NumberFormatException

分支。注意,异常的发生导致 try 块中的输出语句未被执行,但并未影响 finally 分支的语句执行。

6.3.2 使用 throws 声明异常

当不确定如何处理异常时,就需要声明异常。使用 throws 声明异常,可以同时声明多个异常类,以逗号隔开。一旦使用了 throws 语句声明异常,就不需要在当前代码块中使用 try…catch 捕获异常了。声明异常的语法如下:

throws ExceptionClass1,ExceptionClass2,…

如果某段代码调用了使用 throws 声明的方法,则表明该方法希望它的调用者处理该异常。调用代码要么放在 try 块中显式捕获该异常,要么在方法中使用 throws 声明该异常。

程序清单 6-2:

```java
package cn.edu.javacourse.ch6;
import java.io.File;
import java.io.FileNotFoundException;
import java.io.IOException;
import java.util.Scanner;

public class ThrowsExceptions {
    public static void convert() throws IOException,FileNotFoundException {
        Scanner sc=new Scanner(new File("a.txt"));
        sc.nextLine();
    }

    public static void input() throws IOException,FileNotFoundException {
        convert();
        System.out.println("in input");
    }

    public static void main(String[] args) {
        try {
            input();
            convert("w2");
        } catch (FileNotFoundException e) {
            e.printStackTrace();
        } catch (IOException e) {
            e.printStackTrace();
        }
    }
}
```

使用 throws 声明的异常要么捕获,比如 main()方法,要么继续向上抛出,比如 input()方法。

6.3.3　throw 抛出异常对象

程序可以使用 throw 语句自行抛出异常,throw 语句抛出的是一个异常实例,而且每次只能抛出一个异常实例。throw 语句的格式如下:

```
throw ExceptionInstance;
```

程序清单 6-3:

```
package cn.edu.javacourse.ch6;
public class ThrowException {
    public static void throwChecked(int a) throws Exception {
        if (a<0) {
                throw new Exception("a 的值大于 0,不符合要求");
            //抛出 Exception 异常,该代码必须处于 try 块里
            //或处于带 throws 声明的方法中
        }
    }

    public static void throwRuntime(int a) {
        if (a<0) {
            throw new RuntimeException("a 的值大于 0,不符合要求");
        } else {
            System.out.println("a 的值为: "+a);
        }
    }

    public static void main(String[] args) {
        try {
            throwChecked(-3);
        } catch (Exception e) {
            System.out.println(e.getMessage());
        }
        throwRuntime(3);
    }
}
```

throwRuntime()方法中抛出运行时异常,调用代码既可以显式捕获该异常,也可以完全不用理会该异常,而把该异常继承交给方法的父调用者处理。

由于 throwChecked()方法声明了异常,因此 main()方法必须显示捕获该异常,否则需要在 main()方法中再次声明抛出异常。

6.3.4 异常转译

异常转译就是将一种异常转换为另一种新的异常,新的异常更能准确表达程序发生的意外情况。比如,终端用户要向服务器上传一个文件,在客户层调用业务层的uploadFile()接口,而业务层又调用数据库层的服务接口,在这个过程中可能出现IOException、SQLException 等异常,按照递归的原则,异常对象被逆向传递,但是终端用户并不对异常信息感兴趣,这些信息应该抛给开发者或管理员,这就可采用异常转译或者异常链机制。程序向客户层抛出一个 UploadException 异常,告诉客户文件上传失败就已足够。而 IOException、SQLException 等异常应被保存在日志中,留给开发者调试。

由于任何形式的异常和错误都是 Throwable 的子类,这也就为异常的转译提供了直接的支持。比如,将 SQLException 转换为另外一个新的异常 UploadException。下面先自定义一个异常 UploadException。

程序清单 6-4:

```java
package cn.edu.javacourse.ch6;
public class UploadException extends RuntimeException {
    public UploadException(String message,Throwable cause) {
        super(message,cause);
    }

    public String getMessage() {
        return "抱歉,系统出错了,请联系管理员。"+this.getMessage();
    }
}
```

比如有一个 SQLException 类型的异常对象 e,要转换为 UploadException,可以这么写:

```java
UploadException uploadEx= new UploadException ("SQL异常",e);
```

这样就可以用统一的形式为最终用户提供信息了。

6.4 自定义异常

异常应包含业务相关的有用信息,所以在选择抛出什么异常时,应该选择恰当的异常类,从而可以明确地描述异常的情况,因此,程序常常需要自定义异常类。

用户自定义异常应该继承基类 Exception,如果希望自定义运行时异常,则应该继承基类 RuntimeException。异常类通常需要提供两种构造方法:无参数的构造方法和一个带字符串的构造方法,该字符串将作为该异常对象的详细说明(即异常对象的getMessage()方法的返回值)。实际上,在构造方法中调用 super 是将字符串参数传给异常对象的属性 message,属性 message 就是异常对象的详细描述信息。

假设要编写一个在线竞拍程序,该处理程序首先对用户输入的竞拍价格进行检查,如果发现该价格不是数字或者竞拍价格不符合规则要求,就提示用户。对于竞拍价格的合法性检查,就可以通过一个异常类来实现。

程序清单 6-5:

```java
public class AuctionException extends Exception
{
    public AuctionException ()
    {
    }
    public AuctionException (String msg)
    {
        super(msg);
    }
}
```

自定义异常类 AuctionException 的使用方法如下:

```java
public class AuctionExceptionTest
{
    private double initPrice=10.0;
    public void bid(String bidPrice) throws AuctionException
    {
        double d=0.0;
        try
        {
            d=Double.parseDouble(bidPrice);
        } catch (NumberFormatException e)
        {
            e.printStackTrace();
            throw new AuctionException("The bid digit must be a number!");
        }
        if (initPrice>d)
        {
            throw new AuctionException("The bid price cannot be lower than the init
            price!");
        }
        initPrice=d;
    }

    public static void main(String[] args)
    {
        AuctionExceptionTest ata=new AuctionExceptionTest ();
        try
        {
```

```
            ata.bid("df");
            //ata.bid(5);
            //ata.bid(12);
        }
        catch (AuctionException ae)
        {
            System.err.println(ae.getMessage());
        }
    }
}
```

程序输出：

```
java.lang.NumberFormatException: For input string: "df"
    at sun.misc.FloatingDecimal.readJavaFormatString(Unknown Source)
    at java.lang.Double.parseDouble(Unknown Source)
    at cn.edu.javacourse.ch6.AuctionExceptionTest.bid(AuctionExceptionTest.
    java:23)
    at cn.edu.javacourse.ch6.AuctionExceptionTest.main(AuctionExceptionTest.
    java:41)
The bid digit must be a number!
```

如果调用"ata.bid(5)；"程序的输出是什么？执行 ata.bid(12) 呢？

作为自定义异常应用的另外一个例子，考虑银行的业务系统，在定义银行业务类时，若取钱数大于余额时需要进行异常处理。定义一个异常类 InsufficientFundsException，当取钱方法（withdraw()）中产生错误时抛出异常，异常抛出的条件是余额小于取现金额。

注意，由于 withdraw() 方法是后台服务方法，提供给其他程序调用，因此 withdraw() 方法并不知道异常的处理方法，它声明抛出异常，由调用者负责处理 withdraw() 方法中的异常或者继续抛出。

异常类 InsufficientFundsException 定义如程序清单 6-6。

程序清单 6-6：

```java
class InsufficientFundsException extends Exception{
    private Bank excepbank;
    private double excepAmount;
    InsufficientFundsException(Bank ba,double dAmount)
    {   excepbank=ba;
        excepAmount=dAmount;
    }
    public String excepMessage(){
        String str="The balance is:"+excepbank.balance+"\n"+"The withdrawal as:"+
                excepAmount;
        return str;
```

```
    }
}
```

银行业务类的代码如下：

```
class Bank{
    double balance;                //存款数
    Bank(double balance){this.balance=balance;}
    public void deposite(double dAmount){
        if(dAmount>0.0) balance+=dAmount;
    }
    public void withdraw(double dAmount)      throws InsufficientFundsException{
        if (balance<dAmount)
            throw new InsufficientFundsException(this,dAmount);
        balance=balance-dAmount;
    }
    public void showBalance(){
        System.out.println("The balance is "+ (int)balance);
    }
}
```

前端调用者的调用方法如下：

```
public class ExceptionDemo{
    public static void main(String args[]){
        try{
            Bank ba=new Bank(50);
                ba.withdraw(100);
                System.out.println("Withdraw function is called successful!");
        }catch(InsufficientFundsException e) {
            System.out.println(e.toString());
            System.out.println(e.excepMessage());
        }
    }
}
```

异常输出：

```
cn.edu.javacourse.ch6.InsufficientFundsException
The balance is: 50.0
The withdrawal was: 100.0
```

这个例子中演示了异常处理从业务逻辑中分离的实现特点，Bank 类的 withdraw()方法中，并不具体指定异常的处理方法，只是负责发现异常，它将异常处理的过程交给了调用者 ExceptionDemo 类，这使得 Bank 类专注于处理正常的业务逻辑，从而让 Bank 类的业务逻辑更加清晰，而且能够复用异常类 InsufficientFundsException，代码的质量更容易得到保障。

6.5 异常处理的原则

有 3 个原则可以帮助人们在程序设计过程中最大限度地使用好异常。

（1）具体明确。

（2）提早抛出。

（3）延迟捕获。

异常机制的优点在于能为不同类型的问题提供不同的处理操作。有效的异常处理实现的关键是识别特定故障场景,并开发解决此场景故障的对应行为。为了充分利用异常处理能力,需要为特定类型的问题构建特定的处理模块,具体明确的异常类能提供足够的辅助业务处理逻辑和调试所需的信息。因此,异常类应该针对应用场景定制,而不是用基础的异常类型代替。

根据情形将异常转化为业务上下文,意味着一般不要把特定的异常转化为更通用的异常。取消异常抛出时产生的上下文,将异常传到系统的其他位置时,将更难处理。因为没有原始异常的信息,所以处理器块无法确定问题的起因,也不知道该如何更正问题。同时,异常处理中,也不要处理能够避免的异常。例如代码段 6-7 是一段典型的异常处理的反面典型。

程序清单 6-7:

```
1    OutputStreamWriter out=...
2    java.sql.Connection conn=...
3    try {                                    //(5)
4        Statement stat=conn.createStatement();
5        ResultSet rs=stat.executeQuery(
6            "select uid,name from user");
7        while (rs.next())
8        {
9            out.println("ID: "+rs.getString("uid")        //(6)
10            ",姓名: "+rs.getString("name"));
11        }
12        conn.close();                        //(3)
13        out.close();
14    }
15    catch(Exception ex)                      //(2)
16    {
17        ex.printStackTrace();                //(1),(4)
18    }
```

以上异常处理代码存在很多问题,该代码被称为反模式或者反例(Anti-Pattern),它是违背优秀编码规范的坏习惯,接下来,我们依次找出其中的问题。

（1）丢弃异常,位于代码第 15～18 行。

这段代码捕获了异常却不进行任何处理,可以算得上编程中的杀手。从问题出现的频繁程度和危害程度来看,它也许可以和 C/C++ 程序的不检查缓冲区是否已满问题相提并论。

这段代码的错误在于,异常(几乎)总是意味着某些事情不对劲,或者说至少发生了某些不寻常的事情,不应该对程序发出的求救信号保持沉默。调用 printStackTrace 算不上"处理异常"。虽然调用 printStackTrace 对调试程序有帮助,但程序调试阶段结束之后,它就不应在异常处理模块中担负主要责任了。那么,应该怎样改正呢? 主要有 3 个选择。

① 处理异常。针对该异常采取一些行动,例如修正问题、提醒某个人或进行其他一些处理,要根据具体的情形确定应该采取的动作。

② 重新抛出异常。处理异常的代码在分析异常之后,认为自己不能处理它,重新抛出异常也不失为一种选择。

③ 把该异常转换成另一种异常。大多数情况下,这是指把一个低级的异常转换成应用级的异常。

既然捕获了异常,就要对它进行适当的处理。不要捕获异常之后又把它丢弃,不予理睬。

(2) 不指定具体的异常,位于代码的 15 行。

用一个 catch 语句捕获所有的异常是不好的异常处理方法。catch 语句表示预期会出现某种异常,而且希望能够处理该异常。但 Exception 隐藏了应用的真实意图和处理的区分性,比如,数据库操作希望处理 SQLException,而文件异常是 IOException,显然,在同一个 catch 块中处理这两种截然不同的异常是不合适的。所以说,catch 语句应当尽量指定具体的异常类型,而不应该指定涵盖范围太广的 Exception 类。

在 catch 语句中尽可能指定具体的异常类型,必要时使用多个 catch。不要试图处理所有可能出现的异常。

(3) 占用资源不释放,位于代码第 3~14 行。

异常改变了程序正常的执行流程。如果程序用到了文件、Socket、JDBC 连接之类的资源,即使遇到了异常,也要正确释放占用的资源。而不管是否出现了异常,finally 保证在 try/catch/finally 块结束之前,执行清理任务的代码总是有机会执行。

保证所有资源都被正确释放,充分运用 finally 关键词。

(4) 不说明异常的详细信息,位于代码第 3~18 行。

仔细观察这段代码:如果循环内部出现了异常,会发生什么事情? 可以得到足够的信息判断循环内部出错的原因吗? 不能。我们只能知道当前正在处理的类发生了某种错误,但不能获得任何信息辅助判断导致当前错误的原因。

printStackTrace 的栈跟踪功能显示出程序运行到当前类的执行流程,但只提供了一些最基本的信息,未能说明实际导致错误的原因,同时也不易解读。因此,在出现异常时,最好能够提供一些文字信息,例如当前正在执行的类、方法和其他状态信息,包括以一种更适合阅读的方式整理和组织 printStackTrace 提供的信息。

在异常处理模块中提供适量的错误原因信息,组织错误信息使其易于理解和阅读。

(5) 过于庞大的 try 块,位于代码第 3~14 行。

将大量的代码放入单个 try 块不是个好习惯,因为一大段代码中有太多的地方可能抛出异常。正确的做法是分离各个可能出现异常的段落并分别捕获其异常。

尽量减小 try 块的体量。

改写后的代码如程序清单 6-8 所示。

程序清单 6-8：

```java
public void processDB() throws ApplicationException,IOException {
        PrintStream out=null;
        FileOutputStream fos=null;
        java.sql.Connection conn=null;

        try {
                conn=DriverManager.getConnection("#sql connection");
                fos=new FileOutputStream(new File("a.log"));
                out=new PrintStream(fos);
                Statement stat=conn.createStatement();
                ResultSet rs=stat.executeQuery("select uid,name from user");
                while (rs.next()) {
                    System.out.println("ID: "+rs.getString("uid")+",姓名："
                        +rs.getString("name"));
                }
        } catch (SQLException sqlex) {
            out.println("警告：数据不完整");
            throw new ApplicationException("读取数据时出现 SQL 错误",sqlex);
        } catch (IOException ioex) {
            throw new ApplicationException("写入数据时出现 IO 错误",ioex);
        } finally {
            if (conn !=null) {
                try {
                        conn.close();
                } catch (SQLException sqlex2) {
                        out.println(this.getClass().getName()
                +".mymethod-不能关闭数据库连接："+sqlex2.toString());
                }
            }

            if (out !=null) {
                try {
                        out.close();
                        fos.close();
                } catch (IOException ioex2) {
                        System.err.println(this.getClass().getName()
                            +".mymethod-不能关闭输出文件"+ioex2.toString());
                }
            }
        }
```

```
        }
    }
```

6.6　本章小结

　　异常是程序运行过程出现的错误，它用异常类来描述，用对象表示具体的异常。Java 将异常区分为 Error 与 Exception，Error 是程序无力处理的错误，Exception 是程序可以处理的错误。引入异常处理的目的是为了分离正常的业务逻辑和非正常逻辑，提高程序的健壮性和可读性。

　　程序使用 try…catch(finally)结构来处理可能的异常，finally 块一定会被执行到，因此通常用于释放 try 块中申请的系统资源。throw 用来抛出异常对象，位于方法体内。throws 用来声明方法可能会抛出什么异常，它位于方法名后。

　　在自定义异常时，应该提供关于异常的有意义的完整的信息。异常信息是最重要的设计考虑，因为它是开发者首先看到的地方，它用于帮助找到问题产生的根本原因。异常处理的原则给出了异常设计的最佳实践。

6.7　本章习题

　　1. 请写出以下代码的输出，比较其不同之处。

　　代码段 a：

```java
public class Test {
    public static void main(String[] args) {
        for (int i=0; i<2; i++) {
        System.out.print(i+" ");
        try {
        System.out.println(1/0);
        }
        catch (Exception ex) {
        }
        }
    }
}
```

　　代码段 b：

```java
public class Test {
    public static void main(String[] args) {
        try {
            for (int i=0; i<2; i++) {
            System.out.print(i+" ");
            System.out.println(1/0);
```

```
        }
    }
    catch (Exception ex) {
    }
    }
}
```

2. 指出以下代码中的可能存在的问题，它会抛出异常吗？

```
long value=Long.MAX_VALUE+1;
System.out.println(value);
```

3. 写出以下代码的输出。

```
public class Test {
    public static void main(String[] args) {
    try {
            int value=30;
            if (value<40)
                throw new Exception("value is too small");
        }
        catch (Exception ex) {
            System.out.println(ex.getMessage());
        }
        System.out.println("Continue after the catch block");
    }
}
```

如果将

```
int value=30;
```

替换为

```
int value=50;
```

以上代码输出会有改变吗？

4. 声明异常的目的是什么？如何以及在何处可以声明异常？在一个方法声明中可以声明多个异常吗？

5. 下面代码块中，假设在 Statement2 中会抛出异常，回答以下问题：

```
try {
    statement1;
    Statement2
    statement3;
}
catch (Exception1 ex1) {
}
```

```
catch (Exception2 ex2) {
}
statement4;
```

（1）statement3 会被执行吗？

（2）如果异常未被捕获，那么 statement4 会被执行吗？

（3）如果异常被捕获，那么 statement4 会被执行吗？

（4）如果异常被传递给调用者，那么 statement4 会被执行吗？

6. 请写出以下代码的输出结果。

```java
public class Test {
    public static void main(String[] args) {
    try {
        method();
        System.out.println("After the method call");
    }
    catch (ArithmeticException ex) {
        System.out.println("ArithmeticException");
    }
    catch (RuntimeException ex) {
        System.out.println("RuntimeException");
    }
    catch (Exception e) {
        System.out.println("Exception");
    }
  }
  static void method() throws Exception {
  System.out.println(1/0);
  }
}
```

7. 请写出以下代码的输出结果。

```java
public class Test {
    public static void main(String[] args) {
        try {
            method();
        System.out.println("After the method call");
        }
        catch (RuntimeException ex) {
            System.out.println("RuntimeException in main");
        }
        catch (Exception ex) {
            System.out.println("Exception in main");
        }
```

```
    }
    static void method() throws Exception {
        try {
        String s="abc";
        System.out.println(s.charAt(3));
    }
    catch (RuntimeException ex) {
        System.out.println("RuntimeException in method()");
    }
    catch (Exception ex) {
        System.out.println("Exception in method()");
        }
    }
}
```

8. 编程题：CircleArea 是一个命令行输入的计算器用于计算圆的面积，程序从命令行接收半径。如果命令行输入的是非数字，则程序抛出异常，显示消息通知用户必须输入数字。

9. 编程题：定义 Triangle 类用于表示三角形，其任意两个边的和必须大于第三条边。定义 IllegalTriangleException 用于声明任何违反以上规则的输入。Triangle 类的构造方法如下：

```
public Triangle (double side1, double side2, double side3) throws
IllegalTriangleException {
    //Implement it
}
```

第7章　反射与注解

本章目标
- 理解反射的用途和应用场景。
- 掌握通过 Class 类创建对象的方法。
- 理解代理类的作用。
- 理解动态代理的工作机制。
- 理解注解的概念。
- 理解注解的使用场景。
- 熟练掌握预定义注解的使用。
- 掌握自定义注解的开发。
- 掌握注解的常见应用。

7.1　反射

反射是指程序可以访问、检测和修改它本身状态或行为的能力。通过反射,可以动态获取对象信息以及动态调用对象的方法。具体来说,在运行状态中,JVM 能够知道对象的所有属性和方法,并且能够调用它的任意一个方法或访问其任一属性。反射机制主要提供了以下功能。

(1) 运行时检测对象的类型。

(2) 动态创建对象。

(3) 检索对象属性和方法。

(4) 调用对象的任意方法。

(5) 修改构造器、方法和属性的可见性。

(6) 生成动态代理。

反射对于程序检查工具和调试器来说,是非常实用的功能,它能获取程序在运行时刻的内部结构。只需要短短的十几行代码,就可以遍历出对象所属类的结构,包括构造方法、声明的属性和定义的方法和修饰符等。反射的另外一个作用是在运行时刻与注解配合,动态改变对象的行为,比如,为特定对象添加日志、权限控制等操作。

7.2　反射的实现

反射机制使得程序在运行时动态加载、查看和使用编译期间完全未知的类。反射机制的实现基于 4 个类:Class、Constructor、Field 和 Method。其中 Class 代表运行时对象的类型信息,JVM 使用该运行时类型信息确定方法。Constructor 表示类的构造器,Field

类用来描述对象的属性集合,而 Method 是描述方法的类。上述 4 个类可以看成一个类的各个组成部分。

7.2.1　Class 类

Class 的对象用来描述运行时的类和接口,也用来表达 enum、数组、基本数据类型以及关键词 void。当一个类被加载或当类加载器的 defineClass()被调用时,JVM 便自动产生一个 Class 对象。

Class 是实现反射的基石,要查看任何类,都必须先获得一个 Class 对象,然后由 Class 对象调用反射 APIs。下面通过一个例子来演示 Class 的使用,假设有一个角色类 Role。

程序清单 7-1:

```java
public class Role {
    private String name;
    private String type;

    public Role(){
        System.out.println("Constructor Role() is invoking");
    }
    //注意,这里有一个私有构造器
    private Role(String name){
        this.name=name;
        System.out.println("Constructor Role(String name) is invoking.");
    }
    public String getName() {
        return name;
    }
    public void setName(String name) {
        this.name=name;
    }
    public String getType() {
        return type;
    }
    public void setType(String type) {
        this.type=type;
    }
    public String toString(){
        return "This is a role called "+this.name;
    }
}
```

有两种办法获得 Class 对象:

```
Class cls=Role.class;
Class cls=Class.forName("cn.edu.ldu.javacoure.ch7.Role");
```

注意第二种方式中,forName()方法中的参数必须是完整的类名(包名＋类名),并且该方法需要捕获 ClassNotFoundException 异常。类似地,在得到 Class 的实例后就可以创建类 Role 的实例了,newInstance()方法调用类的默认的构造器生成对象。

```
Object o=cls.newInstance();
```

newInstance()方法创建对象的缺点是只能调用类的默认构造函数,后面会讲到可接受参数的 newInstance()的用法,如果类的构造函数是私有的,仍旧不能实例化其对象。

一旦获得 Class 类的对象,就可以通过 Class 的方法来获取到类的构造方法、属性和成员方法,对应的方法是 getConstructor()、getField()和 getMethod()这 3 个方法有相应的 getDeclaredXXX()版本,区别在于后者只会获取该类自己声明的成员,而不是从父类继承的。

7.2.2　获取构造器

Constructor 类是构造方法的描述类,Class 类有 4 个方法来获得 Constructor 对象。

(1) public Constructor[] getConstructors():返回类中所有的 public 构造器数组,默认构造器的下标为 0。

(2) public Constructor get Constructor(Class … parameterTypes):返回指定的 public 构造器,参数为构造器参数类型。

(3) public Constructor[] getDeclaredConstructors():返回类中所有的构造器,包括私有构造方法。

(4) public Constructor getDeclaredConstructor(Class … parameterTypes):返回指定的构造器。

getDeclaredConstructors()方法获得当前类定义的所有构造方法,包括私有的构造方法,可以通过修改访问权限调用原本不允许调用的私有构造器。通过指定参数列表获取构造方法并调用带参数构造器生成对象的代码如下:

```
Constructor con=cls.getDeclaredConstructor(new Class[]{String.class});
con.setAccessible(true);                     //设置可访问的权限
Object obj=con.newInstance(new Object[]{"Jerry"});
```

第一行代码获得参数是 String 类型的构造方法,通过方法 newInstance()生成对象时的实际参数是字符串"Jerry"。当需要使用私有的构造方法的时候,要调用 setAccessible 设置可访问的权限。

要获取所有的构造方法集合,可以通过如下代码实现:

```
Constructor con[]=cls1.getDeclaredConstructors();
con[1].setAccessible(true);
```

```
Object obj=con[1].newInstance(new Object[]{"tom"});
```

上述代码获得了所有的构造方法数组,并选取了其中一个构造函数创建新的对象,注意,方法 newInstance 已可以设置参数。而且,以上的 4 个方法全部需要抛出或捕获异常。

7.2.3 获取成员变量

成员变量用 Field 类进行封装,其使用与 Constructor 类似。主要的方法有 4 个。

(1) public Field getDeclaredField(String name):获取任意指定名字的成员。

(2) public Field[] getDeclaredFields():获取所有的成员变量。

(3) public Field getField(String name):获取指定名字的 public 成员变量。

(4) public Field[] getFields():获取所有的 public 成员变量。

可以看出这些方法都是异曲同工的,下面代码获得类的成员,其中 cls 是 Class 的对象引用。

```
Field mem=cls.getDeclaredField("fieldName");
mem.setAccessible(true);
System.out.println("we get fields:"+mem.get(obj));
```

再次强调,如果要访问对象的私有变量,就必须先修改访问权限。

7.2.4 获取方法

封装方法的类是 Method,通过 Class 实例获取 Method 对象或对象数组也有 4 个方法。

(1) public Method[] getMethods():获取所有的公有方法。

(2) public Method getMethod(String name,Class…parameterTypes):获取指定公有方法,第一个参数指定方法名,第二个参数描述参数类型。

(3) public Method[] getDeclaredMethods():获取所有的方法。

(4) public Method getDeclaredMethod(String name,Class…parameterTypes):返回指定方法。

通常情况下,基于反射获取并执行方法的代码如下:

```
Method me=cls.getMethod("methodName",null);
Object name=me.invoke(obj,null);
```

总的来说,基于反射能实现在运行时动态地操作对象,辅助实现动态加载和触发对象的行为。下面,通过一段代码对比使用一般做法和反射 API 实现同一功能的异同,假设操作的是自定义类 MyClass。

程序清单 7-2:

```
MyClass myClass=new MyClass(0);              //一般做法创建对象
```

```
myClass.increase(2);
System.out.println("Normal->"+myClass.count);
try {
    Constructor constructor=MyClass.class.getConstructor(int.class);
                                                        //获取构造方法
    MyClass myClassReflect=constructor.newInstance(10);    //创建对象
    Method method=MyClass.class.getMethod("increase",int.class);
    //获取名字为 increase 的方法,其参数类型为 int
    method.invoke(myClassReflect,5);                    //基于反射调用方法
    Field field=MyClass.class.getField("count");        //获取名为 count 的属性
    System.out.println("Reflect->"+field.getInt(myClassReflect));
                                                        //获取属性的值
} catch (Exception e) {
    e.printStackTrace();
}
```

基于反射的动态方法调用能提高程序的灵活性,在 7.3 节将进一步看到它的应用。

7.2.5 数组

数组与所有对象一样,都通过 Class 的对象描述。使用标准 getClass()方法,即可获得数组的 Class 对象。但是,反射为普通类提供的构造函数访问不能用于数组,而且数组没有任何可访问的字段。

反射处理数组有很强的技巧性,数组的处理使用 java. lang. reflect. Array 类提供的静态方法。Array 类中的方法可创建新数组,获得数组对象的长度,读、写数组对象的索引值。请注意,Array 用来实现数组的反射,不要与 java. util. Arrays 类混淆,Arrays 包含实用的方法用于排序数组,并将它们转换为集合。下面演示如何使用反射机制创建一个数组:

```
int[] intArray=(int[]) Array.newInstance(int.class,3);
```

以上代码创建一个 int 型数组,Array. newInstance()方法的第一个参数 int. class 指定的数组类型,而第二个参数声明了数组中元素的数目。

访问通过反射创建的数组是通过 Array. get()和 Array. set()方法完成的,下面是一个例子:

```
int [] intArray=(int []) Array.newInstance(int.class,3);
Array.set(intArray,0,123);
Array.set(intArray,1,456);
Array.set(intArray,2,789);
System.out.println("intArray[0]="+Array.get(intArray,0));
```

下面的方法中显示了一种重新调整现有数组大小的有效方法。它使用反射来创建相同类型的新数组,然后在返回新数组之前,将旧数组中所有数据复制到新创建的数组。

```
public Object growArray(Object array,int size) {
    Class type=array.getClass().getComponentType();
    Object grown=Array.newInstance(type,size);
    System.arraycopy(array,0,grown,0,
        Math.min(Array.getLength(array),size));
        return grown;
}
```

7.3　动态代理*

从设计模式的角度看,代理模式用于解耦两个对象,代理作为中介者桥接客户(调用者)和业务逻辑类。通常代理是已经存在的类,它被 JVM 加载到内存后实例化并使用,但代理也可以在运行时动态生成,从而使得代理的应用更加灵活。

代理对象和被代理对象一般实现相同的接口,调用者与代理对象进行交互。代理的存在对于调用者来说是透明的,调用者看到的只是接口。代理对象则可以封装一些内部的处理逻辑,如访问控制、远程通信、日志、缓存、授权等。比如一个对象访问代理就可以在普通的访问机制之上添加缓存的支持,这种模式在远程方法调用(RMI)和企业级 JavaBean(EJB)中都得到广泛的使用。

7.3.1　无代理类的调用

先看一个调用者和目标对象直接交互的例子,假设现有接口 IVehicle 定义了车辆的行为。

程序清单 7-3:

```
public interface IVehicle {
    public void start();
    public void stop();
    public void forward();
    public void reverse();
    public String getName();
}
```

类 Car 实现了接口 IVehicle,即实现了该接口中的全部方法。

程序清单 7-4:

```
public class Car implements IVehicle {
    private String name;
    public Car(String name) {this.name=name;}
    public void start() {
      System.out.println("Car "+name+" started");
    }
```

```
//stop(),forward(),reverse() implemented similarly
}
```

于是,客户端(调用者)通过 Car 的对象直接调用目标方法,其过程如图 7-1 所示,其代码实现如下:

```
public class ClientDemo {
    public static void main(String[] args) {
        IVehicle v=new Car("JiLi");
        v.start();
        v.forward();
        v.stop();
    }
}
```

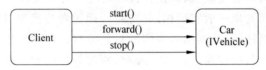

图 7-1　无代理类的调用关系

7.3.2　有代理类的调用

为了解耦调用者和业务类,增加业务类的灵活性并保持对调用者的一致性的接口,增加一个代理类来桥接调用者和业务类。代理类的实现如程序清单 7-5。

程序清单 7-5:

```
public class VehicleProxy implements IVehicle {
    private IVehicle v;
    public VehicleProxy(IVehicle v) {this.v=v;}
    public void start() {
        System.out.println("VehicleProxy: Begin of start()");
        v.start();
        System.out.println("VehicleProxy: End of start()");
    }
    //stop(),forward(),reverse() implemented similarly.
}
```

于是,客户类的调用关系如图 7-2 所示,其实现代码如下:

```
public class ClientDemo {
    public static void main(String[] args) {
        IVehicle c=new Car("BMW");
        IVehicle v=new VehicleProxy(c);
        v.start();
```

```
        v.forward();
        v.stop();
        }
}
```

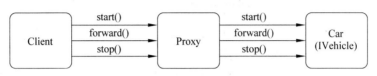

图 7-2 静态代理类的调用关系

以上是传统的代理模式的实现,需要添加附加的类 Proxy。JDK 5 引入了动态代理机制,允许开发人员在运行时刻动态地创建出代理类及其对象,动态创建出实现多个接口的代理类,每个代理对象关联一个表示内部处理逻辑的 InvocationHandler 接口的实现。当客户端调用代理对象所代理接口中的方法时,调用信息会被传递给 InvocationHandler 接口的 invoke()方法。invoke()方法的参数中可以获取到代理对象、方法对应的 Method 对象和调用的实际参数,其返回值被返回给使用者。这种做法实际上相当于对方法调用进行了拦截,面向切面的编程(Aspect Oriented Programming,AOP)就是基于这一思想的实现框架。

7.3.3 动态代理

如果想通过动态代理类实现上例中的功能,首先需要定义实现接口 InvocationHandler 的类 VehicleHandler。

程序清单 7-6:

```
public class VehicleHandler implements InvocationHandler {
    private IVehicle v;
    public VehicleHandler(IVehicle v) {this.v=v;}
    public Object invoke(Object proxy,Method m,Object[] args) throws Throwable {
        System.out.println("Vehicle Handler: Invoking "+m.getName());
        return m.invoke(v,args);
    }
}
```

注意程序清单 7-6 中,目标方法的调用方式为

```
m.invoke(v,args);
```

在定义了动态代理后,客户端的调用方式如图 7-3 所示,其代码见程序清单 7-7。

程序清单 7-7:

```
public class ClientDemo {
    public static void main(String[] args) {
```

```
IVehicle c=new Car("BMW");
ClassLoader cl=IVehicle.class.getClassLoader();
IVehicle v = (IVehicle) Proxy.newProxyInstance(cl, new Class [] {IVehicle.
        class},
            new VehicleHandler(c));
v.start();
v.forward();
v.stop();
}
}
```

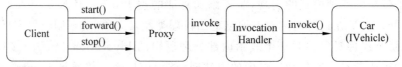

图 7-3　动态代理类的调用关系

从这个例子中，似乎没有看到动态代理类带来了什么好处，它只是在调用者和实现类之间又增加了一层，依旧需要编写调用处理类（Invocation Handler）。那为什么还要使用动态代理呢？答案是产生通用委托类。

7.3.4　装饰 IVehicle

如果程序中想要给 IVehicle 增加日志功能，用于记录 IVehicle 接口的所有操作，直观的实现是基于装饰模式，实现代码如下。

程序清单 7-8：

```
public class LoggedVehicle implements IVehicle {
    private IVehicle v;
    public LoggedVehicle(IVehicle v) {this.v=v;}
    public void start() {
        //装饰 IVehicle 的功能
        printLog("method start is invoked by LoggedVehicle. ");
        v.start();
    }
    //stop(),forward(),reverse() implemented similarly.
    private void printLog(String msg)
    {
        System.out.println("decorate a method,msg:"+msg);
    }
}
```

实现日志类后，需要使用日志类 LoggedVehicle 装饰 Car 的功能，以便添加日志功能。

程序清单 7-9：

```
public class ClientDemo {
    public static void main(String[] args) {
        IVehicle c=new Car("BMW");
        IVehicle v=new LoggedVehicle(c);
        v.start();
        v.forward();
        v.stop();
    }
}
```

但这种方法存在以下弊端：LoggedVehicle 类需要实现 IVehicle 的所有方法，注意，日志是通用的功能，如果很多的类需要增加这一功能，那么这些类必须都增加日志装饰类。这是一个烦琐重复的工作，但它可以通过动态代理类来克服。

7.3.5　通用装饰代理类

动态代理类能自动为接口的所有方法添加日志功能，而且它能为不同的类服务。

程序清单 7-10：

```
public class GenericLogger implements InvocationHandler {
  private Object target;
  public GenericLogger(Object target) {this.target=target;}
  public Object invoke(Object proxy,Method m,Object[] args) throws Throwable {
      printLog(m.getName());                          //添加日志功能
      return m.invoke(target,args);
  }
  private void printLog(String msg)
  {
      System.out.println("Generic Logger Entry: Invoking "+msg);
  }
}
```

基于动态日志代理类的客户调用类实现代码如程序清单 7-11。

程序清单 7-11：

```
public class ClientDemo {
  public static void main(String[] args) {
      IVehicle c=new Car("BMW");
      ClassLoader cl=IVehicle.class.getClassLoader();
      IVehicle v= (IVehicle) Proxy.newProxyInstance(cl,
          new Class[] {IVehicle.class},new GenericLogger(c));
      v.start();
      v.forward();
```

```
        v.stop();
    }
}
```

如果对新增的接口 IShape 也需要添加日志功能，则只需要将 GenericLogger 绑定给 IShape 接口的实现类即可。

程序清单 7-12：

```
public interface IShape {
  public void draw();
  public void print();
  public void move();
  public void resize();
}
```

新增接口添加日志功能的调用方式如程序清单 7-13。

程序清单 7-13：

```
public class ClientDemo {
  public static void main(String[] args) {
      IShape rect=new Rectangle();
  ClassLoader cl=IShape.class.getClassLoader();
  IShape s= (IShape) Proxy.newProxyInstance(cl,new Class[] {IShape.class},
                                      new GenericLogger(rect));
  s.draw();
  s.move();
  s.resize();
  }
}
```

7.4　注解

7.4.1　什么是注解

JDK 5 中引入源代码的注解（annotation）机制。注解使得源代码中不但可以包含功能性的实现代码，还可添加元数据（Metadata）。元数据是关于数据的组织、数据域及其关系的说明信息，简言之，元数据就是描述数据的数据。注解是为代码添加元数据的实现形式，更通俗地说，它是为程序元素添加更直观明了的说明，这些说明信息与程序的业务逻辑无关，并且是供特定的工具或框架使用的。

注解如同修饰符一样，可以添加于包、类、构造方法、方法、成员变量、参数及本地变量的声明语句中。注解用来将元数据与程序元素进行关联，它是实现程序功能的重要组成部分。注解可以被编译器嵌入在 class 文件中，从而使得 JVM 在运行时能够检索到，因此注解可以被反射，被运行时的代码访问到。注解可以不直接影响代码的执行，也可以通过它改变代码的执行流程。

注解是一种接口,通过反射机制相关的 API 能访问注解信息。程序框架或工具中的类根据这些信息来决定如何使用该程序元素或改变框架自身的行为,但注解不会影响程序代码的实际执行,它不能与它所标注的注解内部变量进行交互。注解的目的在于对编译器或依托框架(比如 Spring)说明程序的某些信息,每一个注解对应于一个实际的注解类型。

7.4.2 为什么使用注解

注解作为一种辅助途径,常应用在软件框架或工具中,框架根据不同的注解信息采取不同的处理过程或动态改变相应程序元素(类、方法及成员变量等)的行为。例如,Junit、Struts、Spring 等流行框架中均广泛使用了注解,使代码的灵活性大大提高。

一般来说,Java 中注解通常有以下作用。

(1) 编写文档。通过代码里标识的元数据生成文档,该功能与 Javadoc 功能类似。

(2) 编译检查。通过代码里标识的元数据让编译器实现基本的编译检查。

(3) 项目构建说明。当构建项目时,构建过程包括编译源代码、生成 XML 文件、将编译代码和文件打包到 jar 文件中等。项目构建通常可以通过 Apache Ant 或 Maven 实现,构建工具会扫描源代码并根据注解生成相应的项目文件。这里,注解用于项目资源文件说明、指定代码间的依赖关系等。

(4) 运行时指令。通过注解在运行时对代码的分析,使代码具有更为灵活的动态行为。

(5) 跟踪代码依赖性,替代配置文件。框架常基于注解配置外部资源,其目标是减少配置文件的数目。比如,Spring、Struts 和 Hibernate 都有自己的 XML 格式的配置文件,这些配置文件需要与 Java 源代码保持同步,但把同一份信息保存在两个地方总是个坏的主意。注解可以用来编写配置,其他部分所需的信息则通过自动的方式来生成。

7.4.3 如何使用注解

在一般的程序开发中,只需要阅读相关的 API 文档来了解每个注解的配置参数的含义,并在代码中正确使用即可。JDK 内置了常用的注解,比如 @Override 和 @SupressWarnings。

注解 @Override 使用时只需要声明即可,它被称为标记注解(Marker Annotation),它代表了一定配置语义。@Override 注释用于实现编译时检查,只能修饰在方法之上,用来声明方法是重写父类的。如果该方法不是重写父类的方法,将会在编译时报错。

程序清单 7-14:

```
package cn.edu.javacourse.ch7;
class Employee {
    protected void startWork() {
```

```
        //Code that will start to do some work
    }
    protected void endWork() {
        //Code to end the work
    }
}

public class Manager extends Employee {
    @Override
    protected void startWork() {
        //Code that will start to do some work
    }
    @Override
    protected void endWork() {
        //Code to end the work
    }
}
```

@Override 用来说明被标注的方法重写了父类的方法,起到了断言的作用。例如,为某类重写 endWork()方法却写成 endwork(),则编译无法通过,这说明@Override 为方法增加了校验过程。

有时编译程序时会出现一些警告,有的警告表明隐藏的设计缺陷,有的则是无法避免的。对于那些不想看到的警告信息,可以通过@SupressWarnings 注解来屏蔽。它对编译器说明某个方法中若有警告信息,则加以抑制,不用在编译完成后提示。

注解@SupressWarnings 通知编译器关闭对类、方法及成员变量的警告,其使用语法如下:

```
@SuppressWarnings({})
@SuppressWarnings(value={})
```

括号里的参数是该注解可供配置的值,配置参数的值是预定义的,参数以名值对的方式出现。当注解只有一个可配置参数时,该参数的名称默认为 value,可以省略。花括号表示是数组类型,可用参数如下。

(1) unchecked:执行了未检查的类型转换时的警告,例如使用集合时没有用泛型指定集合的类型,编译器将给出警告。

(2) fallthrough:switch 块直接通往下一个 case 分支而没有 break 时的警告。

(3) path:在类路径、源文件路径等中有不存在的路径时的警告。

(4) serial:在可序列化的类上缺少 serialVersionUID 定义时的警告。

(5) finally:任何 finally 子句不能正常完成时的警告。

(6) deprecation:调用过时方法时的警告。

(7) all:以上所有情况的警告。

比如在方法前声明:

```
@SupressWarnings({"uncheck","deprecation "})
```

即表示抑制该方法中的未受查的转换和过时方法调用的异常。当注解有多个配置参数时必须声明参数名称,比如,@Table 注解使用

```
@Table(name="Customer",schema="APP")
```

这样的语法。这可以看到名值对的用法,注解的配置参数的值必须是编译时的常量。

程序清单 7-15：

```java
import java.io.Serializable;
import java.util.*;
@SuppressWarnings("serial")
public class LegacyCode implements Serializable
{
    ArrayList list=new ArrayList();
    @SuppressWarnings("unchecked")
    public void add(String data)
    {
        list.add(data);
    }
}
```

编译时如果将程序清单 7-15 中的两个注解注释掉,编译器就会提示警告:

```
The serializable class LegacyCode does not declare a static final serialVersionUID
field of type long。
Type safety: The method add(Object) belongs to the raw type ArrayList. References
to generic type ArrayList<E> should be parameterized.
```

注解@Deprecated 的作用是声明方法是过时的,当编程人员调用方法时将会提示警告。使用@Deprecated 修饰具有一定的“延续性”:如果在代码中通过继承或者覆盖的方式使用了该过时的类型或者成员,@Deprecated 的作用域会延伸到子类中。

程序清单 7-16：

```java
public class MyOldClass
{
    @Deprecated
    public void myDeprecatedMethod()
    {
        //Obsolete code here
    }

    public void myAlternativeMethod()
    {
        //Revised code here
    }
```

```
}
```

在调用 myDeprecatedMethod() 方法时, 编译器会给出警告。注意, @Deprecated 注解类型和 javadoc 中的标记 @deprecated 是有区别的: 前者是由 Java 编译器识别的, 而后者是被 javadoc 工具识别用来生成文档的。

从以上例子看到, 注解可以看成是一个 XML 元素, 该元素可以有不同的预定义的属性, 而属性的值是可以在声明该元素的时候自行指定的。在代码中使用注解, 就相当于把一部分元数据从 XML 文件移到了代码之中, 在一个地方管理和维护, 有利于保持代码和元数据的一致性。

7.4.4 开发注解

通常, 应用程序并不是必须定义注解类型, 但是定义注解类型往往可以改善程序的通用性。创建自定义的注解类型的步骤大致分为两步。

(1) 通过 @interface(注意有 @)声明注解名称, 以及注解的成员属性, 即注解的参数。

(2) 使用内置的元注解标注功能并对注解的使用范围进行限制。

@interface 用来声明注解, 每一个方法实际上是声明了一个配置参数。定义格式为

```
public @interface 注解名
{…}
```

自定义注解时会自动继承 java. lang. annotation. Annotation 接口, 不能继承其他的注解。

程序清单 7-17:

```
public @interface Version
{
    double number();
}
public @interface Author
{
    String name() default "unknown";
}
```

注解类型的方法必须声明为无参数、无异常抛出的。方法定义了注解的成员: 方法名就是属性名, 而方法返回值是属性成员的类型。方法只能用 public 或默认(default)修饰符限定。而方法返回值类型必须为基本数据类型、类类型、枚举类型、注解类型或者由前面类型之一作为元素的一维数组。方法的后面可以使用 default 和一个默认数值来声明成员的默认值, null 不能作为成员默认值, 这与非注解类型中定义方法的语法有很大不同。

定义注解后, 通过如下方式使用它。

程序清单 7-18：

```
@Author(name="Johny")
@Version(number=1.0)
public class MyConfig
{
    @Author(name="Author1")
    @Version(number=2.0f)
    public void annotatedMethod1()
    {
    }

    @Author(name="Author2")
    @Version(number=4.0)
    public void annotatedMethod2()
    {
    }
}
```

7.5 元注解

元注解（Meta-Annotation）是定义注解的注解，即元注解的作用是专门用来约束其他注解。在定义注解类型时，为注解类型加上注解修饰可以为处理注解类型的分析工具提供更多的信息。元注解有 4 个，即@Target、@Retention、@Documented 和@Inherited。

7.5.1 限定生命周期@Retention

@Retention 定义了注解被保留的持续时间，即注解的生命周期。某些注解仅出现在源代码中，而被编译器丢弃，而一些却被编译在 class 文件中。但编译在 class 文件中的注解可能会在类被加载时被读取，但被虚拟机忽略。注解不会影响 class 的执行，因为注解与 class 在使用上是分离的。编译器默认会将注解信息保留在.class 文件中，为编译器或工具程序运行时提供信息。

@Retention 表示注解在什么范围内有效，在什么级别保存注解信息。在使用@Retention 类型时，需要设置枚举类型 RetentionPolicy 的值，RetentionPolicy 的定义如下：

```
public enum RetentionPolicy{
    SOURCE,          //仅在源代码中有效
    CLASS,           //编译器将注解存储于 class 文件中，默认
    RUNTIME          //编译器将注解存储于 class 文件中，可由 JVM 读入
}
```

RetentionPolicy 为 SOURCE 的例子是@SuppressWarnings，该注解的作用仅在编

译时期告知编译器抑制警告，所以不必将其存储在 .class 文件中。如果程序员打算设计程序代码分析工具，就必须让 JVM 能读出注解信息，以便在分析程序时使用。将 @Retention 的策略 RetentionPolicy 指定为 RUNTIME 并搭配反射机制，就可以达到这个目的。

程序清单 7-19：

```
import java.lang.annotation.Retention;
import java.lang.annotation.RetentionPolicy;
@Retention(RetentionPolicy.RUNTIME)
public @interface Author
{
    String name()default "unknown";
}
```

通过 Class 类的 getAnnotation() 方法获得指定的注解，可以运行时提取出注解的信息。以下是代码中注解 Author 用来修饰类 MyConfig 的方法，通过反射获取注解，还可以检测注解是否存在。实现代码如程序清单 7-20。

程序清单 7-20：

```
package cn.edu.javacourse.ch7;
    import java.lang.reflect.Method;
    import java.util.HashSet;
    import java.util.Set;

public class TestAnnotation {
    public static void main(String[] args) throws Exception {
        String CLASS_NAME="cn.edu.javacourse.ch7.MyConfig";
        Class config=Class.forName(CLASS_NAME);
        Method[] method=config.getMethods();
        boolean flag=config.isAnnotationPresent(Author.class);
        if (flag) {
            Author des=(Author) config.getAnnotation(Author.class);
            System.out.println("描述:"+des.name());
            System.out.println("----------------");
        }
        Set<Method>set=new HashSet<Method>();
        for (int i=0; i<method.length; i++) {
            boolean otherFlag=method[i].isAnnotationPresent(Version.class);
            if(otherFlag)
            set.add(method[i]);
        }
        System.out.println("methods with annotation version:"+set.size());
    }
}
```

程序输出：

描述：Johny

```
methods with annotation version:2
```

7.5.2　限定使用对象@Target

@Target 用于说明注解所修饰的对象范围：包、类型（类、接口、枚举、注解类型）、类型成员（方法、构造方法、成员变量、枚举值）、方法参数和本地变量（循环变量、catch 参数）。在注解类型的声明中使用@target 可更加明晰其修饰的目标，指定其适用的时机。其参数是 ElementType 的枚举值之一，ElementType 的取值有 7 种。

（1）CONSTRUCTOR：用于描述构造器。

（2）FIELD：用于描述属性。

（3）LOCAL_VARIABLE：用于描述局部变量。

（4）METHOD：用于描述方法。

（5）PACKAGE：用于描述包。

（6）PARAMETER：用于描述参数。

（7）TYPE：用于描述类、接口（包括注解类型）或 enum 声明。

假设定义注解类型时，要限定它只能适用于构造函数与方法成员，则通过以下代码来实现。

程序清单 7-21：

```
package cn.edu.javacourse.ch7;
import java.lang.annotation.Documented;
import java.lang.annotation.Retention;
import java.lang.annotation.RetentionPolicy;
import java.lang.annotation.ElementType;
import java.lang.annotation.Target;

@Target({ ElementType.CONSTRUCTOR,ElementType.METHOD })
@Retention(RetentionPolicy.RUNTIME)
@Documented
public @interface Version {
    double number();
}
```

以上代码表明注解 Version 只能用于修饰构造方法和方法。

7.5.3　生成文档@Documented

在制作 Java Doc 文件时，并不会默认将注解的数据加入到帮助文件中。有时注解包括了重要的信息，在用户制作 Java Doc 文件的同时，也希望一并将注解的信息加入到帮助文件中。这时，在定义注解类型时，需要使用 java. lang. annotation. Documented。

@Documented 是一个标记注解，没有成员。使用@Documented 修饰注解类型时必须同时使用@Retention 来指定编译器将修饰信息加入. class 文件，并可以由 JVM 读取，也就是要设置 RetentionPolicy 为 RUNTIME。

7.5.4 子类继承@Inherited

@Inherited 是最复杂的一个元注解，其作用是控制注解是否会影响子类。在定义注解类型时加上 java. lang. annotation. Inherited 修饰，就可以让注解类型被继承后仍保留在子类中。

@Inherited 是标记注解，它声明某个被标注的注解类型是可被继承的。注意，@Inherited 注解类型是被标注过的类的子类所继承，它并不从它所实现的接口继承注解，方法也不从它所重载的方法继承注解。

当@Inherited 标注的注解的 Retention 是 RetentionPolicy. RUNTIME 时，通过反射可以增强继承性。如果使用反射去查询@Inherited 修饰的注解类型时，反射代码检查当前类和其父类，直到指定的注解类型被发现，或者到达类结构的顶层。

程序清单 7-22：

```java
import java.lang.annotation.Retention;
import java.lang.annotation.RetentionPolicy;
import java.lang.annotation.Inherited;
@Inherited
public @interface Greeting {
    public enum FontColor{BULE,RED,GREEN};
    String name();
    FontColor fontColor() default FontColor.GREEN;
}
```

可以在下面的程序中使用注解@Greeting。

程序清单 7-23：

```java
import cn.edu.javacourse.ch7.Greeting.FontColor;
    @Greeting(fontColor=FontColor.BULE,name="debug1")
class SomeoneClass {
    public void doSomething() {
        System.out.println("in doSomething.");
    }
}
public class InheritGreeting extends SomeoneClass {
    public static void main(String[] args) throws Exception {
        String CLASS_NAME="cn.edu.javacourse.ch7.InheritGreeting";
```

```
Class config=Class.forName(CLASS_NAME);
boolean flag=config.isAnnotationPresent(Greeting.class);
if (flag) {
    Greeting des= (Greeting) config.getAnnotation(Greeting.class);
    System.out.println("in subclass 描述:"+des.name());
    System.out.println("----------------");
}

    }
}
```

程序输出:

in subclass 描述: debug1

从以上代码输出结果可以看到,如果有一个类继承了 SomeoneClass 类,则注解
@Greeting 也会被子类继承下来。

7.6 运行时读取注解

要用好注解,必须熟悉反射机制,注解的解析完全依赖于反射。实际上,java. lang.
reflect 包所提供的反射 API 扩充了读取运行时注解信息的能力,它新增了
AnnotatedElement 接口,该接口代表程序中可以接受注解的程序元素。程序通过反射获
取某个类的 Class 对象之后,就可以调用该对象的如下方法来访问注解信息。

(1) public Annotation getAnnotation(Class annotationType):返回该程序元素上存
在的、指定类型的注解,如果该类型注解不存在,则返回 null。

(2) public Annotation[] getAnnotations():返回该程序元素上存在的所有注解。

(3) public Annotation[] getDeclaredAnnotations():返回直接存在于此元素上的所
有注解。

(4) public boolean isAnnotationPresent(Class annotationType):判断该程序元素上
是否包含指定类型的注解,存在则返回 true,否则返回 false。

由于 Class、Constructor、Field、Method 和 Package 等都实现了 AnnotatedElement
接口,所以可以从这些类的实例上取得标示于其上的注解信息。为了在运行时读取到注
解信息,定义注解时必须设置 RetentionPolicy 为 RUNTIME,也就是允许在 JVM 中访问
注解信息。以下注解 FruitProvider 限定使用范围为属性,生命期为运行时。

程序清单 7-24:

```
@Target(ElementType.FIELD)
@Retention(RetentionPolicy.RUNTIME)
@Documented
public @interface FruitProvider {
    public int id() default-1;
```

```
public String name() default "";
public String address() default "";
}
```

注解使用示例如程序清单 7-25。

程序清单 7-25：

```
public class Apple {
    @FruitProvider(
        id=1,
        name="山东烟台",
        address="栖霞市解放路")
    private String appleProvider;
    public void setAppleProvider(String appleProvider) {
        this.appleProvider=appleProvider;
    }
    public String getAppleProvider() {
        return appleProvider;
    }
    public void displayName(){
        System.out.println("水果的名字是：苹果");
    }
}
```

假设要设计一个源代码分析工具来分析类 Apple，在执行时读取这些注解的相关信息。如果注解标示于方法上，就要取得方法的 Method 实例；如果注解标注于类或包上，就要取得 Class 的实例或是 Package 实例。然后使用对应实例上的 getAnnotation()等相关方法，以测试是否可取得注解或进行其他操作。

程序清单 7-26：

```
public class AnnotationParsing {
    public static void getAnnotationInfo(Class<? >clazz){
        String strFruitProvicer="供应商信息：";
        Field[] fields=clazz.getDeclaredFields();
        for(Field field :fields){
            if(field.isAnnotationPresent(FruitProvider.class)){
            FruitProvider fruitProvider= (FruitProvider) field.getAnnotation
                                    (FruitProvider.class);
            strFruitProvicer=" 供应商编号："+fruitProvider.id()+" 供应商名称："+
                fruitProvider.name()+" 供应商地址："+fruitProvider.address();
                System.out.println(strFruitProvicer);
            }
        }
    }
    public static void main(String[] args) {
```

```
        AnnotationParsing.getAnnotationInfo(Apple.class);
    }
}
```

程序输出：

供应商编号：1 供应商名称：山东烟台 供应商地址：栖霞市区解放路

由于 RetentionPolicy 为 RUNTIME，编译器在处理 Apple 时，会将注解及给定的相关信息编译至 .class 文件中，允许 JVM 读出注解信息。

7.7　实例分析

在一般的应用开发中，只需要通过阅读相关的 API 文档来了解每个注解的配置参数含义，并在代码中正确使用即可。如果要让代码更通用，维护起来更容易，注解就提供了可行的解决方案。

7.7.1　过滤方法

注解可以用来修饰方法，以便指定该方法的性质或类型，从而使得方法的调用者根据该注解来过滤能够调用的方法。在这类应用中，注解起到标记作用，指示方法是否符合条件。

程序清单 7-27：

```
package cn.edu.javacourse.ch7;
import java.lang.annotation.ElementType;
import java.lang.annotation.Retention;
import java.lang.annotation.RetentionPolicy;
import java.lang.annotation.Target;

@Target(ElementType.METHOD)
@Retention(RetentionPolicy.RUNTIME)
public @interface CanRun {
}
```

首先，定义了可以用来修饰方法的运行时注解 CanRun，在类 AnnotationRunner 使用该注解。最后，通过方法是否被注解 CanRun 修饰来确定哪些方法可以被调用。

程序清单 7-28：

```
package cn.edu.javacourse.ch7;
import java.lang.reflect.Method;
public class AnnotationRunner {

    public void method1() {
```

```
            System.out.println("method1");
        }


        @CanRun
        public void method2() {
            System.out.println("method2 is invoked.");
        }

        @CanRun
        public void method3() {
            System.out.println("method3 is invoked. ");
        }

        public void method4() {
            System.out.println("method4");
        }

    }
```

程序清单 7-29：

```
package cn.edu.javacourse.ch7;
import java.lang.reflect.Method;
public class MethodFilter {
    public static void main(String[] args) {
        AnnotationRunner runner=new AnnotationRunner();
        Method[] methods=runner.getClass().getMethods();
        for (Method method : methods) {
            CanRun annos=method.getAnnotation(CanRun.class);
            if (annos !=null) {
                try {
                    method.invoke(runner);
                } catch (Exception e) {
                    e.printStackTrace();
                }
            }
        }
    }
}
```

以上代码执行结果如下：

```
method2 is invoked.
method3 is invoked.
```

注意，method1 和 method4 没有被执行，这说明注解@CanRun 对方法执行起到过滤作用。

7.7.2 自动化测试框架

测试是程序设计不可缺少的环节,也是提高代码健壮性的必要手段。但代码测试由于要覆盖不同的代码执行逻辑和路径,往往极为繁杂,因此,自动化的测试框架能有效提高代码测试的效率,起到事半功倍的效果。以下示例演示了如何通过注解来实现一个简单的测试框架,从而自动化地实现单元测试。这一做法在单元测试框架 JUnit 中大量使用。

首先,定义注解@Testable 用来标示方法是否可以被测试。

程序清单 7-30:

```java
import java.lang.annotation.ElementType;
import java.lang.annotation.Retention;
import java.lang.annotation.RetentionPolicy;
import java.lang.annotation.Target;

@Retention(RetentionPolicy.RUNTIME)
@Target(ElementType.METHOD)    //使用范围
public @interface Testable {
    //声明是否需要测试该框架
    public boolean enabled() default true;
}
```

接下来,定义测试描述信息注解 TesterInfo。

程序清单 7-31:

```java
import java.lang.annotation.ElementType;
import java.lang.annotation.Retention;
import java.lang.annotation.RetentionPolicy;
import java.lang.annotation.Target;

@Retention(RetentionPolicy.RUNTIME)
@Target(ElementType.TYPE)
public @interface TesterInfo {
    public enum Priority {
        LOW,MEDIUM,HIGH
    }
    Priority priority() default Priority.MEDIUM;
    String[] tags() default "";
    String createdBy() default "ldu.edu.cn";
    String lastModified() default "03/01/2014";
}
```

接下来,测试描述信息被用来修饰待测 TestExample 类,该类中的方法被注解 Test

修饰，以便通过它控制那些方法可以自动测试。

程序清单 7-32：

```
@TesterInfo(
  priority=Priority.HIGH,
  createdBy="ldu.edu.cn",
  tags={"sales","test" }
)
public class TestExample {

    @Testable
    void testA() {
      if (true)
        throw new RuntimeException("This test always failed");
    }

    @Testable (enabled=false)
    void testB() {
      if (false)
        throw new RuntimeException("This test always passed");
    }

    @Testable (enabled=true)
    void testC() {
      if (10>1) {
        //do nothing,this test always passed
      }
    }

}
```

最后，使用反射机制，利用 Class 类自动加载被测试类 TestExample，然后自动调用该类的方法，实现自动化的单元测试。测试过程中自动统计测试结果，方便了单元测试。测试过程的主程序如程序清单 7-33。

程序清单 7-33：

```
package cn.edu.javacourse.ch7;
import java.lang.annotation.Annotation;
import java.lang.reflect.Method;

public class RunTest {
    public static void main(String[] args) throws Exception {
        System.out.println("Testing…");
        int passed=0,failed=0,count=0,ignore=0;
        //Process @Testable
        String CLASS_NAME="cn.edu.javacourse.ch7.TestExample";
```

```
Class obj=Class.forName(CLASS_NAME);
for (Method method : obj.getDeclaredMethods()) {
    //如果方法有@Testable
    if (method.isAnnotationPresent(Testable.class)) {
        Annotation annotation=method.getAnnotation(Testable.class);
        Testable test=(Testable) annotation;
        if (test.enabled()) {                        //如果需要测试
            try {
                method.invoke(obj.newInstance());   //调用被测试的方法
                System.out.printf("%s-Test '%s'-passed %n",
                    ++count,method.getName());
                passed++;
            } catch (Throwable ex) {
                System.out.printf("%s-Test'%s'-failed: %s %n",
                    ++count,method.getName(),ex.getCause());
                failed++;
            }

        } else {
            System.out.printf("%s-Test '%s'-ignored%n",++count,
                method.getName());
            ignore++;
        }
    }
}
System.out.printf(
        "%nResult: Total: %d,Passed: %d,Failed %d,Ignore %d%n",
        count,passed,failed,ignore);
    }
}
```

程序输出如下：

```
Testing…
1-Test 'testA'-failed: java.lang.RuntimeException: This test always failed
2-Test 'testB'-ignored
3-Test 'testC'-passed

Result: Total: 3,Passed: 1,Failed 1,Ignore 1
```

7.8 单一抽象方法注解

单一抽象方法(Single Abstract Method,SAM)注解@FunctionalInterface 的作用是限制接口仅且只有一个未实现的方法，当然可以有多个已经实现的 default()方法。显然，它是为 Lambda 表达式服务的。

Lambda 表达式可以是任意只包含一个抽象方法的接口类型,注解@FunctionalInterface 确保接口符合函数式接口的要求。@FunctionalInterface 作为注解是非必需的,只要接口符合函数式接口的标准(即只包含一个方法的接口),JVM 会自动判断,但最好在接口上使用@FunctionalInterface 进行声明,以免团队的其他人员错误地往接口中添加新的方法。@FunctionalInterface 用法如程序清单 7-34。

程序清单 7-34:

```
@FunctionalInterface
interface Converter {
    Integer convert(String from);
    default void hello() {
        System.out.println("hello");
    }
}
```

7.9 本章小结

反射机制是运行时获得对象自身信息的能力,每个类都有一个 Class 类来描述,Class 类中描述类的数据和行为,通过 Class 类可以动态创建对象、获取属性的值并调用它的方法。反射通过 Class、Constructor、Field 和 Method 实现,此外,通过对代理模式的增强,反射能为程序提供通用的行为装饰功能,比如添加日志。

注解是为程序设置元数据的方法,它不干扰代码的执行,无论增加或删除注解,程序都能够正常执行。元数据是关于数据的数据,常用于编写文档、编译检查和代码分析。

注解分为系统注解和用户自定义注解,系统注解又分为标准注解和元注解两类。元注解用于注解其他注解。@Retention 用于说明要在什么级别上保持注解信息,可选的 RetentPolicy 参数有 SOURCE、CLASS 和 RUNTIME。@targe 用于描述注解的使用范围,即被描述的注解可以用在什么地方,其 ElementType 参数值有 CONSTRUCTOR、FIELD、METHOD、PARAMETER、TYPE 和 PACKAGE。@Inherited 允许类继承父类中的注释。

通过 AnotatedElement 接口提取注解信息,从而实现程序动态配置的功能。

7.10 本章习题

1. 除了通过调用类的构造方法,还有其他方式创建对象吗?
2. 请编写程序利用反射检索类 Role 的所有方法,并将它们输出到控制台。
3. 代理的作用是什么?为什么要使用动态代理?使用动态代理的核心接口是哪个?
4. 有接口 House 如下:

```
public interface House {
    @Deprecated
```

```
        public void open();
        public void openFrontDoor();
        public void openBackDoor();
}
```

实现类 MyHouse：

```
public class MyHouse implements House {
            public void open() {}
            public void openFrontDoor() {}
            public void openBackDoor() {}
}
```

当编译时会提示警告指示方法 open() 过时，如何来避免编译器的上述警告的出现？

5. 如何给多个接口添加访问控制功能？请举例说明。

第 8 章　集合与泛型

本章目标

- 理解 Java 的集合框架。
- 理解泛型。
- 掌握 List 接口及实现类的用法。
- 掌握 Set 接口及实现类的用法。
- 掌握 Map 接口及实现类的用法。
- 理解各种数据结构的特点和使用场景。
- 掌握集合 Collections 实现的算法。
- 掌握迭代器 Iterator 的使用。
- 掌握比较器与排序。
- 理解容器遍历删除的操作。

8.1　为什么需要集合

通常,程序中往往需要创建很多对象来完成一定的工作,比如要读入文件中存储的学生成绩,每行数据读入后使用一个学生对象来表示。这时,一个直观的想法是使用对象数组来组织和管理这些对象。

如果对象数量有限且寿命可知,那么使用数组是相当简单和直观的。当创建一个数组之后,它的容量就固定了,而且在其生命周期里不能改变。但是,程序总是在运行时才根据某些条件去创建新对象,在此之前,往往不会知道所需对象的数量,甚至不知道确切的类型。如何解决这个问题呢?即如何在任意时刻管理任意数量的对象呢?

答案就是使用集合来组织和管理对象。

集合类主要负责保存、盛装并管理其他对象,因此集合类也称为容器类,JDK 类库提供了一套完整的集合类来高效地实现了这些数据结构。集合类分为 Set、List、Map 和 Queue 四大体系,其中 Set 代表无序、不可重复的集合;List 代表有序、可重复的集合;Map 代表具有映射关系元素的集合;Queue 代表队列,实现元素的先进先出管理。

数组是一种常用的集合类,数组既可以保存基本类型的数据也可以保存对象引用。数组与其他容器的区别体现在 3 个方面:效率、类型识别以及可以持有基本数据类型。数组是一个简单的线性序列,所以可以快速地访问其中的元素。数组是能随机存储和访问引用序列的诸多方法中的最高效的一种。数组的大小不能改变,边界检查越界会抛出运行时异常,而且数组有明确的类型,因此,编译器可以检查出类型不匹配的错误。因此,当追求高效的数据访问时,数组是不错的选择。

所有集合类都位于 java.util 包中,集合中只能保存对象引用。在集合类中,将它所含的元素都看成是 Object 的实例,虽然看起来使用更加方便,但也有潜在的问题,即多个类型不同的元素被放入一个集合中,会增加集合访问时类型转换的困难,甚至会产生错误。但泛型的引入使这种情况得到改善。

使用泛型来限制集合里元素的类型,并让集合记住元素的类型。这样做的好处是,允许编译器检查加入集合的元素类型,防止类型不一致的错误。

8.2 Java 集合框架

框架(Framework)是构件的组织、构件彼此的联系以及指导构件设计和发展的原则。框架是某类应用的基础设施,是一组构件,与具体的软件应用无关,但是提供并实现最为基础的软件架构和体系。软件开发者通常依据特定的框架实现更为复杂的商业应用和业务逻辑。

集合框架是一个用来表示和操作集合的统一架构,包含了实现集合的接口和类。集合框架的设计应满足以下 3 个目标。

(1) 高性能。从而保证算法实现的效率。

(2) 互操作性。框架允许不同类型的集合以类似的方式工作,具有高度的互操作性,学习的成本也较低。

(3) 高扩展性。对于集合的扩展是简单的,只需要实现特定接口即可。

整个集合框架围绕一组标准接口设计,开发者可以直接使用这些接口的标准实现,诸如 LinkedList、HashSet 和 TreeSet 等,也可以根据业务需求使用集合框架接口实现自定义的集合实现类。

集合框架基于统一的方式组织和管理对象,它包含 3 个方面。

(1) 接口。接口定义了集合操作的行为规约,它形成集合的高层视图。

(2) 实现(类)。是集合接口的具体实现。本质上说,它们是可重复使用的数据结构。

(3) 算法。实现集合操作中常用的算法,比如搜索和排序。这些算法通过多态实现,即相同的方法在相似的接口上有着不同的实现。

8.2.1 集合接口

集合框架定义了一组接口,接口声明了对特定类型的集合可以执行的操作。Java 的集合类主要由两个接口派生而出:Collection 和 Map,它们是 Java 集合框架(见图 8-1)的根接口。

Set 和 List 接口是 Collection 接口派生的两个子接口,Queue 是队列接口,类似于 List。接口 Map 用于保存具有映射(key-value)关系的数据。Set、List 和 Map 是集合的三大接口,常用接口如表 8-1 所示。

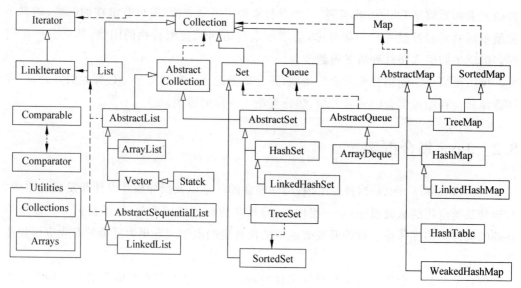

图 8-1　集合框架全景图

表 8-1　常用接口描述

接　口	接　口　描　述
Collection	框架结构的根接口,定义集合基本操作
List	有序存储元素的集合。List 集合中的元素可以重复,元素访问可以根据元素的索引来实现
Set	Set 是不包含重复元素的集合,元素是无序集合,只能根据元素本身来访问集合中的元素
SortedSet	继承于 Set 保存有序对象的集合
Map	将唯一的键(key)映射到值(value),集合中保存 Key-value 对形式的元素,访问时只能根据每项元素的 key 来访问其 value
Map.Entry	Map 中的元素(键/值对)的描述,是 Map 的内部类
Queue	队列,以先进先出(FIFO)的方式排序各个元素

　　Collection 是最顶层的集合接口,Java 不提供直接实现 Collection 接口的类,它提供的类都是实现了 Collection 的子接口,如 List 和 Set 的类。

　　List 接口能够精确地控制每个元素插入的位置。调用者能够使用索引来访问 List 中的元素。与 Set 不同,List 允许有相同的元素。实现 List 接口的常用类有 LinkedList、ArrayList、Vector 和 Stack。

　　Set 是不包含重复元素的 Collection,即任意的两个元素 e1 和 e2 表达式 e1.equals(e2)都为假,Set 最多允许有一个 null 元素。请注意:必须小心操作可变对象,即自身状态可以修改的对象。如果 Set 中的一个可变元素改变了自身状态导致 e1.equals(e2)为真将引发异常。

　　Map 接口没有继承 Collection 接口,Map 提供元素的快速访问,以键值映射存储数据。Map 中不能包含相同的键,每个键只能映射到一个值。Map 接口提供 3 种集合的视图:键集合、值集合或者键-值映射集合。

8.2.2 集合类

标准集合类实现了 Collection 接口,其中一些是抽象类,实现了部分接口,而另外一些是具体类,可以直接在代码中使用。所有实现 Collection 接口的类都必须提供两个标准的构造函数:无参数的构造函数用于创建一个空的 Collection;使用 Collection 作为参数的构造函数用于创建一个新的 Collection,其作用是复制 Collection。

常见实现类如表 8-2 所示。

表 8-2　常见实现类的描述

类 名 称	类 描 述
AbstractCollection	抽象类,实现了大部分的 Collection 接口
AbstractList	继承于 AbstractCollection,并且实现了大部分 List 接口
AbstractSequentialList	继承于 AbstractList,提供了对数据元素的链式访问而不是随机访问
LinkedList	继承于 AbstractSequentialList,实现了链表操作
ArrayList	继承 AbstractList,实现动态数组的功能
AbstractSet	继承于 AbstractCollection 并且实现了大部分 Set 接口
HashSet	继承于 AbstractSet,并且使用散列表存储元素
LinkedHashSet	具有可预知迭代顺序的散列表和链接列表实现
TreeSet	继承于 AbstractSet,使用元素的自然顺序对元素进行排序
BitSet	BitSet 类创建一种特殊类型的数组来保存位值,数组大小会随需要增加
AbstractMap	实现了 Map 大部分的接口
HashMap	Map 接口的最常用的实现类
TreeMap	基于红黑树的导航 Map 实现。该映射根据其键的自然顺序进行排序
WeakHashMap	继承 AbstractMap 类,使用弱键实现的散列表,当某个键不再使用时,将自动移除其条目
LinkedHashMap	继承于 HashMap,使用元素的自然顺序对元素进行排序
IdentityHashMap	继承 AbstractMap 类,比较元素时使用引用相等来判定
Vector	动态数组,和 ArrayList 相似,但它的元素访问是同步的
Stack	Vector 的子类,它实现了标准的后进先出的栈
Hashtable	功能类似于 HashMap,但元素访问是同步的
Properties	继承于 Hashtable,表示属性集,属性列表中键及其对应值都是字符串

AbstractCollection、AbstractSet、AbstractList、AbstractSequentialList 和 AbstractMap 类

提供了集合接口的主要实现。

8.3　泛型

泛型(Generics)是 JDK 5 中引入的特性,允许在定义类和接口时使用类型参数(Type Parameters),声明的类型参数在使用时用具体的类型替换。泛型主要应用在集合框架中,为什么要使用泛型呢? 理由有两个。

(1) 提高程序的类型安全。通过使用泛型定义的变量,编译器可以验证类型假设。没有泛型,这些假设就只存在于程序员的头脑中或代码注释中。

(2) 泛型有助于避免转型,使得编译器能够在编译时发现转型错误而不用等到运行时。泛型的引入可以解决集合类框架在使用过程中通常会出现的运行时类型转换错误,让编译器可以在编译时刻就发现很多明显的错误。

例如,方法接收 List<Object> 作为形式参数,那么尝试将 List<String> 的对象作为实际参数传进去,就会发现无法通过编译。虽然 Object 是 String 的父类,这种类型转换应该是合理的。但是它会产生隐含的类型转换问题,因此编译器就直接禁止这样的转换。

8.3.1　泛型类

定义泛型类或声明泛型类的变量时,使用尖括号来指定形式类型参数。形式类型参数与实际类型参数之间的关系类似于方法形式参数与方法实际参数之间的关系,只是泛型中参数表示类型,而不是表示值。泛型类中的类型参数几乎可以用于任何可以使用类名的地方。

在定义带类型参数的类时,类名之后通过<>指定一个或多个类型参数的名字,同时也可以对类型参数的取值范围进行限定,多个类型参数之间用逗号分隔。

```
public class Matrix<T>{
    ...
}
```

定义完类型参数后,可以在该类的几乎任意地方(静态块、静态属性、静态方法除外)使用类型参数,就像使用普通的类型一样。注意,父类定义的类型参数不能被子类继承。在实例化泛型类 Matrix 时,必须指明类型参数 T 的具体类型,例如:

```
Matrix<Float>t=new Matrix<Float>();
```

8.3.2　泛型方法

在类的定义中添加形式类型参数列表,可以将类泛型化。方法也可以被泛型化,不管定义它们的类是不是泛型化的。为什么要选择使用泛型方法,而不是将类型 T 添加到类定义中呢?

(1) 当泛型方法是静态时,不能使用类类型参数。

(2) 当 T 上的类型约束对于方法是局部时,这意味着没有在类的另一个方法签名中使用相同类型 T 的约束。泛型方法的类型参数是局部的,可以简化封闭类型的签名。

声明泛型方法,可以在方法的多个参数之间声明一个类型约束。例如,下面代码 ifThenElse()方法中,根据它的第一个参数的布尔值,它将返回第二个或第三个参数。

```
public  <T>  T ifThenElse(boolean b,T first,T second) {
return b? first: second;
}
```

在编写 ifThenElse()方法时不用显式地告诉编译器 T 是什么类型的值。泛型类是在实例化类的时候指明泛型的具体类型;泛型方法是在调用方法的时候指明泛型的具体类型。编译器允许调用下面的代码时使用类型推理来推断出 T 的类型,并用实际参数替代 T。例如:

```
String s=ifThenElse(true,"a","b");
```

类似地,可以调用:

```
Integer i=ifThenElse(false,new Integer(1),new Integer(2));
```

但是,编译器不允许使用下面的代码,因为没有类型会满足所需的类型约束,即 ifThenElse 方法的后两个参数类型必须相同。

```
String s=ifThenElse(false,"pi",new Float(3.14));
```

8.3.3 类型限制

以下两个实例化的对象完全不同:

```
Matrix<Object>  mObj=new Matrix<Object>();
Matrix<Integer>  mInt=new Matrix<Integer>();
```

虽然 Integer 是 Object 的子类,但是 Matrix<Integer>和 Matrix<Object>之间并没有什么关系。例如有方法声明为

```
public void add(Matrix<Object>  m) {  }
```

如果使用 mInt 实例化以上方法,将会导致编译时异常,如果希望 add()能够接受任意泛型类型的参数,需要使用通配符(?)。Matrix<?>表示任意的泛型类型。可以把以上代码改成:

```
public void add(Matrix<?>  m) {  }
```

但是这种情况下,add()方法可以接受的参数类型可能太宽泛了。开发人员可能希望限制参数的具体类型,例如只希望接受 Number 及其子类的类型的变量,而不接受

Random、Locale 等类型的变量。这样就要对通配符有所限制。考虑 Matrix 类,它使用类型参数 T,该参数由 Number 类来限制:

```
public class Matrix<T extends Number>{…}
```

类型参数 T 被 Number 类限制,则只能使用 Number 及其子类作为类型参数。这表明编译器允许创建 Matrix<Integer>或 Matrix<Float>类型的变量,当引入了类型上界之后,在使用类型的时候就可以使用上界类中定义的方法。比如可以使用 Number 类的 intValue 等方法。但是如果试图定义 Matrix<String>类型的变量,则会出现编译错误。类似地,Matrix<? super Number>则说明 Matrix 中包含的参数类型是 Number 及其父类。

8.3.4　类型擦除

正确理解泛型概念的首要前提是理解类型擦除(Type Erasure)。泛型是在编译器这个层次来实现的,在生成的字节代码中是不包含泛型的类型信息的。也就是说,使用泛型时加上的类型参数,会被编译器在编译时去掉,这个过程称为类型擦除。如在代码中定义的 Matrix<Object>和 Matrix<Integer>等类型,在编译之后都会变成 Matrix,由泛型附加的类型信息对 JVM 来说是不可见的。编译器会在编译时尽可能地发现可能出错的地方,但是仍然无法避免在运行时刻出现类型转换异常的情况。

很多泛型的特性都与类型擦除的存在有关,包括以下两种。

(1)静态变量是被泛型类的所有实例所共享的,泛型不能用于静态变量。对于声明为 MyClass<T>的类,访问其中的静态变量的方法仍然是 MyClass. myStaticVar。不管是通过 new MyClass<String>还是 new MyClass<Integer>创建的对象,都是共享一个静态变量。

(2)泛型的类型参数不能用在异常处理的 catch 语句中。因为异常处理是由 JVM 在运行时刻进行的。由于类型信息被擦除,JVM 是无法区分两个异常类型 MyException<String>和 MyException<Integer>的,它们都是 MyException 类型的。

类型擦除的过程也比较简单,首先是找到用来替换类型参数的具体类。如果指定了类型参数的上界的话,则使用这个上界。把代码中的类型参数都替换成具体的类,同时去掉出现的类型声明,即去掉<>的内容。比如 T get()方法声明就变成了 Object get(),而 Matrix<Float>就变成了 Matrix。理解了类型擦除机制之后,就会明白编译器承担了全部的类型检查工作。编译器禁止某些泛型的使用方式,正是为了确保类型的安全性。

8.3.5　开发泛型类

泛型类与一般的类的定义方式基本相同,只是在类和接口定义时需要用<>声明类型参数。一个类可以有多个类型参数,如 MyClass<X,Y,Z>,每个类型参数在声明时可以指定上界。所声明的类型参数在类中可以像一般的类型一样作为方法的参数和返回值,或是作为属性和局部变量的类型。但是由于类型擦除机制,类型参数并不能用来创建对象或是作为静态变量的类型。考虑下面的泛型类中的正确和错误的用法。

程序清单 8-1:

```
class Matrix<X extends Number,Y,Z>{
    private X x;
    private static Y y;                     //编译错误,不能用在静态变量中
    public X getFirst() {
        //正确用法
        return x;
    }
    public void wrong() {
        Z z=new Z();                        //编译错误,不能创建对象
    }
}
```

下面的例子实现了一个类似于 List 的容器类。其中,使用泛型来表示一个约束,即 Lhist 的所有元素将具有相同类型。为了实现起来简单,Lhist 使用固定大小的数组来保存值,并且不接受 null 值。Lhist 类将具有一个类型参数 V,该参数是 Lhist 中的值的类型。

程序清单 8-2:

```
package cn.edu.javacourse.ch7;
public class Lhist<V>{
    private V[] array;
    private int size;

    public Lhist(int capacity) {
        array=(V[]) new Object[capacity];
    }

    public void add(V value) {
        if (size==array.length)
            throw new IndexOutOfBoundsException(Integer.toString(size));
        else if (value==null)
            throw new NullPointerException();
        array[size++]=value;
    }

    public void remove(V value) {
        int removalCount=0;
        for (int i=0; i<size; i++) {
            if (array[i].equals(value))
                ++removalCount;
```

```
        else if (removalCount>0) {
            array[i-removalCount]=array[i];
            array[i]=null;
        }
    }
    size-=removalCount;
}

public int size() { return size; }

public V get(int i) {
    if (i >=size)
        throw new IndexOutOfBoundsException(Integer.toString(i));
    return array[i];
}

public static void main(String args[])
{
    Lhist<Integer>li=new Lhist<Integer>(30);
    li.add(12);
    System.out.println("size:"+li.size());
}
}
```

使用 Lhist 类很容易。要定义一个整数 Lhist,只需要在声明和构造函数中为类型参数提供一个实际值即可。这样编译器就知道 li. get()返回的任何值都将是 Integer 类型,并且它还强制传递给 li. add()或 li. remove()的任何数据都必须是 Integer。从程序清单 8-2 看到,除了实现构造函数的方式古怪之外,不需要做任何特殊的事情以使 Lhist 是一个泛型类。

8.3.6 泛型最佳实践

使用泛型时需遵循一些基本的原则,从而避免常见的问题,常见的实践原则如下。

(1) 在代码中避免泛型类和原始类型混用。比如 List<String>和 List 不应该共同使用,这样会产生一些编译器警告和潜在的运行时异常。当需要使用 JDK 5 之前开发的遗留代码而不得不这么做时,也应尽可能地隔离相关的代码。

(2) 在使用带通配符的泛型类时,需要明确通配符所代表的一组类型的概念。由于具体的类型是未知的,很多操作是不允许的,比如修改。

(3) 不能实例化泛型类型变量,然后利用反射的 newInstance 来创建实例;同样道理,也不能创建一个泛型的数组,即不能直接通过 T[] tarr=new T[10]的方式来创建数组。

(4) 尽量不要忽视编译器给出的警告信息。

8.4 List 接口

作为 Collection 的子接口,List 限定容器中元素是有序的,也就是能够控制每个元素的插入位置,可以使用索引来直接访问元素。List 中的元素是允许重复的。

8.4.1 ArrayList

ArrayList(列表)实现了长度可变的数组。它允许添加所有元素,包括 null。每个 ArrayList 实例都有一个容量表示数组的大小。容量随着不断添加新元素而自动增加,当需要插入大量元素时,在插入前可以调用 ensureCapacity()方法来增加 ArrayList 的容量以提高插入效率。

ArrayList 中方法 size()、isEmpty()、get()和 set()的执行时间为常数,但是 add()方法开销不确定,这取决于是否会发生容量的增长,而其他的方法运行时间是线性的。List 相关的方法分类如下。

1. 本身相关

int size(),返回集合本身的大小。
int hashCode(),返回 Arraylist 的散列码值。

2. 插入操作

boolean add(E e),在列表的尾端加入新元素 e,列表发生改变,则返回 true。而 void add(int index,E element)在指定的索引位置插入元素,而原来索引位置上的元素以及该索引以后的元素,索引值都增加 1。

程序清单 8-3:

```
package cn.edu.javacourse.ch7;
import java.util.ArrayList;
import java.util.List;
public class ArrayListTester {
    public void testAdd() {
        List<String>list=new ArrayList<String>();
        list.add("1");
        list.add("2");
        list.add("3");
        list.add("4");
        list.add("5");
        list.add("6");
        System.out.print("插入前: ");
        for (String str : list) {
```

```
            System.out.print(str+"->");
        }
        list.add(2,"I'm the new guy!");
        System.out.print("\n 插入后: ");
        for (String str : list) {
            System.out.print(str+"->");
        }
    }

    public static void main(String[] args) {
        ArrayListTester alt=new ArrayListTester();
        alt.testAdd();
    }
}
```

程序输出：

插入前：1->2->3->4->5->6->
插入后：1->2->I'm the new guy!->3->4->5->6->

3. 删除操作

方法 boolean remove(Object o)删除列表中第一次出现的指定元素 o，如果列表中存在元素 o，返回 true，否则返回 false。而方法 boolean removeAll(Collection<?>c)移除列表中所有包含在集合 c 中的元素，相当于移除了列表和集合 c 的交集。如果列表因调用该方法而发生改变，则返回 true。方法 boolean retainAll(Collection<?>c)和 removeAll（）方法相反，它保留的是列表中所有包含在指定集合 c 中的元素。

为了移除指定索引位置上的元素，可以调用 E remove(int index)，该方法的返回值是删除索引的下一个索引值。

程序清单 8-4：

```
List<String>list=new ArrayList<String>();
    list.add("1");
    list.add("2");
    list.add("3");
    list.add("4");
    System.out.println("删除元素【2】: "+list.remove("2"));
    System.out.println("删除元素【5】: "+list.remove("5"));
    System.out.print("删除后的列表: ");
    for(String str : list) {
        int index=list.indexOf(str);
        if(index != (list.size()-1)) {
            System.out.print(str+"->");
        } else {
```

```
                System.out.print(str);
        }
    }
```

程序输出：

删除元素【2】: true
删除元素【5】: false
删除后的列表: 1->3->4

4. 元素访问

E get(int index)返回列表中索引为 index 的元素。而 List < E > subList(int fromIndex,int toIndex)将索引位置在[fromIndex,toIndex]中的元素按照原顺序提取出来,组成一个新的列表。对该方法返回的新列表的任何操作都不会对原列表产生影响。新列表的元素个数＝toIndex－fromIndex。

5. 修改操作

E set(int index,E element)将指定索引位置上的元素替换为指定的元素 element。这个方法的返回值比较特殊,它返回替换之前的元素。

6. 比较、判断方法

boolean contains(Object o)判断列表中是否存在指定元素 o。boolean containsAll(Collection<?>c)判断列表中是否存在指定集合 c 中的所有元素,相当于判断集合 c 是否为列表的子集。

boolean equals(Object o)比较列表和指定对象 o 是否相等,而相等的条件也比较苛刻,它要求指定对象也是一个列表,而两个列表要以相同的顺序包含相同的元素。

boolean isEmpty()判断列表中是否有元素存在。

7. 检索操作

int indexOf(Object o)在列表中以正向顺序查找指定元素 o,返回第一个符合条件的元素的索引。如果列表中不存在该元素,那就返回－1。int lastIndexOf(Object o)返回的是最后一个符合条件的元素索引。

8. 转换操作

Object[] toArray()将列表中的元素转换为由数组存储,而元素的顺序可以按照特殊的要求来实现,默认情况是和列表的索引一一对应。该方法返回一个新数组,而对新数组的操作对原列表没有任何影响。

8.4.2 LinkedList

LinkedList 允许 null 元素,此外,它提供额外的 get()、remove()和 insert()方法在

LinkedList 的首部或尾部操作元素。这些操作使 LinkedList 可被用作栈(stack)、队列(queue)或双向队列(deque)。

LinkedList 类实现了 Deque 接口,通过 add、poll 提供先进先出的队列操作以及其他栈和双端队列操作。

程序清单 8-5:

```java
package cn.edu.javacourse.ch7;
import java.util.LinkedList;
public class LinkedListOne {
    public static void main(String args[]) {
        LinkedList<String>aList=new LinkedList<String>();
        aList.add("b");
        aList.add("C");
        aList.add("d");
        aList.add("e");
        aList.add("f");
        aList.add("g");
        aList.addFirst("a");                //在第一个元素前添加新的字符串"a"
        aList.addLast("h");                 //在最后一个元素添加新的字符串"b"
        System.out.println("element()找到链表头:"+aList.element());
        //获取但不移除此列表的头(第一个元素)
        System.out.println("element()找到链表头之后:"+aList);
        System.out.println("poll()找到链表头:"+aList.poll());
        //移除头元素
        System.out.println("通过 poll()方法找到链表头后再次输出链表内容:"+aList);
    }
}
```

程序输出:

```
element()找到链表头:a
element()找到链表头之后:[a,b,C,d,e,f,g,h]
poll()找到链表头:a
通过 poll()方法找到链表头后再次输出链表内容:[b,C,d,e,f,g,h]
```

在链表的选择上需要根据操作的场景和主要面临的操作作出,ArrayList 和 LinkedList 的大致区别如下。

(1) ArrayList 是基于动态数组实现的,而 LinkedList 基于链表实现。

(2) 对于随机访问操作 get 和 set,ArrayList 的性能优于 LinkedList,因为 LinkedList 需要遍历以定位要操作的元素。

(3) 对于新增和删除操作 add 和 remove,LinedList 比较占优势,因为 ArrayList 会移动相邻的元素,开销比较大。

8.4.3 抽象层次的一致性

良好的抽象应该保证抽象层次的一致性。类的接口应该尽量展现一致的抽象层次，每一个类应该实现并仅实现一个抽象数据类型 ADT，当出现了多个 ADT 时，可以考虑重新组织类。比如类 StudentCenus 的定义中：

```
class StudentCenus extends ArrayList {
//针对 Student 抽象
public:
    void AddStudent(Student student);
    void RemoveStudent(Student student);
    //针对 List 抽象
    Student NextItemInList();
    Student FirstItem();
    Student LastItem();
}
```

其中，ArrayList 用来存储 Student。可以看到，StudentCensus 类的抽象包含了两个 ADT，而显然 Student 才是 StudentCenus 要处理的抽象数据类型，因此应对 Student 为操作对象将 StudentCensus 重新组织，m_StudentList 是用于存放 Student 的容器，相当于数据库的角色。

```
class StudentCenus {
public:
    void AddStudent(Student student);
    void RemoveStudent(Student student);
    Student NextStudent();
    Student FirstStudent();
    Student LastStudent();
    private:
    List m_StudentList;
}
```

8.4.4 可变对象作为容器参数

如果对象有任何可变属性，当它们在不同调用者间传递的时候必须被保护性复制。比如，为了避免其他对象修改 team 中的元素状态，可以通过复制容器的方式实现。

```
public class ListClone {
    private List<Student>team;

    public void addStudent (List<Student>student) {
```

```
        this. team.addAll(student);
    }

    public List<Student>getTeam() {
        return (List)this. team.clone();
    }
}
```

这里做法的基本思路是,生成对象 team 的一个副本,从而保证内部对对象 team 的引用对象的状态修改不会传播到外面。但上述实现会导致创建对象的开销很大,因为每一步操作都会产生一个新的对象。如果容器中的对象是不可变对象,就不需要保护性复制,比如 String、基本类型的包装类、BigInteger 和 BigDecimal 等都是不可变类。

8.5   Set 接口

Set 接口基本与 Collection 的方法相同,只是行为不同(Set 不允许包含重复元素)。因为 Set 判断放入的两个对象相同不是使用运算符==,而是根据 equals()方法的结果,即如果待放入的对象用 equals()方法比较与 Set 的某一个元素相同,则 Set 就不能接受该对象。

8.5.1   HashSet

HashSet 使用 Hash 算法来存储元素,因此具有很好的存取和查找性能。Hash 算法能保证通过一个对象快速查找到另一个对象,当需要查询集合中的某个元素时,Hash 算法直接根据该元素的值得到该元素的保存位置。

HashSet 判断元素是否相同、添加和删除等操作是依赖 hashCode 和 equals 来判断的,先判断 hashCode,如果 hashCode 相同,再通过 equals()方法判断。HashSet 先计算该元素的 hashCode 值,然后直接到该 hashCode 对应的位置去对元素操作。HashSet 中每个能存储元素的"槽位"(slot),通常称为"桶"(bucket),如果多个元素的 hashCode 相同,但它们通过 equals()方法比较返回 false,就需要一个"桶"里放多个元素,从而导致性能下降。

程序清单 8-6:

```
package cn.edu.javacourse.ch7;
import java.util.HashSet;
import java.util.Iterator;
class Circle {
    int count;
    public Circle (int count) {
        this.count=count;
    }
```

```java
    public String toString() {
        return " Circle (count 属性:"+count+")";
    }

    public boolean equals(Object obj) {
        if (obj instanceof Circle) {
            Circle r= (Circle) obj;
            if (r.count==this.count) {
                return true;
            }
        }
        return false;
    }

    public int hashCode() {
        return this.count;
    }
}

public class TestHashSet2 {
    public static void main(String[] args) {
        HashSet<Circle>hs=new HashSet<Circle >();
        hs.add(new Circle (5));
        hs.add(new Circle (-3));
        hs.add(new Circle (9));
        hs.add(new Circle (-3));
        //打印 HashSet 集合,集合元素是有序排列的
        System.out.println(hs);

        hs.remove(new R(-3));
        System.out.println(hs);
        System.out.println ("hs 是否包含 count 为-3 的 Circle?"+hs.contains (new
        Circle (-3)));
        System.out.println("hs 是否包含 count 为 5 的 Circle?"+hs.contains (new Circle
        (5)));
    }
}
```

运行结果：

[R(count 属性：5),R(count 属性：9),R(count 属性：-3)]
[R(count 属性：5),R(count 属性：9)]
hs 是否包含 count 为-3 的 R 对象?false
hs 是否包含 count 为 5 的 R 对象?true

程序 8-6 中重写了 Circle 类的 equals()方法和 hashCode()方法,这两个方法都是根据 Circle 对象的 count 属性来判断。从运行结果可以看出,后添加的对象(R(count 属性:－3))将先添加的对象覆盖掉了。

HashSet 还有一个子类 LinkedHashSet,它也根据元素 hashCode 值来决定元素的存储位置,但它同时使用链表维护元素的次序,当遍历 LinkedHashSet 集合元素时,HashSet 将会按元素的添加顺序来访问集合里的元素。

8.5.2　比较器

Java 中有两个接口可以用于定义对象之间比较的规则:Comparable 和 Comparator。其中,Comparator 接口定义了 compare()和 equals()两个方法,其原型如下。

(1) int compare(Object obj1,Object obj2):其中 obj1 和 obj2 是要进行比较的对象。如果对象相等则此方法返回零;如果 obj1 大于 obj2,返回正值,否则返回负值。

(2) boolean equals(Object obj):其中 obj 和调用对象对比,如果按照规则比较结果相同则返回 true,否则返回 false。

通过重写 compare()方法可以改变对象排序的方式。

而 Comparable 接口中只有一个方法,Comparable 接口的定义如下:

```
public interface Comparable<T>{
    public int compareTo(T co);
}
```

当需要让集合对其中的对象进行排序时,可以让对象实现 Comparable 接口。比如,可以直使用 java.util.Arrays 类进行数组的排序操作,但对象所在的类必须实现 Comparable 接口,用于指定排序规则。另外,通过 Collections 类的 sort()方法也可以实现。

程序清单 8-7:

```
public class Dog implements Comparable{
    Dog(String n,int a){
        name=n;
        age=a;
    }
    private String name;
    private int age;

    public int compareTo(Dog u) {
        if (this.age>u.getAge()) {
            return 1;                       //第一个大于第二个
        } else if (this.age<u.getAge()) {
            return-1;                       //第一个小于第二个
        } else {
```

```
            return 0;                           //等于
        }
    }
    public static void main(String args[]){
        List<Dog>list=new ArrayList<Dog>();
        list.add(new Dog("Shaggy",3));
        list.add(new Dog("Lacy",2));
        list.add(new Dog("Roger",10));
        Dog da[]=list.toArray()
        Arrays.sort(da);
}
```

Comparable 接口是一种侵入式的设计，即它必须让被排序的类中实现 compareTo( ) 方法。如果一个类是第三方提供的，此时是无法通过 Comparable 接口进行对象排序操作的，为了解决这一问题，就需要使用比较器 Comparator。集合类通过比较器来精确定义按照何种规则排序，Comparator 接口可以让代码不侵入类的内部定义排序规则。

程序清单 8-8：

```
package cn.edu.javacourse.ch8;
import java.util.Comparator;
import java.util.ArrayList;
import java.util.Collections;
import java.util.List;

class MyIntComparator implements Comparator<Integer>{
    @Override
    public int compare(Integer o1,Integer o2) {
        return (o1>o2 ?-1 : (o1==o2 ? 0 : 1));
    }
}

public class ComparatorTest {
    public static void main(String[] args) {
        List<Integer>list=new ArrayList<Integer>();
        list.add(5);
        list.add(4);
        list.add(3);
        list.add(7);
        list.add(2);
        list.add(1);
        Collections.sort(list,new MyIntComparator());
        for (Integer integer : list) {
            System.out.println(integer);
        }
```

```
    }
}
```

程序输出：

```
7
5
4
3
2
1
```

很显然比较器 Comparator 要比让类实现 Comparable 接口更加灵活，因为它不会侵入到类的内部，因此它更符合单一职责的设计哲学，当有新的比较方式后，只需要修改比较规则类，即实现 Comparator 的类。

8.5.3　TreeSet

TreeSet 是 SortedSet 接口的唯一实现，TreeSet 可以确保集合元素处于排序状态，默认情况下元素是自然序的。TreeSet 提供的几个额外方法有 7 个。

（1）Object first()：返回集合中的第一个元素。

（2）Object last()：返回集合中的最后一个元素。

（3）Object lower(Object e)：返回集合中小于指定元素之前的元素。

（4）Object higher(Object e)：返回集合中大于指定元素之后的元素。

（5）SortedSet subSet(int fromElement, int toElement)：返回此 Set 的子集，范围从 fromElement（包含大于等于）到 toElement（不包含小于）。

（6）SortedSet headSet(int toElement)：返回此 Set 的子集，由小于 toElement 的元素组成。

（7）SortedSet tailSet(int fromElement)：返回此 Set 的子集，由大于或等于 fromElement 的元素组成。

TreeSet 使用二叉树实现，默认情况下 TreeSet 采用红黑树对元素进行排序。TreeSet 排序有两种方式。

（1）让元素自身具备可比较性，元素实现 Comparable 接口，即重写 comparTo() 方法。

（2）定义一个比较器实现 Comparator 接口的 Compare() 方法，并把该比较器作为参数传给 TreeSet 的构造函数。

程序清单 8-9：

```
package cn.edu.javacourse.ch7;
import java.util.TreeSet;
public class TestTreeSetCommon
{
```

```
    public static void main(String[] args)
    {
        TreeSet<Integer>nums=new TreeSet<Integer>();
        nums.add(5);
        nums.add(2);
        nums.add(10);
        nums.add(-9);
        System.out.println(nums);
        System.out.println(nums.first());
        System.out.println(nums.last());
        System.out.println(nums.headSet(4));
        System.out.println(nums.tailSet(5));
        System.out.println(nums.subSet(-3,4));
    }
}
```

程序运行结果：

```
[-9,2,5,10]
-9
10
[-9,2]
[5,10]
[2]
```

说明：由运行结果可以看出，TreeSet 并不是根据元素的插入顺序进行排序，而是根据元素实际值来进行排序。

8.6 Map 接口

Map 集合是键值(Key Value)对应的集合，一个值只能对应一个键。Map 接口的常见实现类有 HashTable 和 HashMap。HashTable 的键和值都不允许为 null。HashMap 的键和值都允许为 null。Map 接口的方法有 4 个。

1. 新增元素

V put<K key,V value>：将 key 和 value 放入 Map。
Void putAll<Map<? extends K,? extends V>m>：将 Map m 添加到当前 Map 中。

2. 删除元素

void clear()：清空集合 Map。
Object remove(Object key)：删除某个键上的值。

3. 判断

boolean isEmpty()：判断是否为空。

boolean containsValue(Object value)：判断是否包含某个值。

boolean containsKey(Object key)：判断是否包含某个键。

4. 获取元素

V get(Object key)：通过键获取值。

int size()：获取 Map 的长度。

Collection<V>values()：获取 Map 的所有值元素。

Set<Map. entry<K,V>>entrySet()：获取所有的键值对,存入一个 Set 集合。

Set<K>keyset()：获取所有的键,把键存入一个 Set 集合。

添加元素时,如果添加相同的键的映射对,那么后添加的值会覆盖原有键对应的值,但是 put()方法会返回被覆盖的值。

8.6.1　Hashtable

Hashtable 实现 Map 接口,任何非空的对象都可作为 key 或者 value。添加数据使用 put(key,value),取出数据使用 get(key),这两个基本操作的时间开销为常数。

使用 Hashtable 的简单示例如下,将数字值放到 Hashtable 中,它们的 key 分别是字符串"one"、"two"、"three"。

程序清单 8-10：

```
package cn.edu.javacourse.ch8;
import java.util.Hashtable;
public class HashTest {
    public static void hashtableTest()
    {
        Hashtable<String,Integer>numbers=new Hashtable<String,Integer>();
        numbers.put("one",new Integer(1));
        numbers.put("two",new Integer(2));
        numbers.put("three",new Integer(3));
        Integer n=(Integer)numbers.get("two");
        System.out.println("two="+n);
    }
    public static void main(String[] args) {
        hashtableTest();
    }
}
```

由于作为键的对象通过计算其散列函数来确定与之对应的值的位置,因此任何作为键的对象都必须实现 hashCode() 和 equals() 方法。如果用自定义的类当作 key 的话，要相当小心，按照散列函数的定义，如果两个对象相同，即 obj1.equals(obj2)==true，则它们的 hashCode 必须相同，但两个对象不同，它们的 hashCode 不一定不同。如果两个不同对象的 hashCode 相同，则称为冲突，冲突会导致操作散列表的时间开销增大，所以尽量定义好的 hashCode() 方法，以便加快散列表的操作。

如果相同的对象有不同的 hashCode，对散列表的操作会出现意想不到的结果（期待的 get() 方法可能返回 null），要避免这种问题，只需要牢记一条：要同时重写 equals() 和 hashCode() 方法，而不要只重写其中一个。

8.6.2　HashMap

Map 的实例有两个参数影响其性能：初始容量和加载因子（Load Factor）。容量是散列表中桶的数量，初始容量只是散列表在创建时的容量。加载因子是散列表在其容量自动增加之前可以达到多满的尺度。当散列表中的条目数超出了加载因子与当前容量的乘积时，则要对该散列表进行再散列（rehash）操作，即重建内部数据结构，从而散列表将具有大约两倍的桶数。

通常，默认加载因子在时间和空间成本上寻求折中。加载因子过高虽然减少了空间开销，但同时也增加了查询成本。在设置初始容量时应该考虑映射中所需的条目数及其加载因子，以便最大限度地减少再散列操作次数。如果初始容量大于最大条目数除以加载因子，则不会发生再散列操作。另外，如果迭代操作的性能相当重要的话，不要将 HashMap 的初始化容量设得过高，或者装载因子设置过低。

8.7　迭代器

迭代器（Iterator）模式能顺序访问集合中的各个元素，而又不需暴露该集合的内部表示。java.util.Iterator 接口的方法有 3 个。

(1) boolean hasNext()：在 next 方法之前调用，用于判断 next() 方法是否能返回一个元素，以防止调用 next() 方法时抛出异常。

(2) E next()：返回当前容器中的元素引用。

(3) void remove()：删除最后一次使用 next() 方法返回的元素，需要注意每次调用 next() 方法后，此方法只能被调用一次，否则抛出 IllegalStateException 异常。如果进行迭代时调用此方法之外的其他方式修改了该迭代器所指向的集合，则迭代器的行为是不确定的。

程序清单 8-11：

```
List<String>list=new ArrayList<String>();
list.add("1");
list.add("2");
list.add("3");
```

```
Iterator<String>li=list.iterator();
while(li.hasNext()) {
    System.out.println(li.next());
}
```

程序输出：

```
1
2
3
```

8.6 节中 HashMap 所有的键可以存入 Set 集合中，因为 Set 具有迭代器，所有可用迭代方式取出所有的键，再使用 get()方法获取每个键对应的值。

程序清单 8-12：

```
Map<String,String>m=new HashMap<String,String>();
    m.put("1","java");
    m.put("2","class");
    m.put("3","learning");
    Set<String>s=m.keySet();
    Iterator<String>it=s.iterator();
    while (it.hasNext()) {
        String key=it.next();
        System.out.println(m.get(key));
    }
```

而 entrySet 将 Map 集合中的映射关系存入一个 Set 集合中，该 Set 集合的类型是 Map。因为 entrySet 取出的是键值关系，它既不是键，也不是值。

程序清单 8-13：

```
Set<Map.Entry<String,String>>entrySet=m.entrySet();
Iterator<Map.Entry<String,String>>ite=entrySet.iterator();
while (ite.hasNext()) {
    Map.Entry<String,String>me=ite.next();
    String key=me.getKey();
    String value=me.getValue();
    System.out.println("k:"+key+" v:"+value);
}
```

在使用 Iterator 访问集合时，不可以通过集合对象同时操作集合中的元素，否则会发生异常，所以在迭代的时候，只能用迭代器自己的方法来操作集合中的元素，但是 Iterator 中只有判断取出和删除，如果想要添加、修改等就需要使用 ListIterator，它是 List 特有的迭代器，是 Iterator 的子接口。

ListIterator 允许开发者按任一方向遍历列表、迭代期间修改列表，并获得迭代器在列表中的当前位置。ListIterator 没有当前元素，它的光标位置始终位于调用 previous()方法所返回的元素和调用 next()方法所返回的元素之间。长度为 n 的列表的迭代器有

n+1 个可能的光标位置。

ListIterator 新增的方法有 5 个。

（1）void add(E e)：该方法可以将指定的对象 e 加入到列表,需要特别留意元素被加入列表的位置。

（2）previous()：返回前一个元素。

（3）boolean hasPrevious()：逆向遍历列表方式下,用在 previous()方法之前,判断 previous()方法是否能返回一个元素。

（4）int nextIndex()：返回对 next 后续调用所返回元素的索引,可见 nextIndex()返回的是 next 所返回元素的索引加 1。如果当前 next 返回的元素是列表最后一个元素,那么 nextIndex()返回的值就是整个列表的大小。

（5）void set(E e)：它将指定的元素 e 替换 next 或 previous 返回的最后一个元素。

程序清单 8-14：

```java
public static void listIterator() {
        List<String>list=new ArrayList<String>();
        list.add("1");
        list.add("2");
        list.add("3");
        list.add("4");
        ListIterator<String>li=list.listIterator();
        while (li.hasNext()) {
            System.out.println(li.next()+": "+li.nextIndex());
        }
        while (li.hasPrevious()) {
            System.out.println(li.previous()+": "+li.previousIndex());
        }
        System.out.println("-------------------");
        while (li.hasNext()) {
            String dest=li.next();
            if ("3".equals(dest))
                li.remove();
            else
                System.out.println(dest+": "+li.nextIndex());
        }
    }
```

程序输出：

```
1: 1
2: 2
3: 3
4: 4
4: 2
```

```
3: 1
2: 0
1:-1
--------------------
1: 1
2: 2
4: 3
```

正向遍历是为了将光标移至列表尾部。可见,在逆向遍历方式中,previousIndex 返回的是 previous 所返回元素的索引减 1。

8.8 集合算法

集合框架中由 Collections 类定义了几种算法,这些算法被定义为集合类的静态方法,用于完成排序、混排、查找元素等功能。除此之外,利用 Java 8 提供的新接口和 Lambda 表达式,能更充分地利用多核,实现并行的集合操作。

8.8.1 Collections

1. 排序操作(主要针对 List 接口)

以下方法均省略 public static 修饰符。

(1) void reverse(List<?>list)=反转指定 List 集合中元素的顺序。

(2) void sort(List<T>list) sort(List<T>list)=对 List 里的元素根据自然序或 Comparable 接口定义的顺序排序。

(3) void sort(List<T>list,Comparator<? super T>c)=根据自定义比较器进行排序。

(4) void swap(List<?>list,int i,int j)=将指定 List 集合中位置 i 处元素和 j 处元素进行交换。

(5) void rotate(List<?>list,int distance)=将所有元素向右移位指定长度,如果 distance 等于 size 则结果不变。

2. 查找和替换(以下方法均省略 public static 修饰符)

(1) int binarySearch(List<? extends Comparable<? super T>>list,T key)=使用二分搜索法,以获得指定对象在 List 中的索引,但集合必须已经排序。

(2) int binarySearch(List<? extends T>list,T key,Comparator<? super T>c)=根据比较器排序后查找指定对象 key。

(3) <T extends Object & Comparable<? super T>>T max(Collection<? extends T>coll)=依据自然序或 Comparable 接口定义的顺序返回集合 coll 中的最大元素。

（4）<T>T max(Collection<? extends T>coll,Comparator<? super T>comp)＝根据自定义比较器,返回集合 coll 中的最大元素。

（5）<T>T min(Collection<? extends T>coll,Comparator<? super T>comp)＝根据自定义比较器,返回集合 coll 中的最小元素。

（6）<T>void fill(List<? super T>list,T obj)＝使用指定对象填充集合。

（7）int frequency(Collection<?>c,Object o)＝返回指定集合中指定对象出现的次数。

（8）< T > boolean replaceAll(List< T > list,T old,T new)＝用对象 new 替换所有 old。

虽然可以使用 List 的 contains()方法查明某个元素是不是该列表的一部分,但它假定该列表是无序的。如果预先使用 Collections.sort()方法对 List 进行了排序,就可以使用 binarySearch( ) 方法进行更快的二分搜索。如果 List 的元素不能实现接口 Comparable,就不需要使用接口 Comparator 指定排序的规则。

3. 检查数组等同性

Arrays 类的帮助,可以检查任何基本数据类型数组或对象数组的等同性。如果两个数组包含顺序相同的相同元素,则这两个数组相等。检查对象数组的等同性依赖于每个要检查等同性对象的 equals()方法。

```
byte array1[]=…;
byte array2[]=…;
if (Arrays.equals(array1,array2) {
    …
}
```

4. 混排

混排(Shuffling)算法所做的工作正好与 sort 相反,它打乱链表中元素的顺序。该算法在实现一个碰运气的游戏中是非常有用的,它也可以被用来混排代表一副牌的链表。另外,在生成测试案例时,它也是十分有用的。

程序清单 8-15：

```
double array[]={12,111,123,456,231};
for (int i=0; i<array.length; i++) {
    list.add(new Double(array[i]));
}
Collections.shuffle(list);
for (int i=0; i<list.size(); i++) {
    System.out.println(list.get(i));
}
```

8.8.2 Lambda 与批数据操作

泛型对数据类型进行抽象,而 Lambda 表达式的目的是让对程序行为进行抽象。

Java 8 标准库已经使用默认方法来对集合类中的接口进行更新,比如 Collection 接口中新增的默认方法 removeIf() 可以删除集合中满足特定条件的元素。还有 Iterable 接口中新增的默认方法 forEach() 可以遍历集合中的元素,并执行一些操作。这些新增的默认方法大多使用了 java.util.function 包中的函数式接口,因此可以使用 Lambda 表达式来非常简洁地进行操作。比如,对 List 的排序操作,可以通过 Lambda 表达式简化为

```
Collections.sort(names,(String a,String b)->{
    return b.compareTo(a);
});
```

对于函数体只有一行代码的,可以去掉大括号{}及 return 关键字,因此排序操作可以如下实现:

```
Collections.sort(names,(a,b)->b.compareTo(a));
```

8.8.3 Stream 实现批操作

java.util.Stream 表示能应用在集合上执行的操作序列,通常和 Lambda 表达式一起使用。Stream 通常以一个集合类实例为数据源,在集合上执行各种操作,比如 Map、filter、limit、sorted、count、min、max、sum、collect 等。Stream 的设计使用了管道(pipelines)模式,对流的一次操作会返回另一个流。这如同 StringBuffer 的 append() 方法,从而多个不同的操作可以在一个语句中串联起来。

Stream 操作分为中间操作或者最终操作,最终操作返回特定类型的计算结果,而中间操作返回 Stream 本身,这样就可以将多个操作依次串接起来。创建 Stream 需要指定数据源,比如 List 或 Set,但不支持 Map 集合。Stream 的操作可以串行执行或者并行执行。

常用的创建 Stream 的两种途径如下。

(1) 通过 Stream 接口的静态工厂方法。

(2) 通过 Collection 接口的默认方法 stream()。

Stream 中定义了常用的转换方法,下面介绍常用的转换方法。

1. 过滤 Filter

过滤根据谓词条件过滤并保留符合条件的元素,该操作属于中间操作,可以将过滤后的结果应用其他 Stream 操作,比如 forEach。forEach 对集合中的元素依次执行操作,它是一个最终操作,所以不能在调用 forEach 之后来执行其他 Stream 操作。假设有保存 Student 对象的列表 stuList,Student 的定义见 3.7 节。

```
List<Student>stuList=new ArrayList<Student>() {
    add(new Student ("Tom","Java programmer","male",43,2000));
...
};
```

如果要过滤年龄大于 19 岁的女学生,可以如下实现:

```
Predicate<Student>ageFilter= (p)-> (p.getAge()>19);
Predicate<Student>genderFilter= (p)-> ("female".equals(p.getGender()));
stuList.stream().filter(ageFilter).filter(genderFilter)
    .forEach((p)->System.out.printf("%s %d; ",p.getName(),p.getAge()));
```

首先调用 List 的 stream()方法,以集合类对象 stuList 里面的元素为数据源,生成一个流。然后在这个流上调用 filter()方法,挑出同时满足年龄和性别的学生,返回另一个流。

2. 限制结果集 limit

Limit 对一个 Stream 进行截断操作,获取其前 N 个元素,如果原 Stream 中包含的元素个数小于 N,那就获取其所有的元素。

```
stuList.stream().limit(3).forEach((p)->System.out.printf("%s",p.getName()));
```

流的数据源不一定是一个已存在的集合对象,也可能是“生成器”。比如,通过调用 Stream.generate(Supplier<T>s),其中参数 Supplier 是一个函数接口,里面有唯一的抽象方法<T>get()。下面的例子生成并打印 5 个随机数:

```
Stream.generate(Math::random).limit(5).forEach(System.out::println);
```

注意如果没有调用 limit(5),那么这条语句会永远执行下去。

3. 排序 sorted

通过 sorted 实现对集合元素按指定规则的排序,如下示例按学生姓名排序集合:

```
stuList.stream().sorted((p,p2)-> (p.getName().compareTo(p2.getName())));
```

4. 匹配 Match

Stream 提供了多种匹配操作,允许检测指定的谓词是否匹配整个 Stream。所有的匹配操作都是最终操作,并返回一个 boolean 值,比如判断是否有学生姓名是以 a 开头。

```
boolean anyStartsWithA=stuList.stream().anyMatch((s)->s.getName().startsWith
("a"));
```

5. 合并 reduce

reduce 也是最终操作,允许通过指定的函数将 Stream 中的多个元素合并为一个元素,合并后的结果是通过 Optional 接口表示的。

```
Optional<String>reduced=
        stuList.stream().sorted().reduce((s1,s2)->s1.getName()+"#"+s2.getName());
reduced.ifPresent(System.out::println);
```

6. 汇集 collect

结合 map()方法,可以使用 collect()方法来将结果集放到一个字符串、Set 或 TreeSet 中。比如:

```
String allName=stuList.stream().map(Student::getName).collect(joining(";"));
```

或者将学生姓名放入 Set 中:

```
Set<String>javaDevName=stuList.stream().map(Student::getName).collect(toSet());
```

7. 统计汇总

通过方法 summaryStatistics()可以方便地汇总集合中的数据。示例如下:

```
List<Integer>numbers=Arrays.asList(1,2,3,4,5,6,7,8,9,10);
IntSummaryStatistics stats=numbers
        .stream().mapToInt((x)->x).summaryStatistics();
System.out.println("List 中最大的数字:"+stats.getMax());
System.out.println("List 中最小的数字:"+stats.getMin());
System.out.println("所有数字的总和:"+stats.getSum());
System.out.println("所有数字的平均值: "+stats.getAverage());
```

8. 并行 Stream

在多核环境下,针对大数据量的集合可以通过并行操作 parallelStream 来提高执行效率。比如,如下统计操作就是并行的:

```
int totalSalary=stuList.parallelStream().mapToInt(s->s.getSalary()).sum();
```

8.8.4 惰性求值

对一个 Stream 进行多次转换操作,如果每次都对 Stream 的每个元素进行转换,时间复杂度将是转换次数的倍数。实际上,转换操作都是惰性执行的,即多个转换操作只会在汇聚操作的时候融合起来,一次循环完成。Stream 里有操作函数的集合,每次转换操作就是把转换函数放入该集合中,在汇聚操作的时候循环 Stream 对应的集合,然后对每个元素执行所有的转换函数。

8.9 同步性与数据增长

Vector 是同步的,类中的方法保证了 Vector 中的对象是线程安全的。而 ArrayList 则是异步的,因此 ArrayList 中的对象并不适合在多线程环境中使用。同步会降低执行的效率,所以如果不需要线程安全的集合,那么使用 ArrayList 是一个很好的选择,这样可以避免由于同步带来的不必要的性能开销。类似地,HashMap 是线程不安全的,而 HashTable 是线程安全的。LinkedList 也没有同步,如果多个线程同时访问一个 List,则必须自己实现访问同步。一种解决方法是在创建 List 时构造一个同步的 List:

```
List list=Collections.synchronizedList(new LinkedList(…));
```

在 ArrayList 和 Vector 中,从一个指定的位置查找数据或是在集合的末尾增加、移除一个元素所花费的时间是一样的,时间复杂度用 $O(1)$ 表示。但是,如果在集合的其他位置增加或移除元素花费的时间会呈线性增长,复杂度为 $O(n-i)$,其中 n 代表集合中元素的个数,i 代表增加或移除元素的索引位置。这是因为上述操作集合中第 i 和第 i 个元素之后的所有元素都要执行复制操作。这意味着,如果只是查找特定位置的元素或只在集合的末端增加、移除元素,那么使用 Vector 或 ArrayList 都可以。如果是其他操作,最好选择其他的集合操作类。比如,LinkList 在增加或移除集合中任何位置的元素所花费的时间都是一样的,它的时间复杂度为 $O(1)$,但它在访问元素时比较慢,复杂度为 $O(i)$,其中 i 是索引的位置。

在 Collection 中有初始容量的构造方法,选择合适的初始容量对很多容器的性能很关键,原因在于当添加元素的数目超过容器的容量时,其内部数据结构会按照一定算法增长,这样就会导致原有元素的不断复制,从而极大地影响性能。

8.10 本章小结

集合是一种容器,它和数组有不同之处在于:数组是固定长度的,集合框架是可变长度的。每一个容器对数据的存储方式不同,这决定了其适用的场景不同,适合的操作类型也不同。

Collection 是所有容器共性的根接口,但注意到 Map 接口和 Collection 是没有继承关系的。Collection 持有单个元素,而 Map 持有相关联的键值对。

为了改善集合类的类型安全并避免类型转换,Java 中引入了泛型。所有的标准集合接口都是泛型化的:Collection<V>、List<V>、Set<V>和 Map<K,V>。类似地,集合接口的实现都是用相同类型参数泛型化的,比如 HashMap<K,V>实现 Map<K,V>等。

和数组一样,List 接口也把数字下标同对象联系起来,List 会随元素的增加自动调整容量。如果要做很多随机访问,那么采用 ArrayList,但是如果要在 List 的中间做很多插入和删除操作,就应该使用 LinkedList。LinkedList 能提供队列、双向队列和栈的功能。

  程序中,尽量返回接口而非实际的类型,如返回 List 而非 ArrayList(方法参数也应该使用接口),这样如果以后需要将 ArrayList 换成 LinkedList 时,客户端代码不用改变,这就是针对抽象编程。

  Set 只接受不重复的对象,HashSet 提供了最快的查询速度,而 TreeSet 则保持元素有序,LinkedHashSet 保持元素的插入顺序。

  Map 提供对象和对象的关联。HashMap 看重的是访问速度,而 TreeMap 强调键的顺序,因而它不如 HashMap 效率高。HashMap 和 Hashtable 的区别在于:Hashtable 是线程安全的,也就是说是同步的,而 HashMap 是线程不安全的。只有 HashMap 可以将 null 作为条目(Map.Entry)的键或值。要特别注意对散列表的操作,作为键的对象要正确重写 equals 方法和 hashCode()方法。

  需要在 Map 中插入、删除和定位元素,HashMap 是最好的选择。但如果要按自然顺序或自定义顺序遍历键,那么 TreeMap 会更好。TreeMap 没有调优选项,因为该树总处于平衡状态。

  Collections 是常见集合算法的工具类,它包含有各种有关集合操作的静态方法。

8.11 本章习题

1. 考虑以下程序:

```
import java.util.*;
public class MyClass
{
    public static void main(String [] args)
    {
        Integer [] myArray={3,1,2}; /* A */
        List<Integer>list=Arrays.<Integer>asList(myArray);
        Set<Integer>set1=new HashSet<Integer>();
        TreeSet<Integer>set2=new TreeSet<Integer>(list);
        set1.addAll(set2);          /* B */
        set1.add(4);                /* C */
        set2.remove(5);             /* D */
        String result="";
        Iterator<Integer>myIterator=set2.iterator();
        while (myIterator.hasNext())
        result +=myIterator.next();
        System.out.println("result: "+result); /* E */
    }
}
```

以下关于上述代码段的声明正确的是( )。

  A. 行 A 编译时出错,因为 myArray 是 Integer 类型的数组,而数组{3,1,2}是 int 类型的

B. 行 B 会产生运行时错误,因为 set1 是空的

C. 行 C 会在 set1 中增加值为 4 的 Integer

D. 行 D 会导致运行时错误,因为 set2 没有值是 5 的 Integer

E. 行 E 会输出"result:1234"

2. 读程序写结果:

```java
import java.util.*;
import java.io.*;
public class Test {
public static void main(String[] args) throws Exception {
ObjectOutputStream output=new ObjectOutputStream(
new FileOutputStream("c:\\test.dat"));
LinkedHashSet<String>set1=new LinkedHashSet<String>();
set1.add("New York");
LinkedHashSet<String>set2=
(LinkedHashSet<String>)set1.clone();
set1.add("Atlanta");
output.writeObject(set1);
output.writeObject(set2);
output.close();
ObjectInputStream input=new ObjectInputStream(
new FileInputStream("c:\\test.dat"));
set1=(LinkedHashSet)input.readObject();
set2=(LinkedHashSet)input.readObject();
System.out.println(set1);
System.out.println(set2);
output.close();
    }
}
```

3. 以下在 Java 标准 API 中( )是接口。

    A. actionPerformed   B. TreeMap

    C. Throwable   D. InputStreamReader

    E. Set

4. ArrayList 和 LinkedList 之间的差异是什么? ArrayList 的方法也都是 Linked-List 的方法吗? 有什么方法在 LinkedList 中但不在 ArrayList 中?

5. 如何创建 Map 的实例? 如何往 Map 中添加一个键和一个值的 Map. Entry? 如何从 Map 中删除一个 Map. Entry? 如何得到 Map 的大小?

6. 对比 HashMap、LinkedHashMap 和 TreeMap 的异同,并简述如何遍历 HashMap 中的元素?

7. (统计输入中数字出现的次数)编写一个程序,从键盘读取若干整数,并统计出现次数最多的数字,输入 0 时结束。例如,如果输入 2 3 40 3 5 4 3 3 3 2 0,则数字 3 出现次

数最多。输入时每次只接收一个数字,如果数字序列中有几个数字最经常发生,则所有的都应报告出来。例如,9 和 3 在列表 9 30 3 9 3 24 中都出现了 2 次,则它们都应报告出来。

8. (计数 Java 源代码中的关键字)编写一个程序,读取 Java 源代码文件和并报告其中包含的关键字数量(包括 null、true 和 false)(提示:用 set 存储所有 Java 关键字)。

9. (在一个平面上排列点)编写一个程序,符合以下要求:

(1)定义一个名为 Point 的类,用两个数据字段 x 和 y 来表示坐标。实现 Comparable 接口,用于比较两个 Point 的 x 轴坐标是否相同。

(2)定义一个名为 CompareY 的类实现比较 Point,实现比较的方法是比较两个 y 坐标,如果 y 坐标相同则比较 x 坐标。

(3)随机产生 100 个 Point,并应用 Arrays.sort()方法分别以 x 和 y 轴坐标递增的顺序来显示。

10. (将中缀转换为后缀)编写程序将中缀表达式转换为后缀表达式,方法声明为:

```
public static String infixToPostfix(String expression)
```

例如,该方法将中缀表达式(1 +2) * 3 转换为 12+3 * ,将中缀表达式 2 * (1+3)转换为 213+ * 。

11. 编写 24 点游戏,规则为任取 1~9 之间的 4 个数字,用十、一、* 、/、()连接成算式,使得式子的计算结果为 24。

12. 如何将数组转换为一个集合? 如何将集合转换成一个数组?

13. 如何在集合中比较元素?

14. 哪些方法可以用来将 ArrayList 或 LinkedList 中的元素排序? 哪些方法可以用于字符串数组进行排序? 哪些方法可以用来对 ArrayList 或 LinkedList 执行二分搜索?

15. 如何从集合中删除一个特定的元素? 如何替换列表中的一个元素?

16. 如何让一个集合中的元素乱序?

17. 如何获得一个集合的大小?

18. 如何在一个实现了 Comparable 接口的对象数组中找到最大元素?

第 9 章 图形用户界面

本章目标

- 掌握 Swing 中常用的容器类的用法。
- 掌握常见基本组件的使用方法。
- 理解布局管理器的概念。
- 掌握 BorderLayout 的使用。
- 掌握 GridBagLayout 的使用。
- 理解 Java 委托事件机制。
- 掌握常见事件类及事件监听者接口。
- 掌握事件监听器的注册和实现。
- 理解自定义事件监听的开发过程。

9.1　图形用户界面的概念和组成

图形用户界面(Graphics User Interface,GUI)设计主要涉及 AWT 和 Swing 两大类库,Swing 是 AWT 的扩展和功能加强,因此以 Swing 为主来介绍 Java 的界面设计机制。

Swing 是程序与用户的接口,它处理用户和程序之间全部的交互行为。实际上,它充当用户和程序内部的中间人。Swing 的组件不依赖于本地操作系统,可以跨平台运行。因此,独立于具体平台的 Swing 组件也称为轻量级组件,而依赖于平台的 AWT 组件称为重量级组件。

创建 UI 组件是为了实现特定的业务处理需求。组件必须按照一定规则放置,用数据填充它们,并对用户的交互作出反应,然后根据交互更新。GUI 程序设计主要关注以下 3 个方面。

(1) 布局管理。布局管理器负责确定组件在应用程序中的摆放位置,以及在应用程序改变尺寸或者删除、添加组件时对组件进行调整。Swing 中定义了很多不同的布局方式,用于满足不同应用的各种放置需求。

(2) 事件处理。事件消息是对象间通信的基本方式,事件处理是对组件状态变化、外部操作的响应行为,从而使程序具备与用户或外部系统交互的能力,使得程序"活"起来。这个层次的工作可以认为是对程序动态特征的处理。

(3) 数据模型。模式是组件的数据容器,通常用集合类表示。模型把大部分处理数据的工作从实际的组件本身抽取出来,并提供公共数据对象类(例如 Vector、ArrayList)的包装器来表示。

9.2 Swing 组件库

Swing 内部采用了模型-视图-控制器(Model-View-Controller,MVC)体系结构,其中模型负责存放组件的状态(数据),而控制器负责处理事件,例如单击和敲击键盘,然后决定是否把事件转化成对模型或视图的改变消息,视图则负责绘制组件的外观。实际上,Swing 使用简化的 MVC,避免将有紧密耦合关系的视图与控制程序分割开来,它将视图和控制器协调起来,控制器和视图合并称为 UI 代理,如图 9-1 所示。这种设计使得一个模型可以对应多个 UI 代理,因此非常灵活。

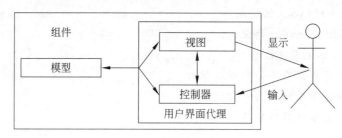

图 9-1 MVC 框架

MVC 模式具备很多设计上的优势。首先,可以把多个视图和控制器插入到单个模型中,这是 Swing 插入式界面样式的基础。其次,当模型改变时,模型的视图能够自动地得到通知;在一个视图中改变模型的属性,将导致模型其他的视图也随之更新。最后,由于模型独立于视图,所以,不需要修改模型来适应新类型的视图或控制器。

Swing 的组件类封装了 UI 对象和模型对象,程序中一般通过组件类来操作 Swing 组件,不直接使用组件内部的 UI 对象和模型对象。组件上可以注册一系列的事件监听器,它们是 MVC 模型中的控制器。Swing 的 UI 类负责监听模型对象的数据改变,并实时重绘界面。

开发者使用 Swing 组件通常不需要考虑它们的 MVC 结构。每个 UI 元素都有一个包装器类(如 JButton 或 JTextField)来保存模型和视图。当需要查询内容时,包装器类会向模型询问并返回结果。当想改变视图时,包装器类会把请求发送给视图。然而有时候也需要直接同模型打交道,比如在 JTree、JTable 等复杂的组件中。

此外,MVC 模式允许实现可插观感(Plugable Look&Feel),组件的模型是独立于观感的。通过把底层模型与 UI 分离,Swing 能够重用模型的代码,甚至在程序运行时对观感进行切换。

9.2.1 Swing 组件分类

Swing 包含 18 个公共包,位于 javax. swing 和 javax. swing. event 中,开发者使用这些包里的类和接口可以完成大多数 GUI 的创建,包括窗口的建立、添加菜单、添加标签、设置边框大小和颜色等。

从显示效果上 Swing 组件可以分成两类,一种是 JComponent,另一种是 JWindow 类。其中 JWindow 是独立显示的组件,即此类组件就是一个独立运行的程序,它无须依靠其他组件就可以显示出来;而 JComponent 组件类是不能独立显示的组件,它们需要依托在其他组件中才可以显示。

从功能上来划分,Swing 组件可以分为 5 种:顶层组件、中间组件、基本组件、不可编辑组件和可编辑组件。其中顶层组件包括 JFrame、JApplet、JDialog、JWindow,顶层组件是独立组件。中间组件包括 JPanel、JScrollPane、JSplitPane、JToolBar、JLayeredPane 等,此类组件不可以独立显示,主要是充当基本组件的容器。基本组件有 JButton、JComboBox、JList、JMenu 等,它们是实现人机交互的组件。不可编辑信息组件包括 JLabel、JProgressBar、JToolTip 等。可编辑组件有 JColorChooser、JFileChooser、JText、JTextArea、JTree 等,它们允许用户改变组件的内容。

9.2.2 组件基类 JComponent

多数 Swing 组件的父类为 javax. swing. JComponent,它的直接父类为 java. awt. Container,与 AWT 中的 Window 与 Panel 处于同一个继承层次。JComponent 类有 42 个派生子类,每一个都继承了 JComponent 的功能。

除了组件类,Swing 工具库中的许多类并不是由 JComponent 类派生,这包括所有的高层窗口对象,例如 JFrame、JApplet 以及 JInternalFrame;事件处理相关的接口与类等。多数 Swing 组件类都是以大写字母 J 开头,图 9-2 显示了 Swing 组件的类层次结构。从图中可以看出,除 JFrame 外,其余的 Swing 组件都继承自 JComponent 类。

Swing 的整个可视组件库的基础构造块是 JComponent,它是抽象类,不能创建实例,它位于类层次结构上层,包含了上百种方法,因此 Swing 中的组件都可以使用这些方法。JComponent 不仅是 Swing 组件的基类,还是定制组件的基类。它为组件提供了绘制的基础架构,方便进行组件定制。JComponent 包含的功能有 8 种。

(1) 处理键盘按键事件,所以类只需要侦听特定的键。

(2) 通过 add()方法添加其他 JComponent。理论上,可以把任意 Swing 组件添加到其他 Swing 组件,从而构造嵌套组件(例如,JPanel 包含 JButton,甚至 JMenu 包含 JButton)。

(3) 边框设置。使用 setBorder()方法可以设置组件外围的边框,使用 EmptyBorder 对象能在组件周围留出空白。

(4) 双缓冲区。使用双缓冲技术能改进频繁变化的组件的显示性能。与 AWT 组件不同,JComponent 组件默认使用双缓冲区,不必自己重写代码。

(5) 提示信息。使用 setTooltipText()方法,为组件设置对用户有帮助的提示信息。

(6) 键盘导航。使用 registerKeyboardAction()方法能使用户用键盘代替鼠标来操作组件。JComponent 的子类 AbstractButton 还提供了 setMnemonic()方法来指明一个字符,用来与特殊修饰符共同激活按钮动作。

(7) 可插入观感。每个 JComponent 对象都有一个相应的 ComponentUI 对象,为它

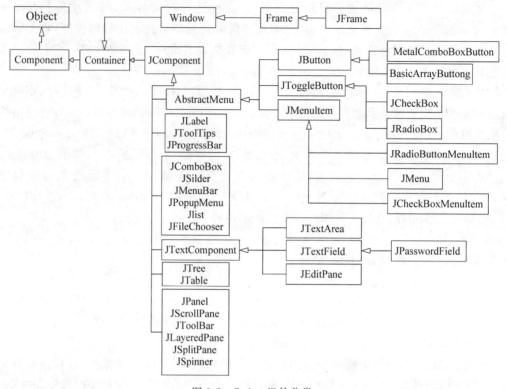

图 9-2　Swing 组件分类

完成所有的绘画、事件处理、决定尺寸大小等工作。ComponentUI 对象依赖当前使用的观感，用 UIManager.setLookAndFeel()方法可以设置期望的观感。

（8）支持布局。通过设置组件最大、最小、推荐尺寸的方法，以及设置 X、Y 对齐参数值的方法能指定布局管理器的约束条件，为组件布局提供支持。

9.2.3　GUI 设计步骤

一般来说，基于 Swing 的 GUI 程序设计遵循以下 5 个步骤。

1. 创建顶层容器

对应于程序的初始显现窗口，窗口中放入其他菜单、工具栏、文本框、按钮等组件。顶层容器是 GUI 显示的基础，其他所有的组件都是直接或间接显示在顶层容器中的。

2. 创建中间容器、组件

对应于程序中出现的菜单、工具栏、文本框、按钮、单选按钮、复选框等组件。

3. 将组件加入容器

创建组件后，需要将组件放入相应的容器（如 JPanel），才能在顶层容器中显示出组件。

4. 设置容器内组件的位置

组件添加到容器中,还必须设置好组件的显示位置,一般有两种方法来设置组件的显示位置,一是按照与容器的相对距离(以像素为单位)精确固定组件的位置;二是用布局管理器来管理组件在容器内的位置。

5. 处理组件产生的事件

用户选择菜单、单击按钮等操作时,就会产生相应的事件,进行相关的动作响应,这就需要设置组件的事件处理逻辑。

9.3   顶层容器

JFrame、JDialog、JWindow 与 JApplet 组件称为顶层(Top-Level)组件,因为其余的 Swing 组件都必须依附在这 4 个组件中才能显示出来。顶层容器是容纳其他组件的基础,设计图形化程序必须要有顶层容器。

顶层组件都实现了 RootPaneContainer 接口,它定义了取得与设置各种容器的方法,这里的容器包括 JRootPane、GlassPane、LayeredPane 和 ContentPane。顶层组件类中都有一个字段名为 rootPane,rootPane 是 JRootPane 类型的,但 JRootPane 并不是真实的容器,不能在 JRootPane 上加入任何的组件! 必须加在 LayeredPane 或者是 LayeredPane 里的 ContentPane 上。

组件必须加在容器中,容器本身也是一种组件,因此,先要把组件放在容器中,再把容器依附在顶层组件中才能显示出来。

9.3.1   JFrame

当建立一个 JFrame 组件时,系统会为此 JFrame 建立 JRootPane 组件,可以取得 JRootPane 上的 GlassPane、LayeredPane 或 ContentPane,然后进行其他的操作。在旧版本的 JDK 中,若想在 JFrame 上加入其他的组件,必须先取得 JFrame 的 ContentPane,然后将要加入的组件放置在 ContentPane 中。而新版本的 JDK,直接在 JFrame 中可以调用 add()方法添加组件,组件将被添加到 contentPane 中。

JFrame 添加组件有两种方式。

(1) 调用 getContentPane()方法获得 JFrame 的内容面板,然后加入其他组件或直接调用 add()方法加入。

```
JFrame frame=new JFrame();
Container contentPane=frame.getContentPane();
JButton button=new JButton();
contentPane.add(button);
```

或直接调用 frame.add(button)。

（2）建立中间容器，并把组件添加到容器中，用 setContentPane()方法把该容器置为 JFrame 的内容面板。

```
Jpanel contentPane=new Jpanel();
frame.setContentPane(contentPane);
```

程序清单 9-1：

```
package cn.edu.javacourse.ch9;
import javax.swing.*;
import java.awt.*;
public class JFrameTest extends JFrame {
    private JButton button1=new JButton("button1");
    private JButton button2=new JButton("button2");

    public JFrameTest(String title) {
        super(title);
        this.setBounds(50,50,200,150);
        Container contentPane=this.getContentPane();

        contentPane.setLayout(new FlowLayout(5));
        contentPane.add(button1);
        contentPane.add(button2);
        this.setVisible(true);
        this.setDefaultCloseOperation(JFrame.EXIT_ON_CLOSE);
    }
    public static void main(String[] args) {
        new JFrameTest("JFrame 测试");
    }
}
```

程序运行界面如图 9-3 所示。

想关闭 JFrame 窗口不必编写事件处理程序，只需调用方法 setDefaultCloseOperation（int operation），通过设置 operation 的值就响应关闭窗体事件，参数值有 3 个。

图 9-3　JFrame 运行界面

（1）JFrame. DO_NOTHING_ON_CLOS：不响应关闭事件。

（2）JFrame. HIDE_ON_CLOSE：隐藏窗体，是 JFrame 的默认选项。

（3）JFrame. EXIT_ON_CLOSE：关闭窗体，结束程序。

9.3.2　JWindow

JWindow 是显示容器，但不具有标题栏或窗口管理按钮。要自定义窗体，需从 JWindow 类派生。

程序清单 9-2：

```
package cn.edu.javacourse.ch9;
import javax.swing.JButton;
import javax.swing.JWindow;
import java.awt.Color;
import java.awt.FlowLayout;
import java.awt.event.*;
public class JWindowDemo extends JWindow {
    private int X=0;
    private int Y=0;

    public JWindowDemo() {
        setBounds(60,60,300,300);
        this.setBackground(Color.BLUE);
        addWindowListener(new WindowAdapter() {
            public void windowClosing(WindowEvent e) {
                System.out.println("closing…");
                System.exit(0);                          //An Exit Listener
            }
        });
        this.getContentPane().setLayout(new FlowLayout(2));
        JButton button2=new JButton("button2");
        button2.setSize(50,50);
        this.getContentPane().add(button2);
        setVisible(true);
    }
    public static void main(String[] args) {
        new JWindowDemo();
    }
}
```

程序运行界面如图 9-4 所示。

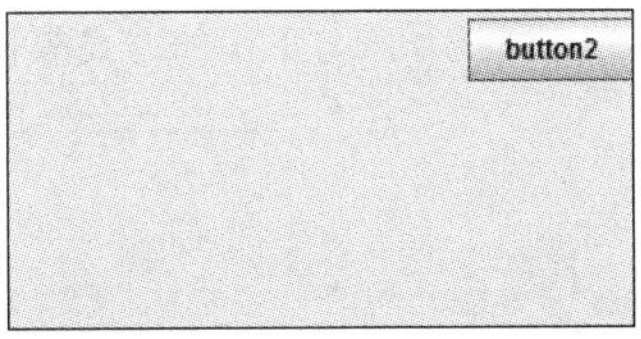

图 9-4　JWindows 运行界面

9.4　中间容器

中间容器是包含其他组件的容器，但是中间容器和顶层容器不同，它不能单独存在，必须依附于顶层容器。常见的中间容器有 4 种。

（1）JPanel。面板容器，最灵活、最常用的中间容器。

（2）JScrollPane。滚动面板，功能与 JPanel 类似，但提供滚动条。

（3）JTabbedPane。多页面板，它包含多个组件，但一次只显示一个组件。用户可在组件之间方便地切换。

（4）JToolBar。按行或列排列一组组件，通常是按钮或 JLabel。

9.4.1 JPanel

面板是使用最多的中间容器之一，它是 AWT 中 Panel 的替代组件，其默认的布局管理器是 FlowLayout 布局管理。

程序清单 9-3：

```
package cn.edu.javacourse.ch9;
import javax.swing.*;
import java.awt.*;                        //引入 AWT 包,使用颜色类

public class JPanelDemo {
    public static void main(String[] args) throws Exception {
        JFrame f=new JFrame("第一个 Java 窗口");
        f.setSize(300,200);
        f.setDefaultCloseOperation(JFrame.EXIT_ON_CLOSE);

        f.setVisible(true);
        f.setResizable(false);
        f.setLocationRelativeTo(null);

        JPanel p=new JPanel();
        p.setBackground(Color.BLUE);
        p.setSize(100,100);
        //设置面板对象大小
        f.getContentPane().add(p);
        //与下面的方式等价
        //f. setContentPane(p);
    }
}
```

图 9-5 JPanel 运行界面

程序运行界面如图 9-5 所示。

9.4.2 JTabbedPane

当窗口的组件元素很多时，可以将这些组件分组放到不同的页面中，JTabbedPane 提供了页签面板实现这一功能。JTabbedPane 包含多个选项卡，每个页面和一个选项卡相对应，每个选项卡是一个容器，包含其他的组件。当用户选择特定的标签页后，会显示相应的选项卡，并触发 ChangeEvent 事件，该事件由 ChangeListener 监听器响应。

JTabbedPane 提供了 3 种构造方法用于创建 JTabbedPane 对象，构造方法中涉及的两个参数含义及具体值如下。

（1）tabPlacement。选项卡布局位置，值为 JTabbedPane. TOP、JTabbedPane.

BOTTOM、JTabbedPane. LEFT 或 JTabbedPane. RIGHT,分别表示将标签文本显示在上方、下方、左侧或右侧。

(2) tabLayoutPolicy:标签值的放置策略,值为 JTabbedPane. WRAP _ TAB _ LAYOUT 或 JTabbedPane. SCROLL_TAB_LAYOUT,即折回或滚动布局。折回布局表示在容器中显示所有标签,如果一排内不能容纳,则把剩下的标签放到下一排。滚动布局只显示一排标签,剩下的标签通过滚动图标显示。JTabbedPane 构造方法如表 9-1 所示。

表 9-1 **JTabbedPane 构造方法**

构 造 方 法	说　　明
public JTabbedPane()	创建一个具有默认的 JTabbedPane. TOP 选项卡布局的空 TabbedPane
public JTabbedPane(int tabPlacement)	创建一个空的 TabbedPane,使其按照 tabPlacement 值指定选项卡的布局
public JTabbedPane (int tabPlacement, int tabLayoutPolicy)	创建一个空的 TabbedPane,使其具有指定的选项卡布局和选项卡布局策略

下例演示为 JTabbedPane 对象添加了 6 个选项卡,程序中单击任何一个选项卡,在窗口下方的 JTextField 中显示出相应的选项卡的标题。

程序清单 9-4:

```java
package cn.edu.javacourse.ch9;
import java.awt.*;
import java.awt.event.*;
import javax.swing.*;
import javax.swing.event.*;
public class JTabbedPaneTest extends JFrame{

    private JTabbedPane jtabbedpane=new JTabbedPane();
    private JTextField jtextField=new JTextField();
    public JTabbedPaneTest(String title){
        super(title);
        Container contentPane=this.getContentPane();
        //添加 6 个选项卡
        jtabbedpane.addTab("第一页",new JPanel());
        jtabbedpane.addTab("第二页",new JPanel());
        jtabbedpane.addTab("第三页",new JPanel());
        jtabbedpane.addTab("第四页",new JPanel());
        jtabbedpane.addTab("第五页",new JPanel());
        jtabbedpane.addTab("第六页",new JPanel());
        //注册监听器
        jtabbedpane.addChangeListener(new MyChangeListener());
        contentPane.add(jtextField,BorderLayout.SOUTH);
```

```
        contentPane.add(jtabbedpane,BorderLayout.CENTER);
        this.setSize(300,200);
        this.setVisible(true);
    }
    //内部类处理 ChangeEvent 事件
    private class MyChangeListener implements ChangeListener{
        public void stateChanged(ChangeEvent e) {
            String temp=jtabbedpane.getTitleAt(jtabbedpane.getSelectedIndex());
            jtextField.setText(temp+"被选择");
        }
    }

    public static void main(String[] args) {
    new JTabbedPaneTest("JTabbedPane 测试");
    }
}
```

程序运行结果如图 9-6 所示。事件处理代码中 getSelectedIndex()方法表示获得当前选择的选项卡的索引值（int 类型，从 0 开始，−1 表示未选中任何选项卡），而 getTitleAt (index)方法表示获得索引值为 index 的选项卡的标题。

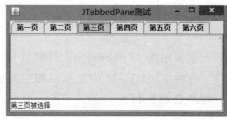

图 9-6　JTabbedPane 演示程序运行结果

9.4.3　JScrollPane

JScrollPane 称为滚动面板，它用于当窗口中的内容大于窗口尺寸时，在窗口的右边和下边设置滚动条。JScrollPane 的直接父类为 JComponent，它提供了 4 个构造方法用于创建 JScrollPane 对象，如表 9-2 所示。

表 9-2　JScrollPane 构造方法

构 造 方 法	说　　明
JScrollPane()	创建一个空的 JScrollPane 对象
JScrollPane(Component view)	创建 JScrollPane 对象，并加入 view 组件，当组件内容大于显示区域时自动产生滚动条
JScrollPane(int vsbPolicy,int hsbPolicy)	创建有水平滚动条和垂直滚动条的 JScrollPane 对象
JScrollPane(Component view,int vsbPolicy,int hsbPolicy)	创建有水平和垂直滚动条的 JScrollPane 对象，并在其内加入 view 对象

9.4.4 对话框

到目前为止,GUI 组件都出现在应用程序创建的顶层容器中,但有时候需要弹出独立的对话框以显示信息或者收集用户输入数据。顾名思义,对话框就是向用户显示信息并获取程序继续运行所需数据的窗口,可以起到与用户交互的作用。从本质上讲,对话框是一种特殊的窗体,它通过一个或多个组件与用户交互。对话框有边框、有标题且是独立存在的容器,并且不能被其他容器所包容。但是对话框不能作为程序的最外层容器,也不能含有菜单栏。此外,对话框上没有最大、最小化按钮。

对话框由 JDialog 实现,不过 JOptionPane 提供了许多对话框样式,该类能够让程序在不编写任何专门对话框代码的情况下弹出一个简单的对话框。通常使用 JOptionPane 类提供的静态方法产生对话框,可用方法有 4 个。

(1) showMessageDialog():提示消息对话框,通常只含有一个"确定"按钮。

(2) showConfirmDialog():确认对话框,显示特定信息,要求用户做 YES/NO 的回答。

(3) showOptionDialog():选择对话框,可以让用户自己定义对话框的类型。

(4) showInputDialog():输入对话框,让用户输入相关的信息,当用户完成输入并单击"确定"按钮后,系统会得到用户所输入的信息。

对于每种形式的对话框都有多个静态重载方法,下面的例子综合了 JOptionPane 的 4 种对话框,并对各个按钮的单击事件做了处理。

程序清单 9-5:

```
package cn.edu.javacourse.ch9;
import java.awt.*;
import java.awt.event.*;
import javax.swing.*;

public class JOptionPaneDemo extends JFrame {
    private JButton btn1=new JButton("消息对话框");
    private JButton btn2=new JButton("确认对话框");
    private JButton btn3=new JButton("输入对话框");
    private JButton btn4=new JButton("选项对话框");

    public JOptionPaneDemo(String title) {
        super(title);
        Container contentPane=this.getContentPane();
        contentPane.setLayout(new FlowLayout(5));
        //添加按钮
        contentPane.add(btn1);
        contentPane.add(btn2);
        contentPane.add(btn3);
```

```java
        contentPane.add(btn4);
        pack();
        setVisible(true);
        //注册监听器
        btn1.addActionListener(new MyActionListener());
        btn2.addActionListener(new MyActionListener());
        btn3.addActionListener(new MyActionListener());
        btn4.addActionListener(new MyActionListener());
    }

    private class MyActionListener implements ActionListener {
        public void actionPerformed(ActionEvent e) {
            int n;
            String str=new String();
            if (e.getActionCommand().equals("消息对话框")) {
                JOptionPane.showMessageDialog(null,"这是一个消息对话框吗?");
            }
            if (e.getActionCommand().equals("确认对话框")) {
            //显示一个 ConfirmDialog,并用变量 n 接收其返回值
            n=JOptionPane.showConfirmDialog(null,"你确认这是一个确认对话框吗?",
                        "对话框 title",JOptionPane.YES_NO_OPTION);
                switch (n) {
                case 0:
                    JOptionPane.showMessageDialog(null,"您单击了按钮——是");
                    break;
                case 1:
                    JOptionPane.showMessageDialog(null,"您单击了按钮——否");
                    break;
                case-1:
                    JOptionPane.showMessageDialog(null,"您单击了退出按钮");
                    break;
                }
            }
            if (e.getActionCommand().equals("输入对话框")) {
            str=(String) JOptionPane.showInputDialog(null,"请选择城市: ",
                    "对话框 title",JOptionPane.INFORMATION_MESSAGE,null,
                        new String[] { "北京","上海","广州" },"北京");
                //判断用户选择了 ComboBox 的哪项
                if (str !=null) {
                    JOptionPane.showMessageDialog(null,"您选择了 "+str);
                }
            }
            if (e.getActionCommand().equals("选项对话框")) {
                n=JOptionPane.showOptionDialog(null,"选项对话框","对话框 title",
```

```
                    JOptionPane.YES_NO_OPTION,
                    JOptionPane.INFORMATION_MESSAGE,null,new String[] {
                            "自定义 1","自定义 2","自定义 3" },"自定义 1");
            //判断用户单击了哪个按钮
            switch (n) {
            case 0:
            JOptionPane.showMessageDialog(null,"您单击了按钮——自定义 1");
                break;
            case 1:
            JOptionPane.showMessageDialog(null,"您单击了按钮——自定义 2");
                break;
            case 2:
            JOptionPane.showMessageDialog(null,"您单击了按钮——自定义 3");
                break;
            case-1:
            JOptionPane.showMessageDialog(null,"您单击了退出按钮");
                break;
            }
        }
    }
    public static void main(String[] args) {
        new JOptionPaneDemo("JOptionPane4 种对话框形式测试");
    }
}
```

该程序是对 4 种按钮的各个单击事件进行处理,所以运行结果较多,这里不再一一列举,请读者自行运行程序查看结果。

9.4.5 文件对话框

文件对话框用来弹出“打开”、“保存”按钮的对话框,并可进行文件选择,它由 JFileChooser 实现。JFileChooser 类提供了 6 个构造方法用于创建 JFileChooser 对象,常用的方法如表 9-3 所示。

表 9-3 JFileChooser 常用构造方法

构 造 方 法	说 明
JFileChooser()	构造指向用户默认目录的 JFileChooser
JFileChooser(String currentDirectoryPath)	构造使用给定路径的 JFileChooser
JFileChooser(File currentDirectory)	使用给定的 File 作为路径来构造 JFileChooser

无参构造方法创建的 JFileChooser 对象,其默认目录取决于操作系统。在 Windows 上通常是“我的文档”,在 Linux 上是用户的主目录。另外两个构造方法,虽然传递参数

的类型不同，但均指向某个目录。JFileChooser 常用方法如表 9-4 所示。

表 9-4　JFileChooser 常用方法

成 员 方 法	说　　明
int showOpenDialog(Component parent)	弹出一个 Open File 文件选择器对话框
int showSaveDialog(Component parent)	弹出一个 Save File 文件选择器对话框
int showDialog (Component parent, String approveButtonText)	弹出具有自定义 approve 按钮的自定义文件选择器对话框
File getSelectedFile()	返回选中的文件

　　JFileChooser 用于可视化的文件读取及保存，文件选取对话框交互结束后，应判断是否从对话框中选取了文件，然后根据返回值情况进行处理。下例中演示了 showOpenDialog() 方法的使用，它将读取的文件名显示出来，对于文件读取及保存工作可在学习了 I/O 流后进一步完善本例。

　　程序清单 9-6：

```java
import java.awt.*;
import javax.swing.*;
import java.awt.event.*;
class JFileChooserTest extends JFrame{
    private JLabel label=new JLabel("所选文件路径：");
    private JTextField tfFileName=new JTextField(25);
    private JButton btnOpen=new JButton("浏览");
    public JFileChooserTest(String title){
        super(title);
        Container contentPane=this.getContentPane();
        contentPane.setLayout(new FlowLayout(5));
        contentPane.add(label);
        contentPane.add(tfFileName);
        contentPane.add(btnOpen);
        pack();
        setVisible(true);
        this.setDefaultCloseOperation(JFrame.EXIT_ON_CLOSE);
        //监听 btnOpen 按钮
        btnOpen.addActionListener(new MyActionListener());
    }
    private class MyActionListener implements ActionListener{
        public void actionPerformed(ActionEvent arg0) {
            JFileChooser fc=new JFileChooser("D:\\javaPro");
            int val=fc.showOpenDialog(null);            //文件打开对话框
            if(val==fc.APPROVE_OPTION){                 //正常选择文件
                tfFileName.setText(fc.getSelectedFile().toString());
            }
            else{                                       //未正常选择文件,如单击"取消"按钮
```

```
                    tfFileName.setText("未选取文件");
            }
        }
    }
}
public class Test8_12 {
    public static void main(String[] args) {
        new JFileChooserTest("JFileChooser测试");
    }
}
```

程序运行结果如图 9-7 所示。

图 9-7　文件选择器的运行界面

9.5　基本组件

9.5.1　按钮控件

AbstractButton 类是按钮的父类,该类的 3 个直接派生类为 JButton、JToggleButton 和 JMenuItem。JButton 有直接子类 BasicArrowButton,是一个带有箭头的按钮(箭头有上、下、左、右 4 个方向)。

JToggleButton 是切换按钮,该类有两个直接子类是经常使用到的,单选按钮 JRadioButton 和复选框 JCheckBox。JMenuItem 包括 3 个直接子类,它们都是与菜单相关的按钮。

程序清单 9-7:

```
package cn.edu.javacourse.ch9;
import java.awt.*;
```

```java
import javax.swing.*;
import javax.swing.plaf.basic.BasicArrowButton;
import java.awt.event.*;
public class ButtonsDemo extends JFrame{
    private JButton jbutton=new JButton("JButton");
    private BasicArrowButton
        basicArrowButtonUp=new BasicArrowButton(BasicArrowButton.NORTH),
        basicArrowButtonDown=new BasicArrowButton(BasicArrowButton.SOUTH),
        basicArrowButtonLeft=new BasicArrowButton(BasicArrowButton.WEST),
        basicArrowButtonRight=new BasicArrowButton(BasicArrowButton.EAST);
    private JToggleButton jtoggleButton=new JToggleButton("JToggleButton");
    private JCheckBox jcheckBox=new JCheckBox("JCheckBox");
    private JRadioButton jradioButton=new JRadioButton("JRadioButton");
    public ButtonsDemo(String title){
        super(title);
        Container contentPane=this.getContentPane();
        contentPane.setLayout(new FlowLayout(5));
        contentPane.add(jbutton);
        contentPane.add(basicArrowButtonUp);
        contentPane.add(basicArrowButtonDown);
        contentPane.add(basicArrowButtonLeft);
        contentPane.add(basicArrowButtonRight);
        contentPane.add(jtoggleButton);
        contentPane.add(jcheckBox);
        contentPane.add(jradioButton);
        this.pack();
        this.setVisible(true);
        this.setDefaultCloseOperation(JFrame.EXIT_ON_CLOSE);
    }

    public static void main(String[] args) {
        new ButtonsDemo("Java 各种按钮测试");
    }
}
```

运行结果如图 9-8 所示。

图 9-8　各类按钮的运行效果

单击所有按钮组件都可能触发 ActionListener 事件，如果需要对这些事件做处理，可构造事件处理器实现 ActionListener 接口。

9.5.2　复选框 JCheckBox

JCheckBox 是从 JToggleButton 类中派生出来的,具有两种状态,可以有多个选项被选中。通常用于显示文本,并有一个指示是否被选中的方形按钮。JCheckBox 的构造方法较多,常用的有两个。

（1）JCheckBox(Icon icon,boolean selected)：创建一个带图标的复选框,并指定其最初是否处于选定状态。

（2）JCheckBox(String text,boolean selected)：创建一个带文本的复选框,并指定其最初是否处于选定状态。

当 JCheckBox 被选中或取消选中时,会触发事件 ActionEvent,如果想根据 JCheckBox 的选中情况进行不同处理,可以编写实现 ActionListener 接口的类进行处理。

9.5.3　单选按钮 JRadioButton

单选按钮 JRadioButton 具有两种状态,主要用于显示文本。JRadioButton 有指示是否被选中的圆形按钮,它用于显示一组互相排斥的选项。它通常位于 ButtonGroup 按钮组中,任何时刻最多有一个单选按钮被选中。因此,如果创建的多个单选按钮其初始状态都是选中状态,则最先加入 ButtonGroup 的单选按钮的选中状态被保留,其后加入到 ButtonGroup 的单选按钮的选中状态被取消。

当 JRadioButton 被选中或取消选中时,会触发事件 ActionEvent。下例中在 JFrame 添加了两个 JRadioButton 及 3 个 JCheckBox。

程序清单 9-8：

```
package cn.edu.javacourse.ch9;
import java.awt.*;
import javax.swing.*;
import java.awt.event.*;

public class JCheckBoxAndJRadioButtonTest extends JFrame {
    private JPanel panelNorth=new JPanel();
    private JLabel label1=new JLabel("性别");
    private JRadioButton rb1=new JRadioButton("男",true);
    private JRadioButton rb2=new JRadioButton("女");
    private ButtonGroup group=new ButtonGroup();
    private JLabel label2=new JLabel("擅长");
    private JCheckBox cb1=new JCheckBox("书法");
    private JCheckBox cb2=new JCheckBox("唱歌");
    private JCheckBox cb3=new JCheckBox("跳舞");
    private JButton button=new JButton("确定");
    private JTextArea ta=new JTextArea(6,10);
```

```java
    public JCheckBoxAndJRadioButtonTest(String title) {
        super(title);
        Container contentPane=this.getContentPane();
        //添加 JRadioButton 到 ButtonGroup 中
        group.add(rb1);
        group.add(rb2);
        panelNorth.add(label1);
        panelNorth.add(rb1);
        panelNorth.add(rb2);
        panelNorth.add(label2);
        panelNorth.add(cb1);
        panelNorth.add(cb2);
        panelNorth.add(cb3);
        panelNorth.add(button);
        contentPane.add(panelNorth,BorderLayout.NORTH);
        contentPane.add(ta,BorderLayout.CENTER);
        pack();
        //监听 button 的 Action 事件
        button.addActionListener(new MyActionListener());
        this.setVisible(true);
        this.setDefaultCloseOperation(JFrame.EXIT_ON_CLOSE);
    }

    private class MyActionListener implements ActionListener {
        public void actionPerformed(ActionEvent e) {
            String sex="";
            StringBuffer strBuf=new StringBuffer();
            //isSelected 表示控件被选中
            if (rb1.isSelected()) {
                sex="男";
            }
            if (rb2.isSelected()) {
                sex="女";
            }
            if (cb1.isSelected()) {
                strBuf.append("书法");
            }
            if (cb2.isSelected()) {
                strBuf.append("唱歌 ");
            }
            if (cb3.isSelected()) {
                strBuf.append("跳舞 ");
            }
            ta.setText("您的性别："+sex+"\t 擅长："+strBuf.toString()+"\n"
```

```
                    +ta.getText());
            }
        }
        public static void main(String[] args) {
            new JCheckBoxAndJRadioButtonTest("单选复选按钮测试");
        }
    }
```

运行结果如图 9-9 所示。

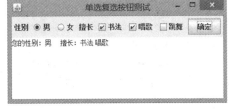

图 9-9　多次单击"确定"按钮的运行结果

9.5.4　下拉列表框 JComboBox

下拉列表框的特点是将所有选项折叠在一起,只显示最前面的或被用户选中的一个。用户可以在列表中进行选择,也可以根据需要直接输入所要的选项。JComboBox 类提供了多个成员方法用于操作下拉列表框中的项,常用方法如表 9-5 所示。

表 9-5　JComboBox 类的常用方法

成 员 方 法	说 明
void addItem(Object anObject)	将指定的对象作为项添加到下拉列表框中
void insertItemAt(Object anObject,int index)	在下拉列表框中的给定索引处插入项
void removeItem(Object anObject)	在下拉列表框中删除指定的对象项
void removeItemAt(int anIndex)	在下拉列表框中删除指定位置的对象项
void removeAllItems()	从下拉列表框中删除所有项
int getItemCount()	返回下拉列表框中的项数
Object getItemAt(int index)	获取指定下标的列表项,下标从 0 开始
int getSelectedIndex()	获取当前选择的下标
Object getSelectedItem()	获取当前选择的项

JComboBox 能够响应两个事件:ItemEvent 和 ActionEvent,对应的接口为 ItemListener 和 ActionListener。ItemEvent 触发的时机是当下拉列表框中的选项更改时,ActionEvent 触发的时机是直接输入选择项并按 Enter 键时。

下例中演示了如何在程序中为 JComboBox 添加项,如何删除项以及选中 JComboBox 中的某项后的事件处理。

程序清单 9-9:

```
package cn.edu.javacourse.ch9;
import java.awt.*;
import javax.swing.*;
import java.awt.event.*;

public class JComboBoxTest extends JFrame {
    private JComboBox cmb=new JComboBox();
```

```
private JLabel label=new JLabel("要添加项的值：");
private JTextField tf=new JTextField(5);
private JButton buttonAdd=new JButton("添加");
private JButton buttonDel=new JButton("删除");
private JTextArea ta=new JTextArea(4,8);
private JPanel panelNorth=new JPanel();

public JComboBoxTest(String title) {
    super(title);
    Container contentPane=this.getContentPane();
    panelNorth.add(cmb);
    panelNorth.add(label);
    panelNorth.add(tf);
    panelNorth.add(buttonAdd);
    panelNorth.add(buttonDel);
    contentPane.add(panelNorth,BorderLayout.NORTH);
    contentPane.add(ta,BorderLayout.CENTER);
    buttonAdd.addActionListener(new MyActionListener());
    buttonDel.addActionListener(new MyActionListener());
    cmb.addItemListener(new MyItemListener());
    pack();
    setVisible(true);
    this.setDefaultCloseOperation(JFrame.EXIT_ON_CLOSE);
}


private class MyActionListener implements ActionListener {
    public void actionPerformed(ActionEvent e) {
        String command=e.getActionCommand();
        if (command.equals("添加")) {
            if (tf.getText().length() !=0) {
                cmb.addItem(tf.getText());/
                ta.setText("添加成功,添加项："+tf.getText());
                pack();                              //自动调整窗口大小
            } else {
                ta.setText("请输入要添加的项");
            }
        }

        if (command.equals("删除")) {
            if (cmb.getSelectedIndex() !=-1) {
                //先获得要删除的项的值
                String strDel=cmb.getSelectedItem().toString();
                cmb.removeItem(strDel);
                ta.setText("删除成功,删除项："+strDel);
```

```
                    pack();
              } else {
                    ta.setText("请选择要删除的项");
              }
          }
     }
     private class MyItemListener implements ItemListener {
          public void itemStateChanged(ItemEvent e) {
                String str=e.getItem().toString();
                ta.setText("您选择了项: "+str);
          }
     }
     public static void main(String[] args) {
          new JComboBoxTest("JComboBox 测试");
     }
}
```

运行结果如图 9-10 所示。

在添加及删除成功后的代码中,两次使用了
pack()语句,其作用是当 JComboBox 的宽度可能
有所改变时,为了不影响其他组件的显示效果,
pack()语句使窗体重新调整大小以适应所有组件
的显示。

图 9-10　JComoBox 测试运行结果

9.5.5　列表框 JList

列表框和下拉列表框有许多不同之处,JList 在界面上占据固定行数,既支持单项选
择,也支持多项选择(区间选择按住 Shift 键,不连续区间选择按住 Ctrl 键)。JList 提供
了多个构造方法用于创建 JList 对象,与 JComboBox 不同,JList 类没有提供任何添加、插
入和删除项的方法,在完成 JList 的构造后,唯一可以修改数据的方法是调用 setListDa-
ta(),它一次指定所有的项。JList 常用成员方法如表 9-6 所示。

表 9-6　JList 常用成员方法

成 员 方 法	说　　明
int getSelectedIndex()	获取所有选项最小下标
int[] getSelectedIndices()	获取所有选项的下标(按升序排列)
void setSelectionMode(int selectionMode)	设置列表的选择模式
void setVisibleRowCount(int visibleRowCount)	设置列表的可见行数

JList 响应两个事件:ListSelectionEvent 和 MouseEvent,实现 ListSelectionListener
和 MouseListener 接口可以处理上述事件。ListSelectionEvent 触发的时机是当用户单

击列表框中的某一个选项并选中它时，MouseEvent 触发的时机是当用户双击列表框中的某个选项时。

JList 本身不带滚动条，如果将 JList 放到 JScrollPane 中，则会使 JList 带有滚动条效果。

程序清单 9-10：

```java
package cn.edu.javacourse.ch9;
import java.awt.*;
import javax.swing.*;
import javax.swing.event.*;
import java.awt.event.*;
public class JListTest extends JFrame{
    private JList list=new JList();
    private JTextArea ta=new JTextArea(6,8);
    public JListTest(String title){
        super(title);
        String[] citys={"北京","天津","上海","广州","深圳","南京","重庆","沈阳",
        "西安"};
        list.setListData(citys);
        Container contentPane=this.getContentPane();
        contentPane.setLayout(new FlowLayout(5));
        list.setVisibleRowCount(5);
        contentPane.add(new JScrollPane(list));
        contentPane.add(ta);
        list.addListSelectionListener(new MyListSelectionListener());
        pack();
        setVisible(true);
        this.setDefaultCloseOperation(JFrame.EXIT_ON_CLOSE);
    }
    private class MyListSelectionListener implements ListSelectionListener {
        public void valueChanged(ListSelectionEvent arg0) {
            StringBuffer selectedCitys=new StringBuffer();
            Object[] selectedItems=list.getSelectedValues();
            for(int i=0;i<selectedItems.length;i++){
                selectedCitys.append(selectedItems[i].toString()+"\n");
            }
            ta.setText(selectedCitys.toString());
            pack();
        }
    }
    public static void main(String[] args) {
        new JListTest("JList 测试");
    }
}
```

运行结果如图 9-11 所示。

图 9-11 JList 测试程序运行结果

程序中对 ListSelectionEvent 做了处理,对于另一个事件 MouseEvent,因为其有多个抽象方法,因此建议使用继承 MouseAdapter 的方式去处理。

9.6 不可编辑组件

9.6.1 JLabel

JLabel 是一个静态组件,该组件可以显示一行静态文本或者图标,一般只是说明性的文字,不接受用户的输入,也无事件响应。

9.6.2 菜单和工具栏

菜单和工具栏提供简单明了的指令界面,让用户方便地操作系统功能。利用菜单可以将程序功能模块化。

菜单的组织方式是层次化的,一个菜单条 JMenuBar 中可以包含多个菜单 JMenu,一个菜单中可以包含多个菜单项 JMenuItem。有一些支持菜单的组件,如 JFrame、JDialog 以及 JApplet 都有方法 setMenuBar(JMenuBar bar),可以利用它设置菜单条。

菜单项是菜单中最基本的组件,用户与菜单的交互主要是通过菜单项的交互,因此事件处理也是针对菜单项的。当用户选择了某个菜单项,就会触发一个 ActionEvent 事件,可以编写相应的类实现 ActionListener 接口对该事件进行处理。

下例中演示了如何创建一个完整的菜单系统,可以通过单击菜单项让其产生反应。

程序清单 9-11:

```java
package cn.edu.javacourse.ch9;
import java.awt.*;
import javax.swing.*;
import java.awt.event.*;
public class JMenuBarTest extends JFrame{
    private JMenuBar bar=new JMenuBar();
    private JMenu menuFile=new JMenu("文件");
    private JMenuItem itemFile1=new JMenuItem("新建");
```

```java
private JMenuItem itemFile2=new JMenuItem("打开");
private JMenuItem itemFile3=new JMenuItem("保存");
private JMenuItem itemFile4=new JMenuItem("退出");
private JMenu menuHelp=new JMenu("帮助");
private JMenuItem itemHelp1=new JMenuItem("帮助主题");
private JMenuItem itemHelp2=new JMenuItem("关于记事本");
private JTextArea ta=new JTextArea(10,30);
public JMenuBarTest(String title){
    super(title);
    //设置快捷键
    itemFile1.setAccelerator(KeyStroke.getKeyStroke('N',KeyEvent.CTRL_MASK));
    itemFile2.setAccelerator(KeyStroke.getKeyStroke('O',KeyEvent.CTRL_MASK));
    itemFile3.setAccelerator(KeyStroke.getKeyStroke('S',KeyEvent.CTRL_MASK));
    itemFile4.setAccelerator(KeyStroke.getKeyStroke('E',KeyEvent.CTRL_MASK));
    //添加 JMenuItem 到 JMenu
    menuFile.add(itemFile1);
    menuFile.add(itemFile2);
    menuFile.add(itemFile3);
    menuFile.addSeparator();                        //加分割线
    menuFile.add(itemFile4);

    menuHelp.add(itemHelp1);
    menuHelp.addSeparator();
    menuHelp.add(itemHelp2);
                                            //添加 JMenu 到 JBar
    this.setJMenuBar(bar);
    bar.add(menuFile);
    bar.add(menuHelp);
    Container contentPane=this.getContentPane();
    contentPane.add(ta);
    pack();
    this.setVisible(true);

    itemFile1.addActionListener(new MyActionListener());
    itemFile2.addActionListener(new MyActionListener());
    itemFile3.addActionListener(new MyActionListener());
    itemFile4.addActionListener(new MyActionListener());
    itemHelp1.addActionListener(new MyActionListener());
    itemHelp2.addActionListener(new MyActionListener());
    this.setDefaultCloseOperation(JFrame.EXIT_ON_CLOSE);
}
private class MyActionListener implements ActionListener{
    public void actionPerformed(ActionEvent e) {
        ta.setText("您按下了菜单项: "+e.getActionCommand());
```

```
        }
    }
    public static void main(String[] args) {
        new JMenuBarTest("记事本");
    }
}
```

运行结果如图 9-12 所示。

工具栏是提供快速访问常用菜单命令的一个按钮栏,一般和菜单栏一起出现,当然也可独立出现。JToolBar 提供了 4 个构造方法用于创建 JToolBar 对象,构造时可以指定方向,可选值为 HORIZONTAL(水平方向)或 VERTICAL(垂直方向)。

图 9-12 单击"新建"菜单项后的运行结果

工具栏的添加很简单,直接使用 JFrame 的 add()方法即可完成添加,工具栏内可添加按钮等组件。下例演示的工具栏中添加事件处理,实际上是对添加到工具栏内的组件的事件处理,如添加 JButton 则可处理 ActionEvent 事件。

程序清单 9-12:

```
package cn.edu.javacourse.ch9;
import java.awt.*;
import javax.swing.*;
import java.awt.event.*;
public class JToolBarTest extends JFrame{
    private JToolBar tb=new JToolBar();
    private JButton[] tbButtons;
    public JToolBarTest(){
        String[] images={"1.gif","2.gif"};
        //创建 ImageIcon 数组
        ImageIcon[] toolImage=new ImageIcon[images.length];
        tbButtons=new JButton[images.length];

        for(int i=0;i<images.length;i++){
            toolImage[i]=new ImageIcon("dir\\"+images[i]);
            tbButtons[i]=new JButton(toolImage[i]);
            tb.add(tbButtons[i]);
        }
        this.add(tb);                                //添加工具栏到 JFrame
        pack();
        setVisible(true);
        this.setDefaultCloseOperation(JFrame.EXIT_ON_CLOSE);
    }
```

```
    public static void main(String[] args) {
        new JToolBarTest();
    }
}
```

运行结果如图 9-13 所示。

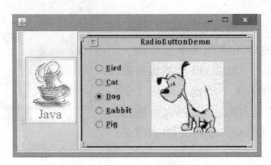

图 9-13　运行结果

9.6.3　工具提示

工具栏的一个缺点是用户常常要猜测其包含的图标按钮所代表的含义，该问题通过工具提示解决。当鼠标在一个按钮上停留一段时间后，工具提示会被激活。工具提示文本显示在一个有颜色的矩形内，当鼠标移开按钮后，工具提示自动消失。

工具提示并不是只在工具栏中可用，所有的 Swing 组件都支持工具提示。工具提示是由 ToolTipManager 来维护的，通过它来设置从光标开始停留在组件上到显示工具提示之间的时间间隔以及显示工具提示信息的时长。

调用 JComponent 的 setToolTipText（String text）方法可以为组件自动创建 JToolTip 实例。工具提示的文本通常是一行的长度，然而可以通过任意的 HTML 格式化文本。要自定义弹出工具提示的外观，只需要自定义的组件类并重写 public JToolTip createToolTip()方法。例如，下面的代码实现了 JButton 工具提示的颜色的自定义。

```
JButton b=new JButton("Hello,World") {
  public JToolTip createToolTip() {
    JToolTip tip=super.createToolTip();
    tip.setBackground(Color.YELLOW);
    tip.setForeground(Color.RED);
    return tip;
  }
};
```

JToolTip 是一个被动对象，它的配置是由管理工具提示的类 ToolTipManager 负责的。ToolTipManager 使用了单例设计模式，通过 ToolTipManager 的静态 sharedInstance()方法获得当前的管理器。一旦获得了 ToolTipManager 的共享实例，就可以定制工具提示文本何时以及是否显示。

9.7　可编辑组件

9.7.1　文本输入

能够用于文本输入的组件包括文本框 JTextField、文本区 JTextArea 以及密码框 JPasswordField。JTextField 是一个允许编辑单行文本的组件,它有两个重要的方法: setText(String t)和 getText(),它们分别用于设置文本框的显示文本和获取当前文本框的文本。JTextField 可触发 ActionEvent 事件,当用户在文本框中按下 Enter 键时触发该事件。

9.7.2　文本区 JTextArea

文本区 JTextArea 允许编辑多行文本,它也可以通过 setText(String t)和 getText()方法设置和获取文本区的文本值。当用户在文本区中按下 Enter 键时触发 ActionEvent 事件。

9.7.3　密码框 JPasswordField

JPasswordField 表示密码框,是文本框 JTextField 组件的简单扩展。当用户输入字符后自动被替换为 * 显示。

程序清单 9-13:

```
package cn.edu.javacourse.ch9;
import java.awt.*;
import javax.swing.*;
import java.awt.event.*;
public class TextInputTest extends JFrame{
    private JTextField userName=new JTextField(10);
    private JTextArea ta=new JTextArea(4,10);
    private JPasswordField password=new JPasswordField(10);
    private JLabel label1=new JLabel("用户名");
    private JLabel label2=new JLabel("密 码");
    public TextInputTest(String title){
        super(title);
        password.setEchoChar('*');                     //设置回显字符
        Container contentPane=this.getContentPane();
        JPanel panelNorth=new JPanel();
        JPanel panelCenter=new JPanel();
        panelNorth.add(label1);
        panelNorth.add(userName);
        panelCenter.add(label2);
```

```
        panelCenter.add(password);

        contentPane.add(panelNorth,BorderLayout.NORTH);
        contentPane.add(panelCenter,BorderLayout.CENTER);
        contentPane.add(ta,BorderLayout.SOUTH);
        pack();
        //监听 userName 和 password 控件
        userName.addActionListener(new MyActionListener());
        password.addActionListener(new MyActionListener());
        this.setVisible(true);
        this.setDefaultCloseOperation(JFrame.EXIT_ON_CLOSE);
    }
    private class MyActionListener implements ActionListener{
        public void actionPerformed(ActionEvent arg0) {
            String name=userName.getText();
            char[] pwd=password.getPassword();
            if(name.length()==0){
                ta.setText("请输入用户名");
                return;
            }
            if(pwd.length==0){
                ta.setText("请输入密码");
                return;
            }
            //new String(pwd)将字符数组 pwd 转换为字符串
            ta.setText("用户名："+name+"\n 密码："+new String(pwd));
        }
    }

    public static void main(String[] args) {
        new TextInputTest("文本输入控件测试");
    }
}
```

图 9-14　文本输入测试程序的运行结果

运行结果如图 9-14 所示。

本例中用到了容器的嵌套，JFrame 的 North 和 Center 添加的都是 JLabel 对象，而两个 JLabel 对象里又添加了其他组件，在程序中没有使用 setLayout 设置 JFrame 和 JLabel 的布局策略，原因是两者的默认布局策略正好可以满足本例的布局需求。

9.8　布局管理器

在使用 GUI 类库进行用户界面开发过程中，会碰到如何对组件进行布局的问题。Swing 的组件都放置在容器中，容器需要布局管理器（Layout Manager）来控件加入其中组件的布局,决定容器中组件的大小和位置。

9.8.1　为什么要使用布局管理

新建一个 JFrame 对象,通过 setBounds()方法设置显示尺寸后再添加几个 JButton,会发现一旦将窗体拉大或缩小,组件的排列完全不是按人们所预想的那样自动调整。为了解决这个问题,即当窗体(或容器)缩放时,组件位置也随之合理调整并实现跨平台的动态布局效果,就需要使用布局管理器。容器内的所有组件安排必须由布局管理器负责,如排列顺序、组件的大小、位置等,当窗口移动或调整大小后组件如何变化的功能授权给对应的容器布局管理器来管理。

9.8.2　布局方式

Swing 在布局管理上采用了容器和布局管理分离的方案。也就是说,容器只管将其他组件放入其中,而不管这些组件是如何放置的。布局的管理交给专门的布局管理器类来完成。容器通过 setLayout()方法指定布局管理器,当容器通过 add()方法添加组件时会将组件添加到容器的列表中并调用布局管理器的 addLayoutComponent()方法,使用指定的约束对象将组件添加到容器的布局中。同时容器记录加入其内部的组件的个数,通过 getComponentCount()方法类获得组件的数目,通过 getComponent()来获得相应组件的引用,然后布局管理器就可以通过这些信息来实际布局其中的组件了。

布局管理器在安排组件的位置时往往需要判断组件尺寸,因此会调用组件的 getPreferredSize()、getMinimumSize()和 getMaxmumSize()方法,不过布局管理不会一一考虑这些方法的返回值,某些情况下,布局管理器会忽略这些值。每个容器都有几个插入值(inset)表示容器边上一圈保留像素的数量,该区域不用于显示子组件,通常用这几个值描述容器的边框宽度,布局管理器在计算容器的可用空间时,会从容器宽度中减去左右插入值,并从高度中减去上下插入值,另外布局管理器在排放子组件时会将组件放在容器插入区域的内侧,保证组件不会覆盖到容器边上的保留空间。

常用的布局管理器类有 FlowLayout、BorderLayout、GridLayout、GridBagLayout 等。表 9-7 说明它们的布局特点。

表 9-7　Swing 中的主要布局管理器

布局管理器	中文简称	特　　点
FlowLayout	流布局	把控件按照顺序一个接一个由左向右水平放置在容器中,一行放不下,就放到下一行
BorderLayout	边框布局	将整个容器划分成东南西北中 5 个方位来放置控件,放置控件时需要指定控件放置的方位
CardLayout	卡片布局	将组件像卡片一样放置在容器中,在某一时刻只有一个组件可见
BoxLayout	箱式布局	指定在容器中是否对控件进行水平或者垂直放置

布局管理器	中文简称	特　点
GridLayout	格子布局	将整个容器划分成一定的行和列,可以指定控件放在某行某列上
GridBagLayout	网格组布局	最复杂的布局管理器,可对控件在容器中的位置进行比较灵活的调整

不同的布局管理器使用不同的算法和策略,容器通过选择不同的布局管理器来决定布局。通过使用布局管理器及其组合,能够设计复杂的界面,而且在不同操作系统平台上都能够有一致的显示界面。

9.8.3　CardLayout

卡片布局管理器能够帮助用户处理两个以上成员共享同一显示空间,即允许在同一位置添加并显示所有组件,不过任意时刻只有一个组件是可见的,通过调用 CardLayout 中定义的 first()、last()、next()和 previous()方法指定显示哪个组件。另外 show()方法用于指定显示某个组件,这时将不考虑容器中该组件与其他组件的关系。

卡片布局管理器把容器分成许多层,每层的显示空间占据整个容器,但是每层只允许放置一个组件,当然每层都可以嵌入 JPanel 来实现复杂的用户界面。CardLayout 就像一副叠得整齐的扑克牌,只能看见最上面的一张牌,每一张牌就相当于布局管理器中的一层。其实现过程如下。

(1) 定义面板并为每个面板设置不同的布局,并根据需要在每个面板中放置组件。

```
panelOne.setLayout(new FlowLayout);
panelTwo.setLayout(new GridLayout(2,1));
```

(2) 设置主面板。

```
CardLayout card=new CardLayout();
panelMain.setLayout(card);
```

(3) 将准备好的面板添加到主面板。

```
panelMain.add("red panel",panelOne);
panelMain.add("blue panel",panelOne);
```

add()方法的参数分别用来指定面板标题和 Panel 对象的引用。完成以上步骤以后,必须给用户提供在卡片之间进行切换的方法,常用的方法是每张卡片放置一个按钮,用来控制显示哪张面板,同时实现 actionListener 接口以便定义显示哪张卡片。

```
card.next(panelMain);              //下一个
card.previous(panelMain);          //前一个
card.first(panelMain);             //第一个
card.last(panelMain);              //最后一个
card.show(panelMain,"red panel");  //特定面板
```

9.8.4 BorderLayout

BorderLayout 把容器内的空间划分为东、西、南、北、中 5 个区域,每加入组件时都必须指明把组件加在哪个区域中。BorderLayout 是顶层容器的默认布局方式,它有 5 个位置组件。加入组件时可以指定加入的方位,默认是加入到中间。在 BorderLayout 中整理尺寸时四周的组件会被调整,调整会按照布局管理器的内部规则计算出应该占多少位置,然后中间的组件会占去剩余的空间。

在使用 BorderLayout 的时候,如果容器的大小发生变化,其变化规律为:组件的相对位置不变但大小发生变化。例如容器变高了,则 North、South 区域不变,而 West、Center、East 区域变高;如果容器变宽了,则 West、East 区域不变,而其余区域变宽。不一定所有的区域都有组件,如果四周的区域没有组件,则由 Center 区域去补充,如果Center 区域没有组件,则保持空白。

程序清单 9-14:

```java
package cn.edu.javacourse.ch9;
import java.awt.BorderLayout;
import javax.swing.*;
public class ButtonDir {
    public static void main(String args[]) {
        JFrame f=new JFrame("BorderLayout");
        f.setLayout(new BorderLayout());
        f.add("North",new JButton("North"));
        //按钮添加到容器的 North 区域
        f.add("South",new JButton("South"));
        f.add("East",new JButton("East"));
        f.add("West",new JButton("West"));
        f.add("Center",new JButton("Center"));
        f.setSize(200,200);
        f.setVisible(true);
    }
}
```

运行结果如图 9-15 所示。

图 9-15　BorderLayout 布局示例

9.8.5 FlowLayout

流式布局管理器把容器看成一个行集,好像平时在一张纸上写字一样,一行写满就换下一行。行高是用一行中的控件高度决定的。FlowLayout 是所有 JPanel 和 JApplet 的默认布局管理器。

流的方向取决于容器的 componentOrientation 属性,它可能是以下两个值中的一个:

ComponentOrientation. LEFT _ TO _ RIGHT 和 ComponentOrientation. RIGHT _ TO _ LEFT。

流布局一般用来安排面板中的按钮，它使得按钮呈水平放置，直到同一条线上再也没有适合的按钮。线的对齐方式由 align 属性确定。可能的值有 5 个。

（1）LEFT。此值指示每一行组件都应该是居左的。

（2）RIGHT。指示每一行组件都应该是居右的。

（3）CENTER。指示每一行组件都应该是居中的。

（4）LEADING。表明每行组件都应该与容器方向的开始边对齐，例如，对于从左到右的方向，则与左边对齐。

（5）TRAILING。此值指示每行组件都应该与容器方向的结束边对齐，例如，对于从左到右的方向，则与右边对齐。

在生成流式布局时能够指定显示的对齐方式，默认情况下是居中（FlowLayout. CENTER）。在下面的示例中，可以用如下语句指定居左对齐：

```
JPanel panel=new JPanel(new FlowLayout(FlowLayout.LEFT)));
```

一般地，使用流式布局的容器中的组件从左上角开始，按从左至右的方式排列。其默认构造函数生成一个默认的流式布局，组件在容器里居中，每个组件之间留下 5 个像素的距离。另外，构造时也可以设定每行组件的对齐方式。

当容器的大小发生变化时，用 FlowLayout 管理的组件会发生变化，其变化规律是组件的大小不变，但是相对位置会发生变化。

9.8.6 GirdLayout

GridLayout 的基本布局策略是把容器的空间划分成若干行/列的网格区域，组件就位于这些划分出来的小区域中，所有的区域大小相同。组件按从左到右、从上到下的顺序加入。GirdLayout 的构造函数指定网格的行和列数，行和列数可以有一个为零，但是不能都为零。当容器里增加控件时，容器内将向 0 的那个方向增长。例如如下语句：

```
GridLayout layout=new GridLayout(0,1);
```

在增加控件时，会保持一列的情况下，不断增长行。不过 GridLayout 实例化之后也可使用 setRows（）、setColumns（）、setHgap（）和 setVgap（）方法来设置这些值。GridLayout 不使用约束判断组件的位置和尺寸，因此向 GridLayout 管理的容器添加组件时，应该使用 add（Component）方法。GridLayout 不会考虑子组件的 getPreferredSize（）、getMinimumSize（）等方法。组件会被压缩或拉伸以填充网格单元，因此组件的尺寸会小于最小尺寸或者大于最大尺寸。

程序清单 9-15：

```
package cn.edu.javacourse.ch9;
import java.awt. * ;
```

```java
import java.awt.event. * ;
import javax.swing. * ;
public class CardLayoutDemo implements ActionListener {
    JPanel p1,p2,p3,p4;
    int i=1;
    JFrame f=null;

    public CardLayoutDemo() {
        f=new JFrame();                    //当成 top-level 组件
        Container contentPane=f.getContentPane();
        contentPane.setLayout(new GridLayout(2,1));

        p1=new JPanel();
        JButton b=new JButton("Change Card");
        b.addActionListener(this);
                        //当按下 Change Card 时,进行事件监听,将会有系统操作产生
        p1.add(b);
        contentPane.add(p1);

        p2=new JPanel();
        p2.setLayout(new FlowLayout());
        p2.add(new JButton("first"));
        p2.add(new JButton("second"));
        p2.add(new JButton("third"));

        p3=new JPanel();
        p3.setLayout(new GridLayout(3,1));
        p3.add(new JButton("fourth"));
        p3.add(new JButton("fifth"));
        p3.add(new JButton("This is the last button"));

        p4=new JPanel();
        p4.setLayout(new CardLayout());
        p4.add("one",p2);
        p4.add("two",p3);
        //要显示 CardLayout 的卡片
        ((CardLayout) p4.getLayout()).show(p4,"one");
        contentPane.add(p4);
        f.setTitle("CardLayout");
        f.pack();
        f.setVisible(true);
        f.addWindowListener(new WindowAdapter() {
            public void windowClosing(WindowEvent e) {
                System.exit(0);
```

```
        }
    });
}

public void actionPerformed(ActionEvent event) {
    switch (i) {
    case 1:
        ((CardLayout) p4.getLayout()).show(p4,"two");
        break;
    case 2:
        ((CardLayout) p4.getLayout()).show(p4,"one");
        break;
    }
    i++;
    if (i==3)
        i=1;
    f.validate();
}
public static void main(String[] args) {
    new CardLayoutDemo();
}
}
```

运行结果如图 9-16 所示。

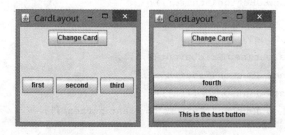

图 9-16　CardLayout 布局效果

9.8.7　BoxLayout

BoxLayout 布局允许将控件按照 X 轴（从左到右）或者 Y 轴（从上到下）方向摆放，而且沿着主轴能够设置不同尺寸。构造 BoxLayout 对象时，有两个参数：

```
Public BoxLayout(Container target,int axis);
```

参数 target 表示要管理的容器，axis 是指哪个轴：BoxLayout. X_AXIS 表示水平排列，而 BoxLayout. Y_AXIS 是垂直排列。

BoxLayout 布局是将所有组件依次按照优先尺寸顺序进行水平或者垂直放置。假如布局的水平或者垂直空间的尺寸不能放下所有组件,则 BoxLayout 会试图调整各个控件的大小来填充整个布局。

程序清单 9-16:

```java
import java.awt.*;
import javax.swing.*;
public class BoxLayoutTest {
    public static void main(String[] args) {
        try {
            UIManager.setLookAndFeel(UIManager.getSystemLookAndFeelClassName());
        } catch (Exception e) {
        }
        JFrame frame=new JFrame("BoxLayout Test");
        frame.setDefaultCloseOperation(JFrame.EXIT_ON_CLOSE);
        Container panel=frame.getContentPane();
        panel.setLayout(new BoxLayout(panel,BoxLayout.Y_AXIS));
        for (float align=0.0f; align<=1.0f; align +=0.25f) {
            JButton button=new JButton("X align="+align);
            button.setAlignmentX(align);
            panel.add(button);
        }
        frame.setSize(400,300);
        frame.setVisible(true);
    }
}
```

运行结果如图 9-17 所示。

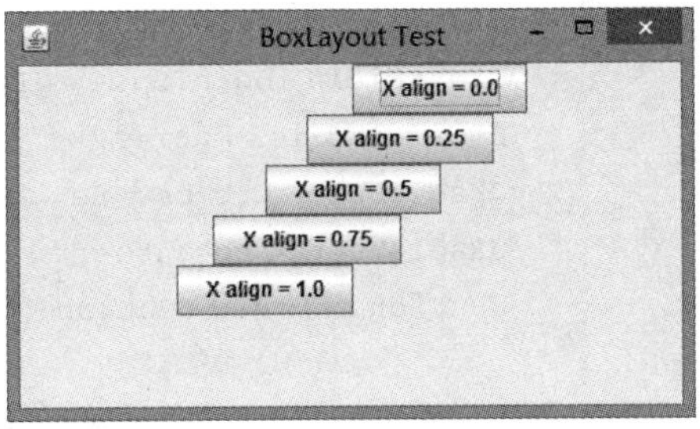

图 9-17 箱式布局的示例

9.8.8 GroupLayout

GroupLayout 将组件按层次分组,以决定它们在容器中的位置。GroupLayout 主要供界面生成器(IDE 提供)使用,但也可以手工编码。分组由 Group 类的实例来完成,GroupLayout 支持两种组:串行组(Sequential Group)按顺序依次放置其子元素,而并行组(Parallel Group)能够以 4 种方式对齐其子元素。

GroupLayout 配合其他的管理器可以实现友好的界面,使用时必须要设置属性 HorizontalGroup 和 VerticalGroup。HorizontalGroup 是按水平方向来分组,而 Vertical-lGroup 是按照垂直方向来确定分组,它们按照 Group 去设置组件的优先级别,级别越高就显示在越上面。

下面的例子实现了一个用户登录的界面,布局灵活美观,具有很强的实用性。

程序清单 9-17:

```java
package cn.edu.javacourse.ch9;
import javax.swing.GroupLayout;
```

```
import javax.swing.GroupLayout.Alignment;
import javax.swing.JButton;
import javax.swing.JLabel;
import javax.swing.JPasswordField;
import javax.swing.JRadioButton;
import javax.swing.JTextField;
public class GroupLayoutDemo extends javax.swing.JFrame {
    public static void main(String[] args) {
        GroupLayoutDemo gf=new GroupLayoutDemo();
    }

    public GroupLayoutDemo() {
        this.setVisible(true);
        this.setSize(250,220);
        this.setVisible(true);
        this.setLocation(400,200);

        JLabel loginLabel=new JLabel("BBS 快捷登录");
        JLabel accLabel=new JLabel("账号: ");
        JLabel pswLabel=new JLabel("密码: ");
        JTextField loginTf=new JTextField();
        JPasswordField psf=new JPasswordField();
        JRadioButton rb_psw=new JRadioButton("记住密码");
        JRadioButton rb_auto=new JRadioButton("自动登录");
        JButton bt1=new JButton("登录");

        GroupLayout layout=new GroupLayout(this.getContentPane());
        this.getContentPane().setLayout(layout);
                //创建 GroupLayout 的水平组 ParallelGroup,越先加入优先级越高
        GroupLayout.SequentialGroup hGroup=layout.createSequentialGroup();
        hGroup.addGap(5);          //添加间隔
        hGroup.addGroup(layout.createParallelGroup().addComponent(accLabel)
            .addComponent(pswLabel));
        hGroup.addGap(5);

        hGroup.addGroup(layout.createParallelGroup().addComponent(loginLabel)
            .addComponent(psf).addComponent(rb_psw).addComponent(rb_auto)
            .addComponent(loginTf).addComponent(bt1));
        hGroup.addGap(5);

        layout.setHorizontalGroup(hGroup);
        //创建 GroupLayout 的垂直连续组,越先加入的优先级级别越高
        GroupLayout.SequentialGroup vGroup=layout.createSequentialGroup();
        vGroup.addGap(10);
```

```
        vGroup.addGroup(layout.createParallelGroup().addComponent(loginLabel));
        vGroup.addGap(10);
        vGroup.addGroup(layout.createParallelGroup().addComponent(accLabel)
              .addComponent(loginTf));
        vGroup.addGap(5);
        vGroup.addGroup(layout.createParallelGroup().addComponent(pswLabel)
              .addComponent(psf));
        vGroup.addGroup(layout.createParallelGroup().addComponent(rb_psw));

        vGroup.addGroup(layout.createParallelGroup().addComponent(rb_auto));
        vGroup.addGroup(layout.createParallelGroup(Alignment.TRAILING)
              .addComponent(bt1));
        vGroup.addGap(10);
        //设置垂直组
        layout.setVerticalGroup(vGroup);
    }
}
```

运行结果如图 9-18 所示。

图 9-18　GroupLayout 示例

9.8.9　GridBagLayout

网格包布局 GridBagLayout 要求组件的大小相同便可以将组件按垂直、水平或沿它们的基线对齐。每个 GridBagLayout 对象维持一个动态的矩形单元网格，每个组件占用一个或多个单元，该单元称为显示区域。矩形网格的总体方向取决于容器的 ComponentOrientation 属性，水平方向从左到右排列，网格坐标（0,0）位于容器的左上角，其中 X 向右递增，Y 向下递增。

每个由 GridBagLayout 管理的组件都与 GridBagConstraints 的实例相关联，GridBagConstraints 对象指定组件在网格中的显示区域以及组件在其显示区域中的放置方式。例如，如下几行代码就可以添加其他组件：

```
GridBagLayout gridbag=new GridBagLayout();
GridBagConstraints gc=new GridBagConstraints();
JFrame f=new JFrame();
f.setLayout(gridbag);
Button button=new Button(name);
gridbag.setConstraints(button,gc);
f.add(jButton);
```

注意，GridBagConstraints 的 4 个参数是使用 GidBagLayout 的关键。

（1）GridBagConstraints.gridwidth 和 GridBagConstraints.gridheight 用于指定组件的显示区域行或列中的单元数，默认值为 1。

（2）GridBagConstraints.fill。当组件的显示区域大于组件所需大小时，用于确定是否以及如何调整组件。可能的值为 GridBagConstraints. NONE、GridBagConstraints. HORIZONTAL(加宽组件直到它足以在水平方向上填满其显示区域,但不更改其高度)、 GridBagConstraints. VERTICAL(加高组件直到它足以在垂直方向上填满显示区域)和 GridBagConstraints. BOTH(使组件完全填满其显示区域)。

(3) GridBagConstraints. anchor。当组件小于其显示区域时,用于确定将组件置于何处。 可能的值有两种:相对和绝对。相对值的解释是相对于容器的 ComponentOrientation 属性, 而绝对值则不然。绝对值有效值有 GridBagConstraints. NORTH 和 GridBagConstraints. CENTER 等。

(4) GridBagConstraints. weightx 和 GridBagConstraints. weighty 是 GridBagConstraints 最重要的属性,用于确定空间分布的方式,这对于指定调整行为至关重要。例如,在一个很 大的窗口(如 300×300)中添加两个按钮(原始大小 40×30),两个按钮默认处于上下两个等 大小的区域中,且只占用了一小部分,没有被按钮占用的区域称为额外区域。该额外区域会 随着参数 weightx 和 weighty 而被分配。

综上所述,要使用网格包布局,必须通过辅助类 GridBagContraints 来定位及调整组 件大小所需要的全部信息。GridBagLayout 的完整使用步骤如下。

(1) 创建网格包布局的实例,并将其定义为当前容器的布局管理器。

(2) 创建 GridBagConstraints 的实例。

(3) 为组件设置约束。

(4) 通过方法设置布局管理器有关组件及其约束等信息。

(5) 将组件添加到容器。

对各个将被显示的组件重复以上步骤就能实现复杂的布局控制,一个完整的示例代 码如程序清单 9-18。

程序清单 9-18:

```
package cn.edu.javacourse.ch9;
import javax.swing.*;
import java.util.*;
import java.awt.*;
public class GridBagLayoutDemo {
    public static void main(String args[]) {
        JFrame f=new JFrame("GridBag Layout Example");
        GridBagLayout gridbag=new GridBagLayout();
        GridBagConstraints c=new GridBagConstraints();
        f.setLayout(gridbag);
        c.fill=GridBagConstraints.BOTH;
        c.gridheight=2;
        c.gridwidth=1;
        c.weightx=0.0;              //默认值为 0.0
        c.weighty=0.0;              //默认值为 0.0
        c.anchor=GridBagConstraints.SOUTHWEST;
        JButton jButton1=new JButton("按钮 1");
```

```
        gridbag.setConstraints(jButton1,c);
        f.add(jButton1);

        c.fill=GridBagConstraints.NONE;
        c.gridwidth=GridBagConstraints.REMAINDER;
        c.gridheight=1;
        c.weightx=1.0;                //默认值为 0.0
        c.weighty=0.8;
        JButton jButton2=new JButton("按钮 2");
        gridbag.setConstraints(jButton2,c);
        f.add(jButton2);

        c.fill=GridBagConstraints.BOTH;
        c.gridwidth=1;
        c.gridheight=1;
        c.weighty=0.2;
        JButton jButton3=new JButton("按钮 3");
        gridbag.setConstraints(jButton3,c);
        f.add(jButton3);
        f.setDefaultCloseOperation(JFrame.EXIT_ON_CLOSE);
        f.setSize(500,500);
        f.setVisible(true);
    }
}
```

运行结果如图 9-19 所示。

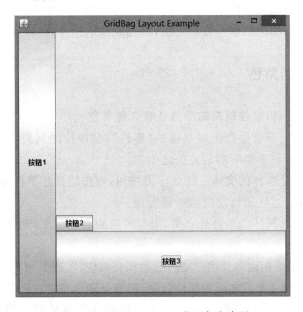

图 9-19 GridBagLayout 实现复杂布局

9.9　事件处理机制

　　事件是一个抽象的概念,它是表示对象状态变化的对象。在面向对象的程序设计中,事件是对象间通信的基本方式。除了完成 GUI 的静态设计,还要为组件提供响应与处理不同事件的能力,从而使程序具备与用户或外部程序交互的能力,使得程序"活"起来。

　　事件处理关注程序动态的特征,组件根据用户的交互产生各种类型的事件消息,这些事件消息由应用程序的事件处理代码捕获,在进行相应的处理后驱动响应对象作出反应。事件产生和处理的流程如图 9-20 所示。

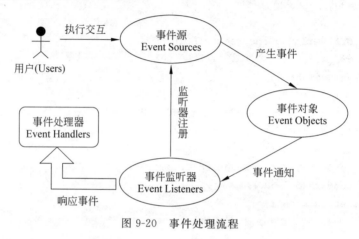

图 9-20　事件处理流程

　　一旦程序具备事件处理的能力,用户就可以通过单击按钮或执行特定菜单命令等操作,向应用程序发送相关的命令消息;程序通过事件监听器对象捕获到用户激发的消息,并对其作出响应,执行相关的事件处理方法,以完成预定任务。

9.9.1　事件处理的角色

　　从图 9-20 可以看到,事件机制的参与者有 3 种角色。

　　(1) 事件对象。它是事件产生时具体的"事件",会被传递到监听器的相应的方法之中作为参数,它一般存在于监听器的方法之中。

　　(2) 事件源。接受事件的实体。比如单击按钮,则按钮就是事件源,必须让按钮对某些事件进行响应,这通过注册特定的监听器实现。

　　(3) 事件监听器。具体的事件处理类,当有对应的事件对象产生的时候,调用相应的方法进行处理。

　　事件表达了系统、应用程序及用户之间的动作和响应,实现了用户与程序之间的交互。用户在界面中激发的事件被封装成为事件对象,所有与该事件有关的信息和参数均封装在事件对象中。定义在 java. util. EventObject 类是所有这些事件对象的公共父类,而 java. awt. AWTEvent 抽象类中定义了各种事件类型的标识以及获取这些事件标识的方法。

9.9.2 事件分发机制的实现：观察者模式

事件的注册监听机制基于观察者模式实现,观察者模式定义了对象之间一对多的依赖关系,让多个观察者对象同时监听某一个主题对象。主题对象在状态上发生变化时,会通知所有观察者对象,使它们能够自动更新。

系统设计中,常常在一个对象的状态发生变化时,其他的对象需要作出相应的改变。做到这一点的设计方案有很多,但应该选择低耦合的设计方案。减少对象之间的耦合有利于设计的复用,但是这些低耦合度的对象之间需要维持行动的协调一致,保证协作。比如描述工作岗位和求职者之间的关系时,当工作岗位变化时,求职者需要能立即得到通知,因此求职者就是观察者,而工作岗位是主题对象。观察者模式如图 9-21 所示。

图 9-21 观察者模式

1. 观察者模式的实现角色

从实现的角度看,观察者模式包括以下角色。

(1) 抽象主题(Subject)角色。主题角色把所有观察对象的引用保存在一个集合中,每个主题都可以有任何数量的观察者。抽象主题提供一个接口,可以增加和删除观察者对象,主题角色又称为被观察者(Observable)角色,一般用抽象类或者接口实现。

(2) 抽象观察者(Observer)角色。为所有的具体观察者定义一个接口,在得到主题的通知时更新自己,该接口称为更新接口。抽象观察者角色一般用抽象类或接口实现。

(3) 具体主题(Concrete Subject)角色。将有关状态存入具体现察者对象,在具体主题的内部状态改变时,给所有登记过的观察者发出通知。具体主题角色通常用一个具体子类实现。

(4) 具体观察者(Concrete Observer)角色。具体现察者角色实现抽象观察者角色所要求的更新接口,以便使本身的状态与主题的状态相协调。

具体主体角色持有抽象观察者的引用,而不是具体观察者类型,这种做法称为"针对抽象编程"。

2. Java 对观察者模式的支持

在 java.util 库中提供了一个 Observable 类以及一个 Observer 接口,Observer 接口只定义了一个方法 update(),当被观察者对象的状态发生变化时,被观察者对象的notifyObservers()方法就会调用这一方法。

```
public interface Observer {
    void update(Observable o,Object arg);
}
```

被观察者类都是 Observable 的子类,它有两个重要的方法 setChanged()和 notifyObservers()。setChanged()被调用之后会设置一个内部标记变量,代表被观察者对象的状态发生了变化。而 notifyObservers()方法被调用时,会调用所有登记过的观察者对象的 update()方法,使这些观察者对象响应更新。而 Subject 接口定义了观察者对象的注册方法和通知观察者接口方法。

```java
public interface Subject {
    public void registerObserver(Observer o);
    public void removeObserver(Observer o);
    public void notifyAllObservers();
}
```

接下来用一个类实现这个接口,它就是具体要观察的对象了。

3. 示例

本例描述猎头工作的场景,有 2 个角色:猎头和求职者。求职者先在猎头处注册,当有新的工作机会时猎头就会通知求职者。本例的设计过程具有通用性,适用于很多不同的应用场合,比如邮件订阅通知。

首先,实现 Observer 接口,它只有一个函数 update(),它将被主题 Subject 调用,用来通知感兴趣的事件的发生。然后,让 HeadHunter 类实现了 Subject 接口,它包含一个注册用户的集合类和一个保存工作机会的集合类。

```java
import java.util.ArrayList;
public class HeadHunter implements Subject{
    private ArrayList<Observer>userList;
    private ArrayList<String>jobs;

    public HeadHunter(){
        userList=new ArrayList<Observer>();
        jobs=new ArrayList<String>();
    }
    @Override
    public void registerObserver(Observer o) {
        userList.add(o);
    }
    @Override
    public void removeObserver(Observer o) {}
    @Override
    public void notifyAllObservers() {
        for(Observer o: userList){
            o.update(this);
        }
    }
```

```
    public void addJob(String job) {
        this.jobs.add(job);
        notifyAllObservers();
    }
    public ArrayList<String>getJobs() {
        return jobs;
    }
    public String toString(){
        return jobs.toString();
    }
}
```

JobSeeker 是观察者,用来具体实现 Observer 接口。

```
public class JobSeeker implements Observer {
    private String name;
    public JobSeeker(String name){
        this.name=name;
    }
    @Override
    public void update(Subject s) {
        System.out.println(this.name+" got notified!");
        //print job list
        System.out.println(s);
    }
}
```

至此观察者模式的主要实现类定义完成,开始使用。

```
public class ObserverDemo{
    public static void main(String[] args) {
        HeadHunter hh=new HeadHunter();
        hh.registerObserver(new JobSeeker("Mike"));
        hh.registerObserver(new JobSeeker("Chris"));
        hh.registerObserver(new JobSeeker("Jeff"));
        //每次添加一个 Job,所有找工作人都可以得到通知
        hh.addJob("Google Job");
        hh.addJob("Yahoo Job");
    }
}
```

观察者模式最大程度地解耦了主题和观察者,提高了主题和观察者的重用性,而且,主题不需知道观察者的具体实现,只要求它实现了观察者接口就可以随时加入或从主题中移除。因此,它非常适合于事件的广播和传递。

9.9.3 事件分类

事件类大致分为两种：语义事件（Semantic Events）与低级事件（Low-level Events）。其中语义事件直接继承自 AWTEvent，如 ActionEvent、AdjustmentEvent 与 ComponentEvent等。而低级事件则是继承自 ComponentEvent 类，如 ContainerEvent、FocusEvent、Window-Event 与 KeyEvent 等。应用程序中的对象实例正是通过这些对象，实现对象驱动与消息传递。如图 9-22 所示，AWTEvent 类是所有事件类的最上层，它继承了 java.util.Event-Object 类。

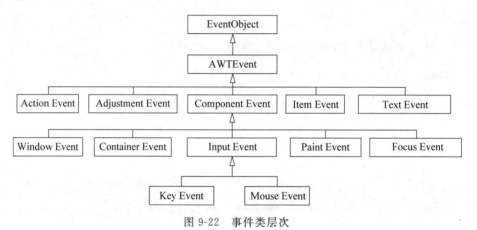

图 9-22　事件类层次

另外，针对产生事件的事件源和事件类型编写事件处理功能的程序时，必须导入包java.awt.event.＊，低级事件和语义事件的说明见表 9-8 和表 9-9。

表 9-8　低级事件列表

事件名称	事件说明	事件触发条件
ComponentEvent	组件事件	缩放、移动、显示或隐藏组件
InputEvent	输入事件	操作键盘或鼠标
KeyEvent	键盘事件	键盘按键被按下或释放
MouseEvent	鼠标事件	鼠标移动、拖动、按下、释放或单击
FocusEvent	焦点事件	组件得到或者失去焦点
WindowEvent	窗口事件	窗口被激活、关闭、图标化、恢复等
ContainerEvent	容器事件	容器内组件的添加或删除

表 9-9　语义事件列表

事件名称	事件说明	事件源组件	事件的触发条件
ActionEvent	行为事件	JButton JTextField ComboBox Timer	单击按钮、选择菜单项、选择列表项、定时器设定时间到、文本域内输入回车符等操作

续表

事件名称	事件说明	事件源组件	事件的触发条件
ItemEvent	选项事件	JCheckBox JRadioButton JChoice JList	选择列表选项
TextEvent	文本事件	JTextField JTextArea	输入改变文本内容
AdjustmentEvent	调整事件	ScrollBar	调整滚动条

9.9.4 委托事件模型

Java 采用了委托事件处理模式,即组件本身没有成员方法来处理事件,而是将事件委托给事件监听者处理,这就使得组件更加简练。

产生事件的组件即事件源,如果希望对事件进行处理,可调用事件源的注册方法把事件监听器注册给事件源,当事件源发生事件时,事件监听器就代替事件源对事件进行处理,这就是委托,如图 9-23 所示。

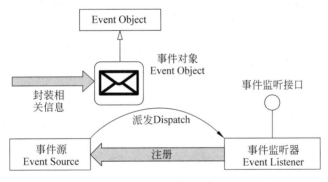

图 9-23 事件委托

事件监听器可以是自定义类或其他容器,如 JFrame。它们本身也没有处理方法,需要使用事件接口中的事件处理方法。因此,事件监听器必须实现事件接口。

事件类是对事件的封装,它与监听者接口对应,每个接口包含若干处理事件的抽象方法。当具体事件发生时,事件将被封装成一个事件对象作为参数传递给方法,由这个具体方法负责响应并处理发生的事件。

每一类监听器只能处理与自己相对应的同类型事件,一个事件源可能会产生多类事件,因此一个事件源可以注册多个监听器对象来处理不同的事件类。常见的事件接口及其方法如表 9-10 所示。

表 9-10　常见的事件接口及其方法列表

事件类	事件源	监听器接口	监听器接口定义的抽象方法
ActionEvent	JButton JTextField JMenuItem JList	ActionListener	actionPerformed(ActionEvent e)
AdjustmentEvent	ScrollBar ScrollablePanel	AdjustmentListener	adjustmentValueChanged (AdjustmentEvent e)
ItemEvent	JChoice JList	ItemListener	itemStateChanged(ItemEvent e)
KeyEvent	Component	KeyListener	keyTyped(KeyEvent e) keyPressed(KeyEvent e) keyReleased(KeyEvent e)
MouseEvent	Component	MouseListener MouseMotionListener	mouseClicked(MouseEvent e) mouseEntered(MouseEvent e) mouseExited(MouseEvent e) mousePressed(MouseEvent e) mouseReleased(MouseEvent e) mouseDragged(MouseEvent e) mouseMoved(MouseEvent e)
TextEvent	TextComponent	TextListener	textValueChanged(TextEvent e)
WindowEvent	Window	WindowListener	windowActivated(WindowEvent e) windowClosed(WindowEvent e) windowClosing(WindowEvent e) windowDeactivated(WindowEvent e) windowDeiconified(WindowEvent e) windowIconified(WindowEvent e) windowOpened(WindowEvent e)

事件源通过注册方法,将监听器对象添加到自己的监听队列中。针对不同事件类型,相应的注册方法也有所不同。注册方法的通用形式可表示为

```
public void addXXXListener(XXXListener listenerObject)
```

例如组件 JButton 的对象 btnExit. addActionListener(handler)将监听 ActionEvent 事件的对象 handler 注册给按钮 btnExit。

事件处理类可以是单独定义的类,也可以是内部类与匿名类或使用 Lambda 表达式。内部类实现事件监听器接口,实现事件处理逻辑。例如,在文本框 TextEvent 类处理 ActionEvent 事件的使用范例如下。

程序清单 9-19:

```
package cn.edu.javacourse.ch9;
import java.awt.*;
import java.awt.event.*;
```

```java
import javax.swing. * ;
public class EventHandlingDemo extends JFrame implements ActionListener,KeyListener {
    JTextField t1=new JTextField(15);
    JTextField t2=new JTextField(15);
    JButton b1=new JButton("按钮");
    public void init() {
        JLabel l1=new JLabel("输入: ");
        JLabel l2=new JLabel("输出: ");

        setSize(220,220);
        setTitle("Item Event");
        setLayout(new FlowLayout(FlowLayout.LEFT));
        t1.addKeyListener(this);
        t1.addActionListener(this);
        b1.addActionListener(this);
        //让 frm 当成 t1、t2、b1 的监听器
        add(l1);
        add(t1);
        add(l2);
        add(t2);
        add(b1);
        setVisible(true);
    }
    public static void main(String args[]) {
        new EventHandlingDemo().init();
    }

    //事件发生时的处理操作
    public void actionPerformed(ActionEvent e) {
        if (e.getSource()==t1)
            t2.setText("文本框发出动作事件");
        if (e.getSource()==b1)
            t2.setText("按钮发出动作事件");
    }
    @Override
    public void keyPressed(KeyEvent arg0) {
        t2.setText("keyPressed");
    }

    @Override
    public void keyReleased(KeyEvent arg0) {
        t2.setText("keyReleased");
    }
    @Override
```

```
    public void keyTyped(KeyEvent arg0) {
        t2.setText("keyTyped");
    }
}
```

9.9.5　事件监听器

在编写 UI 程序时,往往需要添加很多组件,来实现与用户的交互。每个组件都需要注册事件处理监听器并编写相应的事件处理逻辑。组件的事件注册过程类似,一般形式如下:

```
component.addActionListener(
    new ActionListener(){
        public void actionPerformed(ActionEvent e) {
            ...
        }
});
```

如果组件很多,写起来就比较烦琐,以下示例通过注解提供一种更为简洁的事件处理方案。

程序清单 9-20:

```
import java.lang.annotation.ElementType;
import java.lang.annotation.Retention;
import java.lang.annotation.RetentionPolicy;
import java.lang.annotation.Target;
@Target(ElementType.FIELD)
@Retention(RetentionPolicy.RUNTIME)
public @interface ActionListenerFor {
    String listener();
}
```

注解 ActionListenerFor 定义了一个成员变量用于保存监听器实现类。接下来,使用 ActionListenerFor 来绑定事件监听器。

程序清单 9-21:

```
import java.awt.event.ActionEvent;
import java.awt.event.ActionListener;
import javax.swing.JButton;
import javax.swing.JFrame;
import javax.swing.JOptionPane;
import javax.swing.JPanel;
public class AnnotationTest {
    private JFrame mainWin=new JFrame("使用注释绑定事件监听器");
```

```
//使用注解为 ok 按钮绑定事件监听器
@ActionListenerFor(listener="OkListener")
private JButton ok=new JButton("确定");
@ActionListenerFor(listener="CancelListener")
private JButton cancel=new JButton("取消");

public void init() {
    JPanel jp=new JPanel();
    jp.add(ok);
    jp.add(cancel);
    mainWin.add(jp);

    ActionListenerInstaller.processAnnotations(this);
    mainWin.setDefaultCloseOperation(JFrame.EXIT_ON_CLOSE);
    mainWin.pack();
    mainWin.setVisible(true);
}
public static void main(String[] args) {
    new AnnotationTest().init();
}
}


class OkListener implements ActionListener {
    @Override
    public void actionPerformed(ActionEvent e) {
        JOptionPane.showMessageDialog(null,"单击了确定按钮");
    }
}
class CancelListener implements ActionListener {
    @Override
    public void actionPerformed(ActionEvent e) {
        JOptionPane.showMessageDialog(null,"单击了取消按钮");
    }
}
```

　　上面代码使用@ActionListenerFor(listener="OkListener")为 ok 按钮注册了事件监听。但仅在程序中使用注解是不会有任何作用的,必须使用注解处理器来处理程序中的注解,该处理器分析目标对象中的所有属性 Field,如果该 Field 使用了 ActionListenerFor 注解,则取出该注解中的 listener 元数据,并根据该数据来绑定事件监听器。

　　程序清单 9-22:

```
import java.awt.event.ActionListener;
import java.lang.reflect.Field;
import javax.swing.AbstractButton;
```

```java
public class ActionListenerInstaller {
    public static void processAnnotations(Object obj) {
        try {
            Class clazz=obj.getClass();
            for (Field fd : clazz.getDeclaredFields()) {
                fd.setAccessible(true);
                //获取指定的 Field 的 ActionListenerFor 类型的注释
                ActionListenerFor actionFor=fd.getAnnotation(ActionListenerFor.
                class);
                if (actionFor !=null && fd.get(obj) instanceof AbstractButton) {
                    Class listenerClazz=
                        Class.forName("cn.edu.javacourse.ch9."+actionFor.listener());

                    ActionListener  aListener = (ActionListener) listenerClazz.
                    newInstance();
                    AbstractButton abutton= (AbstractButton)fd.get(obj);
                    //为获取到的对象绑定事件监听器
                    abutton.addActionListener(aListener);
                }
            }
        } catch (Exception e) {
            e.printStackTrace();
        }
    }
}
```

运行以上程序可以看到,当单击"确定"或"取消"按钮时会分别弹出"单击了确定按钮"和"单击了取消按钮"。如果程序由大量类似的事件处理功能,以上代码提供了一种通用处理方案。

9.9.6 事件适配器

事件监听接口中往往包含多个方法,而有时程序只需要其中的一两个,这时候其他方法就只是空实现。这样会导致事件处理部分的实现很烦琐,而事件适配器(Adapter)是对这类问题的简化。适配器类实现了监听器接口的所有方法,但不做任何事情,即这些适配器类中的方法都是空的。继承适配器类,就等于实现了相应的监听器接口。如果要对某类事件的某种情况进行处理,只要重写相应的方法就可以了,其他的方法就不用实现了。

事件适配器提供了一种简单的实现监听器的手段,可以缩短程序代码。但是,要注意适配器用的是继承,会导致侵入式的设计。java. awt. event 包中定义的事件适配器类包括以下 7 个。

(1) ComponentAdapter(组件适配器)。

(2) ContainerAdapter(容器适配器)。

（3）FocusAdapter（焦点适配器）。

（4）KeyAdapter（键盘适配器）。

（5）MouseAdapter（鼠标适配器）。

（6）MouseMotionAdapter（鼠标运动适配器）。

（7）WindowAdapter（窗口适配器）。

下面代码是一个关于使用鼠标适配器的例子。

程序清单 9-23：

```java
import java.awt.*;
import java.awt.event.*;
import java.sql.Date;
public class MyWindow extends MouseAdapter
{
    private JFrame frame;
    private JLabel label;
    private JButton button;
    private JTextField textField;

    public void go()
    {
        frame=new JFrame("Mouse Adapter");
        //加上窗口监听器,其中主要实现了退出功能
        frame.addWindowListener(new MyWindowListener2());
        label=new JLabel("This is my Window");
        frame.add(label,BorderLayout.NORTH);
        button=new JButton("MyButton");
        frame.add(button,BorderLayout.WEST);
        //设置按钮事件监听器,按钮按下时会向控制台输出信息
        button.addActionListener(new MyButtonListener2());
        textField=new JTextField(40);
        frame.add(textField,BorderLayout.SOUTH);
        //加上鼠标动作监听器,因为类本身实现了这两个接口,所以参数是 this
        frame.addMouseListener(this);
        frame.addMouseMotionListener(this);
        //可以添加多个监听器
        frame.pack();
        frame.setVisible(true);
    }

    public static void main(String[] args)
    {
        MyWindow window=new MyWindow();
        window.go();
```

```java
        }

        @Override
        public void mouseMoved(MouseEvent e)
        {
            String str="x="+e.getX()+",y="+e.getY();
            this.textField.setText(str);
            System.out.println(str);
        }
        @Override
        public void mouseExited(MouseEvent e)
        {
            this.textField.setText("the mouse has exited.");
        }
}
class MyButtonListener2 implements ActionListener
{
    //因为 ActionListener 只有一个方法,所以没有适配器
    @SuppressWarnings("deprecation")
    @Override
    public void actionPerformed(ActionEvent e)
    {
        System.out.println("The Button is pressed!");
        Long time=e.getWhen();
        System.out.println("timestamp: "+time);
          Date date=new Date(time);
        System.out.println(date.toLocaleString());
    }
}
class MyWindowListener2 extends WindowAdapter
{
    @Override
    public void windowClosing(WindowEvent e)
    {
        System.out.println("windowClosing");
        System.exit(0);
    }
}
```

运行结果如图 9-24 所示。

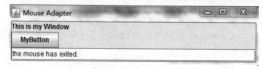

图 9-24 事件适配器类

9.9.7 自定义用户事件

在有些情况下,已定义的事件类无法满足程序设计需要。例如,游戏程序中的自动门控制,在有人进入暗室时,希望能够触发某个事件(比如响起警报)。此时,就需要基于事件模型定义用户自定义事件。

总体来讲,定义用户事件类包括如下步骤。

1. 定义事件监听器

根据事件模型,事件监听器的作用在于声明能捕获的事件类型,监听器对象是以接口形式实现的。因此,根据游戏设计过程中的功能需求,定义门控事件监听器接口如程序清单 9-24。

程序清单 9-24:

```
public interface DoorListener extends EventListener {
    public void doorEvent(DoorEvent event);
}
```

在上述代码中,定义的 DoorListener 接口中定义了一个抽象方法,该方法的参数中,定义了用于封装事件消息的事件对象 DoorEvent。

2. 定义事件类

事件类是真正封装了事件消息的对象,定义 DoorEvent 对象代码如程序清单 9-25。

程序清单 9-25:

```
public class DoorEvent extends EventObject {
    private String doorState="";     //表示门的状态,有"开"和"关"两种
    public DoorEvent(Object source,String doorState) {
        super(source);
        this.doorState=doorState;
    }

    public void setDoorState(String doorState) {
        this.doorState=doorState;
    }
    public String getDoorState() {
        return this.doorState;
    }
}
```

3. 定义事件源

事件源对象是一个控制开门关门的遥控器,它用一个集合对象来存储所有的事件监

听器对象,监听注册是通过 addDoorListener()方法实现。notifyListeners()是触发事件的方法,用来通知系统特定事件发生了。

程序清单 9-26:

```java
public class DoorManager {
    private Collection listeners;
    public void addDoorListener(DoorListener listener) {
        if (listeners==null) {
            listeners=new HashSet();
        }
        listeners.add(listener);
    }
    public void removeDoorListener(DoorListener listener) {
        if (listeners==null)
            return;
        listeners.remove(listener);
    }
    //触发开门事件
    protected void fireDoorOpened() {
        if (listeners==null)
            return;
        DoorEvent event=new DoorEvent(this,"open");
        notifyListeners(event);
    }
    protected void fireDoorClosed() {
        if (listeners==null)
            return;
        DoorEvent event=new DoorEvent(this,"close");
        notifyListeners(event);
    }
    //通知所有的 DoorListener
    private void notifyListeners(DoorEvent event) {
        Iterator iter=listeners.iterator();
        while (iter.hasNext()) {
            DoorListener listener=(DoorListener) iter.next();
            listener.doorEvent(event);
        }
    }
}
```

4. 为组件注册事件监听器

将该事件注册到按钮单击动作中,以便使得按钮能够处理 DoorEvent 事件。

程序清单9-27：

```
public class DoorMain {
    public static void main(String[] args) {
        DoorManager manager=new DoorManager();
        manager.addDoorListener(new DoorHandler());      //给门1增加监听器
        manager.addDoorListener(new DoorHandler2());      //给门2增加监听器

        manager.fireDoorOpened();
        System.out.println("warning,有人侵入…");
        manager.fireDoorClosed();
    }
}
public class DoorHandler implements DoorListener {
    @Override
    public void doorEvent(DoorEvent event) {
        //TODO Auto-generated method stub
        if (event.getDoorState() !=null && event.getDoorState().equals("open")) {
            System.out.println("门1打开");
        } else {
            System.out.println("门1关闭");
        }
    }
}
```

在上面的定义代码中，使用了观察者模式。DoorManager 是注册观察者的主题对象（Subject），而 DoorListener 是观察者，DoorManager 负责触发动作，并通知观察者事件的发生。

实际上，以面向对象方式实现的应用系统中，对象之间的交互以及触发相应的动作，都是依靠事件消息的发送和传播实现的。因此，事件的触发、响应和处理在面向对象程序编写过程中十分重要。

9.10　模型

构建应用程序应以数据为中心，而不是以用户界面为中心，为实现 MVC 的编程范式，Swing 为每种带有逻辑数据或值的组件定义了独立的模型接口，这种分割使程序可以选择向组件中嵌入自己的模型实现。这是单一职责原则的最佳实践，将数据源同界面展现分开能促进代码重用和框架的可扩展性。模型负责存储数据，界面代理负责从模型中获取数据并渲染到界面上去，而组件通常协调模型和用户代理之间的操作，用户界面代理对象可以在运行时动态替换，实现可插拔的外观。

模型分为两大类：GUI 状态模型和应用数据模型。GUI 状态模型是描述 GUI 控件可视化状态的接口,如按钮是否按下或列表中哪一项被选中,仅在 GUI 环境中用到。通常来说,可以通过组件的方法操作组件的状态,而不必和模型直接交互。

如果不显示设置组件的模型,组件会在内部创建默认模型,比如 JSlider 会初始化一个 DefaultBoundedModel 对象,而 ListModel 由 DefaultListModel 来实现。有些模型如 ListModel、TableModel 和文本包中的 Document 接口,提供了抽象实现供开发人员去扩展。抽象的模型实现至少为监听器和事件方法提供登记方法,这使得它们具有子类化的价值。

数据模型是描述具体应用程序数据含义的接口,每个处理集合数据的组件都采用模型的概念,而且这也是使用和操作数据的首选方法。它清晰地把 UI 的工作与底层数据分开。模型工作的机制是向组件描述如何显示集合数据。每个组件需要的描述略有不同。

(1) JComboBox 要求其模型告诉它把什么文本作为选项显示以及有多少选项。

(2) JSpinner 要求其模型告诉它显示什么文本,前一个和下一个选择是什么。

(3) JList 要求模型告诉它把什么文本作为选项显示,存在多少选项。

(4) JTable 要求模型告诉它存在多少列和多少行、列名称、每列的类以及在每个单元格中显示什么文本。

(5) JTree 要求它的模型告诉它整个树的根结点、父结点和子结点。

模型提供了代码重用,而且使数据处理更加容易。更常见的应用是在大型应用程序中,服务器端开发人员创建和检索数据,并把数据传递给 UI 开发人员。如何处理这些数据和正确地显示它们取决于 UI 开发人员,而模型就是实现这项任务的工具。

9.11　拖放操作

拖放功能在用户拖动图标时复制目标对象,这给用户提供良好的用户体验,以下程序演示了将 JLabel 文字拖放到其他可编辑组件的实现。

程序清单 9-28:

```java
package cn.edu.javacourse.ch9;
import java.awt.Cursor;
import java.awt.datatransfer.StringSelection;
import java.awt.datatransfer.Transferable;
import java.awt.dnd.*;
import javax.swing.*;
public class DragSourceDemo {
    JFrame jf=new JFrame("Swing 的拖放支持");
    JLabel srcLabel=new JLabel("放支持:将该文本域的内容拖入其他程序./n");
    public void init() {
        DragSource dragSource=DragSource.getDefaultDragSource();
        //将 srcLabel 转换成拖放源,它能接受复制、移动两种操作
        dragSource.createDefaultDragGestureRecognizer(srcLabel,
```

```
        DnDConstants.ACTION_COPY_OR_MOVE,new DragGestureListener()
        {
            public void dragGestureRecognized(DragGestureEvent event) {
            //将 JLabel 里的文本信息包装成 Transferable 对象
            String txt=srcLabel.getText();
            Transferable transferable=new StringSelection(txt);
             event.startDrag(Cursor.getPredefinedCursor(Cursor.HAND_CURSOR),
             transferable);
            }
        });
        jf.add(new JScrollPane(srcLabel));
        jf.setDefaultCloseOperation(JFrame.EXIT_ON_CLOSE);
        jf.pack();
        jf.setVisible(true);
    }
    public static void main(String[] args) {
        new DragSourceDemo().init();
    }
}
```

Swing 的拖放机制允许不同组件分别作为拖放源和拖放目标,用得最多的文本域,它既能拖入文本,也能将文本拖出。

9.12 综合示例

JTree 和 JTable 是 Swing 中最为复杂的可编辑组件,其功能相当强大。

9.12.1 JTree

利用 JTree 可以显示并操作等级体系的数据。JTree 对象并不包含实际的数据,它只提供了数据的视图,需要通过查询数据模型获得数据。

JTree 垂直显示它的数据,树中显示的每一行包含一项数据,称之为结点(Node)。每棵树有一个根(Root)结点,其他所有结点是它的子孙。默认情况下,树只显示根结点,但是可以设置改变默认显示方式。拥有孩子的结点称为"分支结点",而不能拥有孩子的结点称为"叶子结点",分支结点可以有任意多个孩子。通常,用户可以通过单击实现展开或折叠分支结点,使得它们的孩子可见或者不可见。默认情况下,除了根结点以外的所有分支结点默认处于折叠状态。

在 JTree 中,一个结点可以通过 TreePath(包括结点和它所有祖先结点的路径对象)来识别。展开结点就是一个非叶子结点,当它的所有祖先都展开时,它将显示它的孩子。折叠结点是隐藏了孩子结点的结点,隐藏结点就是折叠结点下的孩子结点。

JTree 通过 TreeModel、Vector 或 TreeNode 来构造,以下代码就创建了一个 JTree。

程序清单 9-29：

```
DefaultMutableTreeNode rootNode=new DefaultMutableTreeNode("root");
JTree tree=new JTree(rootNode);
tree.setAutoscrolls(true);
```

创建树后，需要编写事件处理逻辑，响应对结点的选择作出响应。可以实现树结点选择监听器，并且注册在这棵树上。接下来的代码显示了有关选择的代码：

```
tree.addTreeSelectionListener(this);
    ⋮
public void valueChanged(TreeSelectionEvent e){
    DefaultMutableTreeNode node= (DefaultMutableTreeNode)
                            tree.getLastSelectedPathComponent();
}
```

如果模型 DefaultTreeModel 不能符合需求，则需要自定义数据模型。自定义数据模型必须实现 TreeModel 接口，指定获取树中特定结点、获取特定结点的孩子数量、确定一个结点是否为叶子、通知模型树的改变和增加删除树模型监听器的方法。

下面代码展示了一个家谱，它展示了某一个人的子孙和祖先。首选需要定义树结点的数据表示类 Person。

程序清单 9-30：

```
package cn.edu.javacourse.ch9;
import java.util.Vector;
public class Person {
        Person father;
        Person mother;
        Vector<Person>children;
        private String name;

        public Person(String name) {
                this.name=name;
                mother=father=null;
                children=new Vector<Person>();
        }

        public static void linkFamily(Person pa,Person ma,Person[] kids) {
                for (Person kid : kids) {
                        pa.children.addElement(kid);
                        ma.children.addElement(kid);
                        kid.father=pa;
                        kid.mother=ma;
                }
        }
```

```
        }
        public String toString() {
                return name;
        }
        public String getName() {
                return name;
        }
        public Person getFather() {
                return father;
        }
        public Person getMother() {
                return mother;
        }
        public int getChildCount() {
                return children.size();
        }
        public Person getChildAt(int i) {
                return (Person) children.elementAt(i);
        }
        public int getIndexOfChild(Person kid) {
                return children.indexOf(kid);
        }
}
```

然后实现一个自定义的 TreeModel，作为 JTree 的数据源。

程序清单 9-31：

```
package cn.edu.javacourse.ch9;
import javax.swing.event.TreeModelEvent;
import javax.swing.event.TreeModelListener;
import javax.swing.tree.TreeModel;
import javax.swing.tree.TreePath;
import java.util.Vector;
public class GenealogyModel implements TreeModel {
        private boolean showAncestors;
        private Vector<TreeModelListener>treeModelListeners=new Vector
        <TreeModelListener>();
        private Person rootPerson;
        public GenealogyModel(Person root) {
                showAncestors=false;
                rootPerson=root;
        }
        //在显示祖先和子孙之间进行切换
```

```java
public void showAncestor(boolean b,Object newRoot) {
        showAncestors=b;
        Person oldRoot=rootPerson;
        if (newRoot !=null) {
                rootPerson=(Person) newRoot;
        }
        fireTreeStructureChanged(oldRoot);
}
//实现 TreeStructureChanged 事件
protected void fireTreeStructureChanged(Person oldRoot) {
    int len=treeModelListeners.size();
    TreeModelEvent e=new TreeModelEvent(this,new Object[] { oldRoot });
    for (TreeModelListener tml : treeModelListeners) {
            tml.treeStructureChanged(e);
    }
}
public void addTreeModelListener(TreeModelListener l) {
    treeModelListeners.addElement(l);
}
public Object getChild(Object parent,int index) {
        Person p=(Person) parent;
        if (showAncestors) {
            if ((index>0) && (p.getFather() !=null)) {
                    return p.getMother();
            }
            return p.getFather();
        }
        return p.getChildAt(index);
}

public int getChildCount(Object parent) {
        Person p=(Person) parent;
        if (showAncestors) {
                int count=0;
                if (p.getFather() !=null) {
                        count++;
                }
                if (p.getMother() !=null) {
                        count++;
                }
                return count;
        }
```

```
        return p.getChildCount();
    }
    //返回孩子在层次树中所在的层次
    public int getIndexOfChild(Object parent,Object child) {
        Person p=(Person) parent;
        if (showAncestors) {
            int count=0;
            Person father=p.getFather();
            if (father !=null) {
                count++;
                if (father==child) {
                    return 0;
                }
            }
            if (p.getMother() !=child) {
                return count;
            }
            return-1;
        }
        return p.getIndexOfChild((Person) child);
    }
    public Object getRoot() {
        return rootPerson;
    }
    public boolean isLeaf(Object node) {
        Person p=(Person) node;
        if (showAncestors) {
            return ((p.getFather()==null) && (p.getMother()==null));
        }
        return p.getChildCount()==0;
    }
    public void removeTreeModelListener(TreeModelListener l) {
        treeModelListeners.removeElement(l);
    }
    public void valueForPathChanged(TreePath path,Object newValue) {
    System.out.println(" *** valueForPathChanged: "+path+"-->"+newValue);
    }
}
```

GenealogyModel 实现了 TreeModel 接口,这就需要实现获得结点信息的一系列方法,例如,哪个是根结点、某个结点的子孙是哪些结点。本例中,每个结点是一个 Person对象。

本例其他部分的代码请自己编写,程序运行后结果如图 9-25 所示。

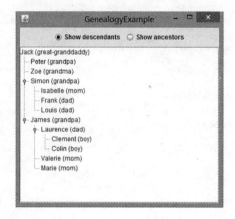

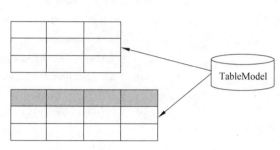

图 9-25　JTree 实现家谱　　　　　　　　图 9-26　JTable 和 TableModel 的关系

9.12.2　JTable

JTable 以表格的方式显示和操作数据,它常常需要显示在滚动面板中,否则表格可能不会显示标题。

通过 JTable table=new JTable(3,4)即可创建一个三行四列的表格,在具体的应用中,要让 JTable 显示自己定义的数据,比如显示 StudentInfo 对象到表格中,就必须定制 JTable 的数据模型 javax.swing.table.TableModel。

JTable 主要负责界面显示功能,但 JTable 对象具体显示多少行多少列、每行每列中显示什么类型的数据、JTable 中的单元格是否可编辑等,都是由 TableModel 对象所负责的。当 JTable 对象界面的数据被改动时,JTable 会自动调用模型中的方法将改动反映到模型中。JTable 和 TableModel 的关系图 9-26 所示。

JTable 提供了各类表格操作方法,主要分为以下 6 类。

1. 创建表格控件

如果拥有全部的数据,可以通过表头和表数据创建表格。

```
Object[][] cellData={{"row1-col1","row1-col2"},{"row2-col1","row2-col2"}};
String[] columnNames={"col1","col2"};
JTable table=new JTable(cellData,columnNames);
```

除此之外,还可以通过表头和表数据创建表格,并且让表单元格不可改。

```
String[] headers={ "表头一","表头二","表头三" };
Object[][] cellData=null;
DefaultTableModel model=new DefaultTableModel(cellData,headers) {
    public boolean isCellEditable(int row,int column) {
    return false;
```

```
        }
};
table=new JTable(model);
```

2. 对表格列的控制

向表格添加列可以如下实现：

```
DefaultTableModel tableModel=(DefaultTableModel) table.getModel();
tableModel.addColumn("新列名");
```

而删除指定列需要先从 TableModel 中取得列：

```
table.removeColumn(table.getColumnModel().getColumn(columnIndex));
```

设置列不可随容器组件大小变化自动调整宽度则更为简单：

```
table.setAutoResizeMode(JTable.AUTO_RESIZE_OFF);
```

3. 对表格行的控制

向表格中添加行可以如下实现：

```
DefaultTableModel tableModel=(DefaultTableModel) table.getModel();
tableModel.addRow(new Object[]{"sitinspring","35","Boss"});
```

而删除表格行与删除列类似，rowIndex 是要删除的行序号：

```
DefaultTableModel tableModel=(DefaultTableModel) table.getModel();
model.removeRow(rowIndex);
```

4. 取得用户所选的行

```
int selectRows=table.getSelectedRows().length;
DefaultTableModel tableModel=(DefaultTableModel) table.getModel();
if(selectRows==1){
    int selectedRowIndex=table.getSelectedRow();        //取得用户所选单行
    //进行相关处理
}
```

5. 添加表格的事件处理

TableModelListener 接口可监听模型事件，实现该接口可监控表格的变化，该接口只有一个方法 tableChanged()，参数 TableModelEvent 携带了表格信息，它的方法有4个。

（1）getColumn()：返回表格模型中事件的列。

（2）getFirstRow()：返回表格模型中第一个被更改的行。

（3）getLastRow()：返回表格模型中最后一个被更改的行。

（4）getType()：返回事件类型（INSERT、UPDATA 和 DELETE 之一）。

6. 实例分析

本例实现一个自定义的 TableModel 为 JTable 提供数据。首先定义 TableModel 的数据表示类 StudentInfo，然后编写自定义的 TableModel。

程序清单 9-32：

```java
package cn.edu.javacourse.ch9;
public class StudentInfo {
    private int age;
    public int getAge() {
        return age;
    }
    public void setAge(int age) {
        this.age=age;
    }
    public int getId() {
        return id;
    }
    public void setId(int id) {
        this.id=id;
    }
    public String getName() {
        return name;
    }
    public void setName(String name) {
        this.name=name;
    }
    public String getBirth() {
        return birth;
    }
    public void setBirth(String birth) {
        this.birth=birth;
    }
    public String getAddress() {
        return address;
    }
    public void setAddress(String address) {
        this.address=address;
    }
```

```
    private int id;
    private String name;
    private String birth;
    private String address;
}
```

自定义模型类实现 TableModel 接口,定义为 JTable 的数据来源。
程序清单 9-33:

```
package cn.edu.javacourse.ch9;
import java.util.List;
import javax.swing.event.TableModelListener;
import javax.swing.table.TableModel;
public class StudentInfoTableModel implements TableModel {
    private List<StudentInfo>userList;
    public StudentInfoTableModel(List<StudentInfo>userList) {
        this.userList=userList;
    }
    public int getRowCount() {
        return userList.size();
    }
    public int getColumnCount() {
        return 5;
    }
    public Class<?>getColumnClass(int columnIndex) {
        return String.class;
    }

    public Object getValueAt(int rowIndex,int columnIndex) {
        StudentInfo user=userList.get(rowIndex);
        switch(columnIndex)
        {
        case 0:
            return ""+user.getId();
        case 1:
            return user.getName();
        case 2:
            return ""+user.getAge();
        case 3:
            return user.getBirth();
        case 4:
            return user.getAddress();
```

```
        }
        return "errors";
    }
    //界面数据有变化时,弹出说明框
    public void setValueAt(Object aValue,int rowIndex,int columnIndex) {
        String info=rowIndex+"行"+columnIndex+"列的值改变: " +aValue.toString();
        javax.swing.JOptionPane.showMessageDialog(null,info);
    }
    //指定某单元格是否可编辑
    public boolean isCellEditable(int rowIndex,int columnIndex) {
        if (columnIndex !=0) {
            return true;
        }
        return false;
    }
    //取每一列的列名
    public String getColumnName(int columnIndex) {
            switch(columnIndex)
            {
            case 0:
                return "序号";
            case 1:
                return "姓名";
            case 2:
                return "年龄";
            case 3:
                return "生日";
            case 4:
                return "地址";
            }
            return "出错!";
    }
    //添加和移除监听器的方法暂不用,写为空的
    public void addTableModelListener(TableModelListener l) {
    }
    public void removeTableModelListener(TableModelListener l) {
    }
}
```

最后,将 StudentInfoTableModel 作为 JTable 的数据源,通过 JTable 展示数据。

程序清单 9-34：

```java
package cn.edu.javacourse.ch9;
import java.util.ArrayList;
import java.util.List;
public class JTableUI {
    public static void main(String[] args) {
        JTableUI lu=new JTableUI();
        lu.setupUI();
    }
    public void setupUI() {
        javax.swing.JFrame jf=new javax.swing.JFrame("JTable-TableModel 示例");
        jf.setSize(400,400);
        java.awt.FlowLayout fl=new java.awt.FlowLayout();
        jf.setLayout(fl);

        final javax.swing.JTable table=new javax.swing.JTable();
        List<StudentInfo>userList=getUserList();
        //创建 TableModel 对象,创建时要传入用户列表对象
        StudentInfoTableModel tm=new StudentInfoTableModel(userList);
        table.setModel(tm);
        jf.add(table);
        jf.setDefaultCloseOperation(3);
        jf.setVisible(true);
    }
    //模拟生成用户对象列表
    private List<StudentInfo>getUserList() {
        List<StudentInfo>uList=new ArrayList<StudentInfo>();
        for (int i=0; i<100; i++) {
            StudentInfo user=new StudentInfo();
            user.setId(i+1);
            user.setAge(20+i);
            user.setName("用户"+i);
            user.setAddress("www.ldu.edu.cn");
            user.setBirth("2014-1-1");
            uList.add(user);
        }
        return uList;
    }
}
```

运行结果如图 9-27 所示。

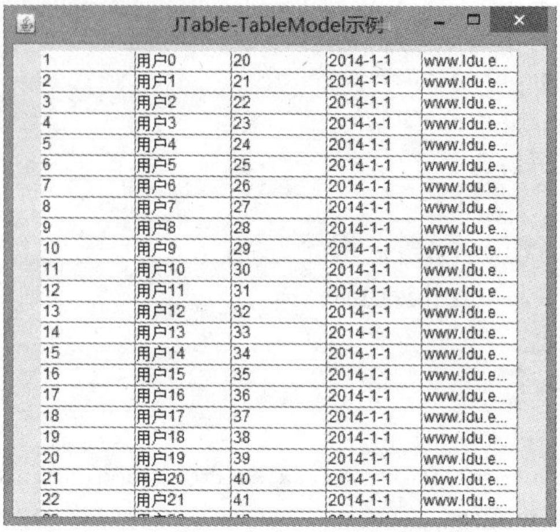

1	用户0	20	2014-1-1	www.ldu.e...
2	用户1	21	2014-1-1	www.ldu.e...
3	用户2	22	2014-1-1	www.ldu.e...
4	用户3	23	2014-1-1	www.ldu.e...
5	用户4	24	2014-1-1	www.ldu.e...
6	用户5	25	2014-1-1	www.ldu.e...
7	用户6	26	2014-1-1	www.ldu.e...
8	用户7	27	2014-1-1	www.ldu.e...
9	用户8	28	2014-1-1	www.ldu.e...
10	用户9	29	2014-1-1	www.ldu.e...
11	用户10	30	2014-1-1	www.ldu.e...
12	用户11	31	2014-1-1	www.ldu.e...
13	用户12	32	2014-1-1	www.ldu.e...
14	用户13	33	2014-1-1	www.ldu.e...
15	用户14	34	2014-1-1	www.ldu.e...
16	用户15	35	2014-1-1	www.ldu.e...
17	用户16	36	2014-1-1	www.ldu.e...
18	用户17	37	2014-1-1	www.ldu.e...
19	用户18	38	2014-1-1	www.ldu.e...
20	用户19	39	2014-1-1	www.ldu.e...
21	用户20	40	2014-1-1	www.ldu.e...
22	用户21	41	2014-1-1	www.ldu.e...

图 9-27 自定义 TableModel 运行结果

9.13 本章小结

Swing 是处理用户和程序交互行为的界面。创建 UI 组件，必须按照一定规则放置，用数据填充它们，并对它们的交互作出响应，然后根据交互更新组件界面状态。GUI 程序设计主要关注布局管理、事件处理和数据模型。

布局管理器负责按照一定的位置关系规范容器内组件的位置，Swing 提供了多种布局管理器用来实现不同的布局效果。不同的布局管理器使用不同的算法和策略，容器可以通过选择不同的布局管理器来决定布局。

委托事件模型分离事件源和事件处理逻辑，它通过事件监听器实现事件委派，并将监听器注册给事件源。对于每类事件，通过接口（XXXListener）定义一个或多个方法，事件处理类必须实现接口，当发生这些事件时事件处理类的方法被调用。

模型负责存储数据，界面代理负责从模型中获取数据并渲染到界面，而组件通常协调模型和用户代理之间的操作。构建应用程序应该以数据为中心，这样的设计模式将数据源同界面展现分开，能提供代码重用能力。

9.14 本章习题

1. 什么是图形用户界面？试列举出你使用过的图形用户界面的组件。

2. 简述文本框与标签之间的区别。

3. 简述 Java 的事件处理机制。什么是事件源？什么是监听者？在图形用户界面中，谁可以充当事件源？谁可以充当监听者？

4. 动作事件的事件源可以有哪些？如何响应动作事件？

5. 编写 UI 程序，包含一个标签、一个文本框和一个按钮，当用户单击按钮时，程序把文本框中的内容复制到标签中。

6. 创建一个窗体,窗体中有一个按钮,当单击按钮后,就会弹出一个新窗体。

7. 什么是容器的布局? 试列举并简述常用的布局策略及特点。

8. 创建一个输入对话框,从对话框中输入文字,当单击"确定"按钮后,能在控制台上显示输入的文字。

9. 编写密码验证程序,两次输入的密码必须相同,同时,密码必须由字母和数字构成。

10. 将通讯录显示到一个表格中,用以管理用户的通讯录,每条记录需要存储姓名、工作单位、所属分组、地址和备注。通讯录应该能支持排序和按照关键字查找功能。

第 10 章　输入输出流

本章目标

- 理解流的概念，字节流和字符流的区别。
- 掌握文件输入输出流。
- 掌握缓冲流的用法。
- 理解 New I/O 的工作机制。

10.1　流的概念

　　输入输出(Input/Output)是指程序与外部设备或其他计算机进行数据交换的操作。通过 I/O 操作可以从外部数据源接收信息，或者把信息传递给外部感兴趣的目标。几乎所有的程序都具有输入与输出操作，比如从键盘上获得数据，从本地持久存储或网络上的服务程序读取数据或写出数据等。Java 把这些输入与输出操作用统一的抽象形式——流(Stream)来表示，流是连续不断的数据序列的抽象描述，流提供了在不同设备之间 I/O 操作的一致性接口。

　　流机制能使程序控制文件、内存、I/O 设备以及网络终端中的数据的流向。比如从文件输入流中获取数据，经处理后再通过输出流把数据传输到网络设备上；或利用对象输出流把程序中的一个对象传输到远程主机上，然后在远程主机上利用对象输入流将对象还原。

　　流数据既可以是未经加工的原始二进制数据，也可以是经过一定编码处理后符合某种特定格式的数据。流中可以是字节/字符或者一段文本，也可以是各种复杂的对象(如图片、文档、视音频等)。而程序通过输入流从数据源(硬盘或内存等)读取一段数据进来，通过输出流将一段数据输出到目标位置，流的操作都是以基本单位(字节或字符)来进行的，如图 10-1 和图 10-2 所示。输入流建立了数据源与程序之间数据传输的通道，程序从输入流中可以持续不断地读取数据。输出流则建立了程序与目标之间的通道，程序将数据送入到输出流中以便持久化或被其他程序使用。

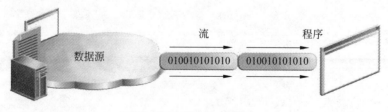

图 10-1　输入流示意图

图 10-2 输出流示意图

流是让数据在各种组件之间流动的操作接口。按照数据的传输方向,流可分为输入流与输出流。输入流、输出流是以程序为参考点来确定的,输入流就是程序从特定数据源中获取数据的流,输出流是程序向其写数据的流。也就是说,当希望从外部程序或组件获得数据的时候,使用输入流;而当我们希望把程序产生的数据传递给其他程序或组件处理的时候需要使用输出流。

流使得输入输出操作独立于具体的设备,当需要在不同的设备、组件或程序之间交换数据时,可以使用一致的接口和方法来实现。这样,可以极大地降低编程的难度,也提高了代码的可移植性。基本输入输出流的特性有下面 3 点。

(1) 先进先出。最先写入输出流的数据最先被输入流读取到。

(2) 顺序存取。往流中写入若干字节,读出时也将按写入顺序读取,不能随机访问中间的数据。

(3) 只读或只写。每个流只能是输入流或输出流的一种,不能同时具备两个功能(除了随机访问流),在一个数据传输通道中,如果既要写入数据,又要读取数据,则要分别提供两个流。

10.1.1 Java 中的 I/O 流

java.io 包实现了流的处理,该包中的每一个类都代表了一种特定的输入或输出流。按操作单位划分,Java 中的流分为两种。

(1) 字节流(Byte Stream)。数据操作的单元是字节。

(2) 字符流(Char Stream)。数据操作的基本单元是字符,一个字符占用 2B。

需要注意的是,为满足国际化字符的表示,字符编码采用 16 位的 Unicode 码,而普通文本文件中采用的是 8 位的 ASCⅡ码。

10.1.2 Java 流框架和分类

I/O 流的架构由 3 部分构成,即基本 I/O 流、New I/O 流和辅助类,如图 10-3 所示。

直接操作目标设备的流类也称为结点流类,程序也可以通过一个间接流类去装饰结点流类,增强结点流类的功能,以达到更加灵活地读写各种类型的数据的目的,间接流类也称为包装流类。比如,为了提高数据的传输效率,引入的缓冲流就是包装流,它为流配备一个缓冲区,缓冲区是专门用于传送数据的一块内存。

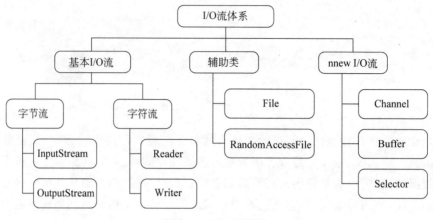

图 10-3 I/O 流框架

10.2　辅助类

File 类提供了描述文件和目录操作的方法，File 不负责数据的输入输出，它是专门用来管理磁盘文件与目录的。File 是"文件"和"目录路径名"的抽象表示形式。File 直接继承于 Object，实现了序列化（Serializable）接口和 Comparable 接口。实现 Serializable 接口意味着 File 对象支持序列化操作；而实现 Comparable 接口则意味着 File 对象之间可以比较大小。File 能直接被存储在有序集合（如 TreeSet、TreeMap）中。

File 能实现新建、删除、重命名文件和目录、查询文件属性和处理文件目录等功能，它提供 3 个构造函数，以不同的参数形式灵活地接收文件和目录名信息。构造函数形式如下。

（1）File（String pathname）。

（2）File（String parent，String child）。

（3）File（File parent，String child）。

File 对象一经创建，就可以通过调用它的方法来获得文件或目录的属性，File 类的方法如下。

（1）public boolean exists()：判断文件或目录是否存在。

（2）public boolean isFile()：判断是文件还是目录。

（3）public boolean isDirectory()：判断是文件还是目录。

（4）public String getName()：返回文件名或目录名。

（5）public String getPath()：返回文件或目录的路径。

（6）public long length()：获取文件的长度。

（7）public File[] listFiles()：将目录中所有文件实例以数组返回。

（8）createTempFile(String prefix, String suffix) throws IOException：在默认临时文件目录中创建一个空文件，使用给定前缀和后缀生成其名称。

（9）public String[] list()：返回由此抽象路径名所表示的目录中的文件和目录的名

称所组成字符串数组。如果此抽象路径名并不表示一个目录,则此方法将返回 null。否则,为目录中的每个文件或目录返回一个字符串数组。

(10) public boolean renameTo(File newFile):重命名文件。

(11) public void delete():删除文件。

(12) public boolean mkdir():创建目录。

10.2.1 新建目录

新建目录有 3 种常用的方法。

(1) 可以根据相对路径新建目录,例如,在当前路径下新建目录 dir。

```
File dir=new File("dir");
dir.mkdir();
```

(2) 可以根据绝对路径新建目录,比如新建目录/home/dir。

```
File dir=new File("/home/dir");
dir.mkdirs();
```

(3) 通过 URI 类来创建目录,例如:

```
URI uri=new URI("file:/home/edu/dir");
File dir=new File(uri);
sub.mkdir();
```

后两种方法本质上是一样的,只不过方法(2)中传入的是完整路径,而方法(3)中传入的是完整路径对应的 URI。一个创建文件的完整的例子如程序清单 10-1。

程序清单 10-1:

```
public boolean createDir()
{
    try {
            File dir=new File("dir");
            dir.mkdir();
            //获取目录 dir 对应的 File 对象
            File file1=new File(dir,"file1.txt");
            file1.createNewFile();
            return true;
    } catch (IOException e) {
            e.printStackTrace();
            return false;
    }
}
```

程序执行后,在项目目录下会出现目录 dir 和文件 file1.txt。如果要在当前目录的子目录 dir 下再新建一个子目录。可以通过指定父目录名称实现,例如:

```
File sub1=new File("dir","sub1");
sub1.mkdir();
```

以上代码能正常运行的前提是 sub1 的父目录 dir 已经存在。

10.2.2 文件操作

从前面的文件操作中看到,不同平台目录分隔符是不同的。为了创建跨平台代码,File 中定义了分隔符,可以避免平台的差异。File 中使用静态属性 pathSeparator 表示系统相关的路径分隔符。

下面通过一个完整的例子说明文件常见的操作,主要涉及删除文件、复制单个文件、复制整个文件夹内容和移动文件到指定目录。

程序清单 10-2:

```
package cn.edu.javacourse.ch10;
import java.io.*;
public class FileOperate {
    public FileOperate() {
    }
    public void delFile(String filePathAndName) {
        try {
            String filePath=filePathAndName;
            filePath=filePath.toString();
            File myDelFile=new File(filePath);
            myDelFile.delete();
        } catch (Exception e) {
            System.out.println("删除文件操作出错");
            e.printStackTrace();
        }
    }

    public void delFolder(String folderPath) {
        try {
            delAllFile(folderPath);        //删除完里面所有内容
            File myFilePath=new File(folderPath);
            myFilePath.delete();            //删除空文件夹
        } catch (Exception e) {
            System.out.println("删除文件夹操作出错");
            e.printStackTrace();
        }
    }

    void delAllFile(String path) {
        File file=new File(path);
        if (!file.exists()) {
```

```
            return;
        }
        if (!file.isDirectory()) {
            return;
        }
        String[] tempList=file.list();
        File temp=null;
        for (int i=0; i<tempList.length; i++) {
            if (path.endsWith(File.separator)) {
                temp=new File(path+tempList[i]);
            } else {
                temp=new File(path+File.separator+tempList[i]);
            }
            if (temp.isFile()) {
                temp.delete();
            }
            if (temp.isDirectory()) {
                delAllFile(path+"/"+tempList[i]);    //先删除文件夹里面的文件
                delFolder(path+"/"+tempList[i]);      //再删除空文件夹
            }
        }
    }
}


public void copyFile(String oldPath,String newPath) {
    try {
        int bytesum=0;
        int byteread=0;
        File oldfile=new File(oldPath);
        if (oldfile.exists()) {            //文件存在时
            //copyFile() 复制文件操作在 10.3 节给出
        }
    } catch (Exception e) {
        System.out.println("复制单个文件操作出错");
        e.printStackTrace();
    }
}


public void copyFolder(String oldPath,String newPath) {
    try {
        (new File(newPath)).mkdirs();  //如果文件夹不存在,则建立新文件夹
        File a=new File(oldPath);
        String[] file=a.list();
        File temp=null;
        for (int i=0; i<file.length; i++) {
            if (oldPath.endsWith(File.separator)) {
                temp=new File(oldPath+file[i]);
            } else {
```

```
                    temp=new File(oldPath+File.separator+file[i]);
                }
                if (temp.isFile()) {
                    //copyFile()复制文件操作在 10.3 节给出
                }
                if (temp.isDirectory()) {          //如果是子文件夹
                    copyFolder(oldPath+"/"+file[i],newPath+"/"+file[i]);
                }
            }
        } catch (Exception e) {
            System.out.println("复制整个文件夹内容操作出错");
            e.printStackTrace();
        }
    }

    public void moveFile(String oldPath,String newPath) {
        copyFile(oldPath,newPath);
        delFile(oldPath);
    }

    public void moveFolder(String oldPath,String newPath) {
        copyFolder(oldPath,newPath);
        delFolder(oldPath);
    }

    public static void main(String[] args) {
        FileOperate fo=new FileOperate();
        //fo.delAllFile("dir");
        //fo.newFile("dir/new.txt","new file");
        //fo.copyFile("dir/new.txt","dir/copy.txt");
        //fo.copyFolder("dir","c_dir");
        //fo.moveFile("dir/new.txt","c_dir/new.txt");
        fo.moveFolder("dir","c_dir");
    }
}
```

本例中复制文件操作涉及输入输出流,具体代码在 10.3 节给出。可以看到,文件的基本操作是简洁的,结合流操作能完成对文件的各类复杂处理。

10.2.3　文件名过滤器

文件名过滤器 FilenameFilter 能够过滤指定类型的文件或者目录,它必须重写accept(File file,String path)方法,过滤不符合规格的文件名,并返回合格的文件列表。

FilenameFilter 需要与 File 配合使用,假如 File 对象是一个目录,通过 list()方法得到目录下所有的文件和目录的名称数组。如果只需要当前目录下的某些文件,则可以使用 FilenameFilter 接口作为 list 方法的参数。

程序清单 10-3 演示了 FilenameFilter 接口实现的一个标准模板。

程序清单 10-3：

```
package cn.edu.javacourse.ch10;
import java.io.File;
import java.io.FilenameFilter;
class MyFilter implements FilenameFilter {
    private String type;
    public MyFilter(String type) {
        this.type=type;
    }

    public boolean accept(File dir,String name) {
        if (name.endsWith(type)) {
            return true;
        }
        return false;

    }
}
```

该例子演示了返回当前目录下所有以 .txt 结尾的文件的实现过程。

```
public class FileFilter {
    public static void main(String[] args) throws Exception {
        File dir=new File("dir");
        MyFilter filter=new MyFilter(".txt");
        String[] files=dir.list(filter);
        for (String a : files) {
            System.out.println(a);
        }
    }
}
```

通过 Lambda 表达式上述代码可以简化为如下：

```
FileFilter directoryFilter= (File f,String name)->name.endsWith(type);
File[] dirs=dir.listFiles(directoryFilter);
```

可以看到，Lambda 表达式使得代码可读性增强了。

10.3　字节流

InputStream 为字节输入流，它是抽象类，必须依靠其子类实现数据读入功能，此抽象类是表示字节输入流的所有类的父类。继承自 InputStream 的流都是向程序中输入数据，且读入单位为字节。

10.3.1　InputStream

InputStream 提供了 3 个重载的 read()方法,其中无参的 read()为抽象方法,它需要子类来具体实现,而另外的 read 方法则是对 read()的包装。Inputstream 类中的常用方法有 5 个。

(1) public abstract int read():读取 1B 的数据,返回值是高位补 0 的整型。若返回值为−1 说明没有读取到任何数据,读取工作结束。

(2) public int read(byte b[ ]):读取长度为 b.length 字节的数据放到数组 b 中,返回值是读取到的字节数。

(3) public int read(byte b[ ], int off, int len):从输入流中最多读取 len 个字节的数据,存放到偏移量为 off 的数组 b 中。

(4) public int available():返回输入流中可以读取的字节数。

(5) public int close():在使用完后,必须将打开的流关闭。

流结束的判断方法是查看方法 read()的返回值为−1 或者 readLine()的返回值为 null。InputStream 类的继承图谱如图 10-4 所示。

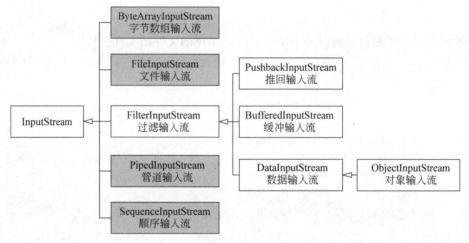

图 10-4　输入流类图

PipedInputStream 读取从对应 PipedOutputStream 写入的数据,实现了管道的功能,它用于多线程的数据读写。PushbackInputStream 的功能是查看最后一个字节,不满意就放入缓冲区。主要用在编译器的语法、词法分析部分。SequenceInputStream 是一个工具类,将两个或者多个输入流当成一个输入流依次读取。

10.3.2　OutputStream

OutputStream 同样是抽象类,它提供了 3 个 write()方法来实现数据的输出,和 InputStream 是相对应的。

（1）public void write(byte b[ ]）：将参数 b 中的字节写到输出流。

（2）public void write(byte b[ ], int off, int len)：将参数 b 中从偏移量 off 开始的 len 个字节写到输出流。

（3）public abstract void write(int b)：先将 int 转换为 byte 类型，把低字节写入输出流中。

（4）public void flush()：将数据缓冲区中的数据全部输出，并清空缓冲区。

（5）public void close()：关闭输出流并释放与流相关的系统资源。

它主要的实现子类如图 10-5 所示。其中，FilterOutputStream 的子类都是包装类，它们可以装饰其他的结点流类。比如，PrintStream 也是一个辅助工具类，主要可以向其他输出流，比如 FileOutputStream 写入数据，本身实现是带缓冲的。而 ObjectOutputStream 可以将对象写入磁盘或发送到远端的进程中，但对象必须实现 Serializable 接口。

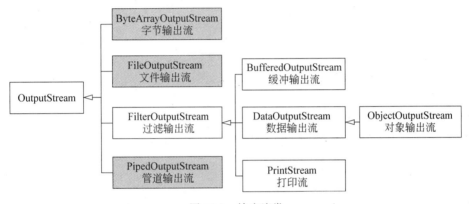

图 10-5　输出流类

10.3.3　文件输入输出流

FileInputStream 是以文件作为输入源的数据流，或者说是打开文件，从文件读数据到内存的类，它提供了对文件的读取操作接口。

FileInputStream 可以使用 read()方法一次读入一个字节，或者使用 read(byte[]b) 方法将数据读入至字节数组，字节数组的元素有多少个，就尝试读入多少个字节。在将整个文件读取完成的过程中，字节数组通常被当作缓冲区，扮演承接数据的角色。

创建 FileInputStream 有两种方法，可以通过 File 对象构造：

```
File fin=new File("D:/abc.txt");
FileInputStream in=new FileInputStream(fin);
```

也可以直接指定文件名，比如：

```
FileInputStream in=new FileInputStream("D: /abc.txt");
```

下面的例子中将文件的内容输出到控制台上。

程序清单 10-4：

```
package cn.edu.javacourse.ch10;
import java.io.IOException;
import java.io.FileInputStream;
public class InputStreamTest {
    public static void main(String args[]) throws IOException {
        FileInputStream rf=null;
        try {
            rf=new FileInputStream("dir/a.txt");
            int n=512;
            byte buffer[]=new byte[n];
            while ((rf.read(buffer,0,n) !=-1) && (n>0)) {
                System.out.println(new String(buffer));
            }
        } catch (IOException IOe) {
            System.out.println(IOe.toString());
        }
        finally {
            try {
                rf.close();
            } catch (IOException ioe) {
            }
        }
    }
}
```

类似地，FileOutputStream 类是用来处理以文件作为输出目的地的流，它的用法和文件输入流类似，比如构造 FileOutputStream 对象方法为

```
FileOutputStream fout=new FileOutputStream("D:/abc.txt",true);
```

程序清单 10-5：

```
public static void outputStream() {
    try {
        System.out.println("please Input from Keyboard");
        int count,n=512;
        byte buffer[]=new byte[n];
        count=System.in.read(buffer);
        FileOutputStream wf=new FileOutputStream("dir/write.txt");
        wf.write(buffer,0,count);
        wf.close();
        System.out.println("Save to the write.txt");
    } catch (IOException IOe) {
        System.out.println("File Write Error!");
    }
}
```

当流写操作结束时,必须调用 close()方法关闭流。

10.3.4　缓冲输入输出流

计算机访问外部设备非常耗时,访问外存的频率越高,造成 CPU 闲置的概率就越大。为了减少访问外存的次数,应该在一次对外部数据源的访问中,读写更多的数据。为此,除了程序和流结点间交换数据必需的读写机制外,还应该增加缓冲机制。缓冲流就是数据流分配缓冲区以减少访问数据源次数以提高传输效率的流。

FileInputStream 是不带缓冲的,它的读请求会直接与底层操作系统打交道。它频繁地触发磁盘的访问,导致程序性能严重降低。缓冲输入流是对 InputStream 的装饰,它从缓冲区里读取数据,当缓冲区为空的时候才会再次调用底层输入接口将数据源的数据放入缓冲区。缓冲区就类似一个装数据的"桶",只有当装满的时候,才会倒向另外一个大桶(程序或存储介质)。

FilterInputStream 是实现装饰器功能的抽象类,为其他 InputStream 对象增加额外的功能。BufferedInputStream 是典型的包装器流,它本质上是通过一个内部缓冲区数组实现的,如图 10-6 所示。例如,在新建某输入流对应的 BufferedInputStream 后,当通过 read()读取输入数据时,BufferedInputStream 会将该输入流的数据分批地填入到缓冲区中。每当缓冲区中的数据被读完之后,输入流会再次填充数据缓冲区;如此反复,直到读完输入流数据为止。

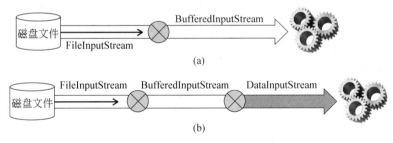

图 10-6　包装流示意

将文件读入内存可以通过 BufferedInputStream 与 FileInputStream 相接,如程序清单 10-6 所示。

程序清单 10-6:

```
public byte[] read(String currentCheckpoint) {
File fs=new File(key );
    BufferedInputStream in=null;
    byte[] buffer=null;
    try {
        System.out.println ("checkpoint path:"+currentCheckpoint);
        if (!fs.exists(currentCheckpoint)) {
            System.out.println("No checkpoint to read");
```

```
            return null;
        }
        in=new BufferedInputStream(new FileInputStream (fs));
        buffer=new byte[in.available()];
        in.read(buffer);
    } catch (IOException e) {
        System.out.println ("Could not read checkpoint "+e);
        throw new RuntimeException(e);
    }
    finally {
        try {
        if (in !=null)
            in.close();
        } catch(IOException e) {
            System.out.println ("Error in closing ["+currentCheckpoint+"]");
            throw new RuntimeException(e);
        }
    }
    return buffer;
}
```

对应地，BufferedOutputStream 将数据先写入缓冲流，待缓冲区满时再写入设备，从而减少磁盘访问次数。特别地，BufferedOutputStream 在数据输出完成后，需刷空缓冲流，即在缓冲区尚未满的时候，强制将缓冲区内的内容输出。缓冲区的清空调用 flush() 方法即可。

程序清单 10-7：

```
public static void buffedWrite(String destFile) {
    try {
        byte[] data=new byte[128];
        File desFile=new File(destFile);
        BufferedOutputStream bufferedOutputStream=new BufferedOutputStream(
                new FileOutputStream(desFile));
        bufferedOutputStream.write(data);
        //将缓冲区中的数据全部写出
        bufferedOutputStream.flush();
        //关闭流
        bufferedOutputStream.close();
    } catch (ArrayIndexOutOfBoundsException e) {
        System.out.println("using:java UseFileStream src des");
        e.printStackTrace();
    } catch (IOException e) {
        e.printStackTrace();
    }
}
```

10.3.5 数据输入输出流

DataInputStream 提供了对基本类型数据读入的方法，比如，读取 int、double 和 boolean 等。由于基本数据类型长度是确定的，在写入或读出时，不用担心不同平台间同一类型数据长度不同的问题。数据流是包装类，因此需要使用其他的流作为输入源。

```
DataInputStream dataInputStream=new DataInputStream(new FileInputStream
("1.txt")));
```

它提供的方法有 5 个。

(1) public String readUTF()：读入使用 UTF-8 格式编码的字符串。

(2) public boolean readBoolean。

(3) public int readInt()。

(4) public byte readByte()。

(5) public char readChar()。

一般来说，总是使用 DataOutputStream 向流中写入各种类型的数据，在流的另一端用 DataInputStream 从中读取对应的类型数据。

程序清单 10-8：

```
package cn.edu.javacourse.ch10;
import java.io.*;
public class DataInputStreamDemo {
    private static final int LEN=5;
    public static void main(String[] args) {
        testDataOutputStream();
        testDataInputStream();
    }

    private static void testDataOutputStream() {
        try {
            File file=new File("dir/file.txt");
        DataOutputStream out=new DataOutputStream(new FileOutputStream(file));
            out.writeBoolean(false);
            out.writeByte(22);
            out.writeChar('c');
            out.writeShort(1);
            out.writeInt(2);
            out.writeLong(10L);
            out.writeUTF("utf test");
            out.close();
        } catch (FileNotFoundException e) {
            e.printStackTrace();
```

```java
        } catch (IOException e) {
            e.printStackTrace();
        }
    }

    private static void testDataInputStream() {
        try {
            File file=new File("dir/file.txt");
            DataInputStream in=new DataInputStream(new FileInputStream(file));

            System.out.printf("byteToHexString(0x8F):0x%s\n",
                        byteToHexString((byte) 0x8F));
            System.out.printf("charToHexString(0x8FCF):0x%s\n",
                        charToHexString((char) 0x8FCF));
            System.out.printf("readBoolean():%s\n",in.readBoolean());
            System.out.printf("readByte():0x%s\n", byteToHexString
            (in.readByte()));
            System.out.printf("readChar():0x%s\n", charToHexString
            (in.readChar()));
            System.out.printf("readShort():0x%s\n",shortToHexString
            (in.readShort()));
            System.out.printf("readInt():0x%s\n",Integer.toHexString
            (in.readInt()));
            System.out.printf("readLong():0x%s\n",Long.toHexString
            (in.readLong()));
            System.out.printf("readUTF():%s\n",in.readUTF());
            in.close();
        } catch (FileNotFoundException e) {
            e.printStackTrace();
        } catch (IOException e) {
            e.printStackTrace();
        }
    }
    private static String byteToHexString(byte val) {
        return Integer.toHexString(val & 0xff);
    }
    private static String charToHexString(char val) {
        return Integer.toHexString(val);
    }
    private static String shortToHexString(short val) {
        return Integer.toHexString(val & 0xffff);
    }
}
```

程序输出：

```
byteToHexString(0x8F):0x8f
charToHexString(0x8FCF):0x8fcf
readBoolean():false
readByte():0x16
readChar():0x63
readShort():0x1
readInt():0x2
readLong():0xa
readUTF():utf test
```

方法 byteToHexString() 将 byte 转换为对应的十六进制字符串以便打印输出。注意，DataOutputStream 和 DataInputStream 的方法是配对使用的，即用哪个 writeXXX() 方法写入的数据，就应该用对应的 readXXX() 方法读出来，比如 writeUTF 写入的数据需要 readUTF 读出。

10.3.6 字节数组输入输出流

ByteArrayInputStream 将一个数组当作流输入的来源，而 ByteArrayOutputStream 则可以将一个位数组当作流输出的目的地。

ByteArrayOutputStream 是用来缓存数据的，向它的内部缓冲区写入数据，缓冲区自动增长，当写入完成时可以从中提取数据。因此 ByteArrayOutputStream 常用于存储数据以便于一次写入，关闭 ByteArrayOutputStream 无效，关闭此流后它的方法仍可被调用。

使用 ByteArrayInputStream 则需要提供一个 byte 数组作为缓冲区，可以从它的缓冲区中读取数据，所以可以在它的外面包装 InputStream 以使用它的读取方法。通常它和 DataInputStream 配合工作。

程序清单 10-9：

```java
package cn.edu.javacourse.ch10;
import java.io.ByteArrayInputStream;
import java.io.ByteArrayOutputStream;
import java.io.DataInputStream;
import java.io.DataOutputStream;
import java.io.IOException;
public class ByteArrayStreamDemo {
    public byte[] writeBytes() {
        ByteArrayOutputStream baos=new ByteArrayOutputStream();
        DataOutputStream dos=new DataOutputStream(baos);
        try {
            dos.writeChar('c');
            dos.writeBytes("bytearray");
            dos.writeDouble(1110.2);
```

```
        } catch (IOException e) {
            //TODO Auto-generated catch block
            e.printStackTrace();
        }
        byte retArr[]=baos.toByteArray();
        return retArr;
    }

    public void readBytes(byte[] buf) {
        ByteArrayInputStream bais=new ByteArrayInputStream(buf);
        DataInputStream dis=new DataInputStream(bais);
        try {
            char ch=dis.readChar();
            byte[] b=new byte[9];
            dis.read(b);
            double d=dis.readDouble();
            System.out.println(ch+" "+new String(b)+" "+d);
        } catch (IOException e) {
            //TODO Auto-generated catch block
            e.printStackTrace();
        }
    }
    public static void main(String[] args) {
        ByteArrayStreamDemo bas=new ByteArrayStreamDemo();
        byte[] buf=bas.writeBytes();
        bas.readBytes(buf);
    }
}
```

程序输出：

```
c  bytearray  1110.2
```

10.3.7   随机文件存取

RandomAccessFile 支持对文件的随机读取和写入。随机访问文件的行为类似存储在文件系统中的一个 byte 数组，存在指向该隐含数组的索引，称为文件指针。输入操作从文件指针开始读取字节，并随着对字节的读取而前移该文件指针。如果RandomAccessFile 以读取/写入模式创建，则输出操作也可用；输出操作从文件指针开始写入字节，并随着对字节的写入而前移此文件指针，写入时默认附加在当前文件的末尾，通过 getFilePointer()方法可以获得当前指针的偏移量，seek(long offset)方法可以移动指针到指定偏移量。RandomAccessFile 的构造函数中可以指定打开文件的参数：只读方式("r")或读写方式("rw")。

RandomAccessFile 不属于 InputStream 或 OutputStream。实际上,除了实现 DataInput 和 DataOutput 接口之外(DataInputStream 和 DataOutputStream 也实现了这两个接口),它和这两个类毫不相干,甚至不使用 InputStream 和 OutputStream 类中已经存在的任何功能。它是一个完全独立的类,RandomAccessFile 在文件中前后移动,它的行为与其他 I/O 流类有根本性的不同。

实际上,只有 RandomAccessFile 才有 seek()方法,虽然 BufferedInputStream 有 mark()方法,可以用它来设定标记(把结果保存在一个内部变量里),然后再调用 reset() 返回这个位置,但是它的功能太弱了,而且也不实用。

程序清单 10-10:

```java
package cn.edu.javacourse.ch10;
import java.io.IOException;
import java.io.RandomAccessFile;
public class RandomAccessFileDemo {
    public static void main(String[] args) throws IOException {
        RandomAccessFile rf=new RandomAccessFile("dir/rt.dat","rw");
        for (int i=0; i<10; i++) {
            rf.writeDouble(i * 1.414);
        }
        rf.writeBytes("end of file");
        rf.close();

        rf=new RandomAccessFile("dir/rt.dat","rw");
        rf.seek(5 * 8);
        long offset=rf.getFilePointer();
        System.out.println(offset);
        rf.writeDouble(47.0001);
        rf.close();

        rf=new RandomAccessFile("dir/rt.dat","r");
        for (int i=0; i<10; i++) {
            System.out.println("Value "+i+": "+rf.readDouble());
        }

        rf.close();
    }
}
```

程序输出:

```
40
Value 0: 0.0
Value 1: 1.414
Value 2: 2.828
Value 3: 4.242
```

```
Value 4: 5.656
Value 5: 47.0001
Value 6: 8.484
Value 7: 9.898
Value 8: 11.312
Value 9: 12.725999999999999
```

注意观察输出结果, rf. seek(5 * 8)方法直接将文件指针移到第 5 个 double 数据后面, 这样, 写入的数据会覆盖第 6 个 double 数据。请考虑, 如果打算实现插入操作, 即第 6 个数据不想被覆盖, 该如何修改程序?

10.4 字符流

Java 中字符是采用 Unicode 标准, 一个字符使用两个字节表示。为了方便文本数据的处理, Java 中引入了处理字符的流。

10.4.1 Reader 抽象类

Reader 是用于读取字符流的抽象类, 其子类必须实现的方法只有 read()和 close()。但是, 多数子类将重写此类定义的一些方法, 以提供更高的效率并添加其他功能。Reader 的类图结构如图 10-7 所示。

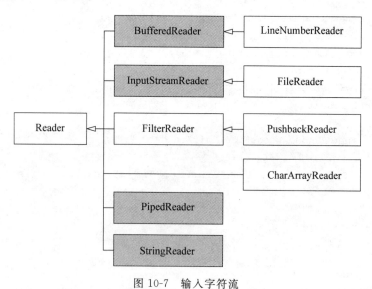

图 10-7 输入字符流

10.4.2 Writer 抽象类

Writer 是写入字符流的抽象类, 子类必须实现的方法仅有 write()、flush()和 close()。

但是,多数子类将重写此类定义的一些方法,Writer 类的主要方法有 6 个。

(1) public void write(int c) throws IOException:将整型值 c 的低 16 位写入输出流。

(2) public void write(char cbuf[]) throws IOException:将字符数组 cbuf[]写入输出流。

(3) public abstract void write(char cbuf[],int off,int len) throws IOException:将字符数组 cbuf[]中的从索引为 off 的位置处开始的 len 个字符写入输出流。

(4) public void write(String str) throws IOException:将字符串 str 中的字符写入输出流。

(5) public void write(String str,int off,int len) throws IOException:将字符串 str 中从索引 off 开始处的 len 个字符写入输出流。

(6) flush():刷空输出流,并输出所有被缓存的字节。

其子类的类图结构如图 10-8 所示。

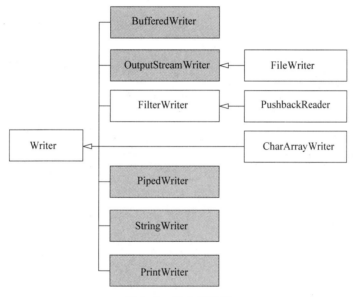

图 10-8　输出字符流

10.4.3　FileReader/FileWriter

FileReader 与 FileInputStream 对应,主要用来读取字符文件,使用默认的字符编码,有 3 个构造函数。

(1) 将文件名作为字符串。

```
FileReader f=new FileReader("C:/temp.txt");
```

(2) 构造函数将 File 对象作为其参数。

```
File f=new file("C:/temp.txt");
FileReader f1=new FileReader(f);
```

（3）构造函数将 FileDescriptor 对象作为参数。

```
FileDescriptorfd=new FileDescriptor();
FileReader f2=new FileReader(fd);
```

而 FileWriter 的构造方法可以指定流对文件的操作是否为续写，即在构造函数中指定 append 参数：

```
FileWriter fw=new FileWriter(String fileName,boolean append);
```

参数 append 为 true 表明对文件再次写入时，会在该文件的结尾续写，并不会覆盖掉文件中原有内容。

程序清单 10-11：

```java
package cn.edu.javacourse.ch10;
import java.io.File;
import java.io.FileWriter;
import java.io.IOException;
public class FileWriterDemo {
    private static final String LINE_SEPARATOR = System. getProperty ( " line.
separator");
    public static void main(String[] args) {
        FileWriter fw=null;
        try {
            fw=new FileWriter("d:"+File.pathSeparator+"Demo.txt",true);
            fw.write("hello"+LINE_SEPARATOR+"world!");
        }
        catch (Exception e)
        {
            System.out.println(e.toString());
        }
        finally
        {
            if (fw !=null)
                try {
                    fw.close();
                } catch (IOException e) {
                    throw new RuntimeException("关闭失败!");
                }
        }
    }
}
```

10.4.4　BufferedReader/BufferedWriter

BufferedReader 从字符输入流中读取文本,缓冲各个字符,从而提供字符、数组和行的高效读取。BufferedReader 可以指定缓冲区的大小。通常,Reader 所做的每个读取请求都会导致对基础字符或字节流进行相应的读取请求。因此,建议用 BufferedReader 包装所有其他 read()方法操作开销高的 Reader,比如 FileReader。例如:

```
BufferedReader in=new BufferedReader(new FileReader("dir/abc.txt"));
```

BufferedReader 通过 Reader 的实例构造,它的常用方法之一是 readline(),用于读取一个文本行,在字符换行('\n')、回车('\r')后终止读取。如果发生 I/O 类型错误,会抛出 IOException 异常。

而 BufferedWriter 类将文本写入字符输出流,缓冲字符以提高写出效率,通常的 Writer 将其输出立即发送到目标设备,建议用 BufferedWriter 包装所有 write()方法操作可能开销高的 Writer(如 FileWriters 和 OutputStreamWriters)。BufferedWriter 提供 newLine()方法,它使用平台无关的行分隔符,由系统属性 line. separator 定义分隔符。

程序清单 10-12:

```java
package cn.edu.javacourse.ch10;
import java.io.*;
public class BufferedReaderDemo {
    public static void main(String[] args) {
        BufferedReader br=null;
        BufferedWriter bw=null;
        String b=null;
        File file=new File("dir/abc.txt");
        if (!file.exists() !=false) {
            try {
                file.createNewFile();
            } catch (IOException e) {
                e.printStackTrace();
            }
        }
        try {
            bw=new BufferedWriter(new FileWriter(file));
            FileReader fr=new FileReader("dir/help.txt");
            br=new BufferedReader(fr);
            while ((b=br.readLine()) !=null) {
                System.out.println(b);
                bw.write(b);
                bw.newLine();                //换行
            }
```

```
                bw.flush();
            } catch (Exception e) {
                e.printStackTrace();
            } finally {
                try {
                    br.close();
                    bw.close();
                } catch (IOException e) {
                    e.printStackTrace();
                }
            }
        }
    }
```

10.4.5　字节流和字符流之间的转换

如果需要输入输出的内容是文本数据,则应该考虑使用字符流;如果输入输出的是二进制数据,则应该使用字节流,因为字节流的功能比字符流强大,而且计算机中所有的数据都是二进制的,因此字节流使用范围更广。另外,两者之间是可以转化的,InputStreamReader 和 OutputStreamReader 把以字节为导向的流转换成以字符为导向的流。

InputStreamReader 是字节流通向字符流的桥梁,它使用指定的字符集读取字节并将其解码为字符。字符集可以由名称显式给定,或者使用平台默认的字符集。

OutputStreamWriter 是输出字节流通向字符流的桥梁,使用指定的字符集将要写入流中的字节流编码成字符。若想对 InputStream 和 OutputStream 进行字符处理,可以使用 InputStreamReader 和 OutputStreamWriter 为其加上字符处理的功能,将它们转换为 Reader 和 Writer 的子类。

如图 10-9 所示,InputStreamReader 是 FileReader 的父类,它通常将 FileInputStream 作为输入,实现字节流到字符流的转换。如果需要使用字符流从网络上读取数据,过程如下:

网络传输→字节流→InputStreamReader→字符流→内存中的字符数据→读取数据

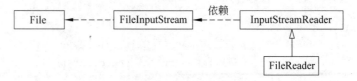

图 10-9　字节流转换为字符流

InputStreamReader 的构造方法有 4 个。

(1) public InputStreamReader(InputStream in):创建一个使用默认字符集的转换流。

（2）public InputStreamReader（InputStream in,String charsetName）：创建使用指定字符集的 InputStreamReader。

（3）public InputStreamReader（InputStream in,Charset cs）：使用指定字符集的转换流。

（4）public InputStreamReader（InputStream in,CharsetDecoder dec）：创建使用指定字符集解码器的 InputStreamReader。

OutputStreamWriter 类构造方法也类似。下例演示从文件中用 InputStreamReader 读取,然后将字节流转换成字符流保存在字符串数组,再用 OutputStreamWriter 向文件写入该数组。

程序清单 10-13：

```java
package cn.edu.javacourse.ch10;
import java.io.*;
public class InputStreamReaderDemo {
    public static void main(String[] args) throws Exception {
        File f1=new File("dir/helpinfo.txt");
        File f2=new File("dir/test.txt");
        Writer out=null;
        Reader in=null;
        out=new OutputStreamWriter(new FileOutputStream(f2));
        //通过子类实例化父类对象,字节流变为字符流
        in=new InputStreamReader(new FileInputStream(f1));
        char c[]=new char[1024];
        in.read(c);
        System.out.print(c);
        out.write(c);
        in.close();
        out.close();
    }
}
```

10.5 Java New I/O

在应用程序中,通常会涉及两种类型的计算：计算密集型和 I/O 密集型计算。对于大多数应用来说,花费在等待 I/O 上的时间是占较大比例的。应用需要等待速度较慢的磁盘或是网络连接完成 I/O 请求,才能继续后面的计算任务。因此提高 I/O 操作的效率对应用的性能是至关重要的。

面向流的 I/O 系统一次处理一个字节的数据,效率相当慢。为此,Java 中引入了新的输入输出（NIO）架构,它提供了高速的、面向块的 I/O 处理机制。NIO 与原有的 I/O 库有同样的作用和目的,但是它的每个操作都产生或者消费一个数据块,按块处理数据比按字节处理数据要快得多。当然,面向块的 I/O 类的结构设计上缺少面向流的 I/O 所具

有的优雅性。

NIO 库的实现定义在 java.nio 包中，而且，java.io 也已经以 NIO 为基础重新实现了，例如，java.io 包中的一些类包含以块的形式读写数据的方法，这使得即使在面向流的 I/O 中，处理速度也会更快。

NIO 中核心的概念是通道和缓冲区，它们是 NIO 中的核心对象，绝大部分 I/O 操作中都要使用它们。从一个通道中读取数据很简单：创建缓冲区，然后让通道将数据读到该缓冲区中。写入也相当简单：创建缓冲区并用数据填充它，然后将缓冲区数据写入通道。

在本节中，将介绍 NIO 的主要组件，看看它们是如何交互以进行读写的。

10.5.1　通道

通道（Channel）是 New I/O 操作的数据操作连接，一旦打开通道，就可以执行读取和写入操作。与流相比，通道的操作使用 Buffer 对象而不是数组。通道的引入提升了 I/O 操作的性能，主要体现在文件和网络操作上。

通道是对原 I/O 包中流的模拟，到任何目的地（或来自任何数据源）的数据都必须通过通道对象来读取或写入数据。通道与流的不同之处在于通道是双向的，通道可以用于读、写或者同时用于读写，而流只是在一个方向上移动。由于通道是双向的，所以它可以比流更容易地反映底层操作系统的真实情况。特别是在 UNIX/Linux 输入输出模型中，底层操作通道是双向的。

Java NIO 中重要的通道有 4 个。

(1) FileChannel。从文件中读写数据。

(2) DatagramChannel。实现通过 UDP 读写网络中的数据。

(3) SocketChannel。实现通过 TCP 读写网络中的数据。

(4) ServerSocketChannel。监听新接入的 TCP 连接，并创建一个 SocketChannel。

10.5.2　文件通道

FileChannel 是连接文件的通道，它无法设置为非阻塞模式，即它总是工作在阻塞模式下。在使用 FileChannel 之前，必须先打开它。但是，程序无法直接创建 FileChannel 对象，需要通过 InputStream、OutputStream 或 RandomAccessFile 来获取 FileChannel 实例。

FileChannel 提供了与其他通道之间高效传输数据的能力，比传统的基于流和字节数组作为缓冲区的做法，实现起来更简单快捷。比如把一个网页的内容保存到本地文件的实现如程序清单 10-14。

程序清单 10-14：

```
FileOutputStream output=new FileOutputStream("dir/baidu.txt");
FileChannel channel=output.getChannel();
```

```
URL url=new URL("http://www.baidu.com");
InputStream input=url.openStream();
ReadableByteChannel readChannel=Channels.newChannel(input);
channel.transferFrom(readChannel,0,Integer.MAX_VALUE);
```

上述代码通过 FileOutputStream 获得 FileChannel 的通道 channel，然后通过 Channels 类获得 URL 的读入通道，最后 channel 和 URL 通道桥接并读入数据到文件中。

文件通道的另一个功能是对文件的部分片段进行加锁。当在文件上的某个片段上加排他锁之后，其他进程必须等待锁释放之后，才能访问该文件的加锁片段。文件通道上的锁是由 JVM 所持有的，因此适合于与其他应用程序协同访问文件的情况。比如当多个应用程序共享某个配置文件时，如果程序需要更新此文件，则首先获取该文件上的排他锁，接着进行更新操作，再释放锁即可，这样可以保证文件更新过程中不会受其他程序的影响。

FileChannel 用完后必须将其关闭，调用 close()即可实现。有时可能需要从某个特定位置进行读/写操作，可以通过调用 position()方法获取 FileChannel 的当前位置。也可以通过调用 position(long pos)方法设置 FileChannel 的当前位置。例如：

```
long pos=channel.position();
channel.position(pos +123);
```

如果将位置设置在文件结束符之后，然后试图从文件通道中读取数据，读方法将返回 -1，即文件结束标志。如果将位置设置在文件结束符之后，然后向通道中写数据，文件大小将扩大到设置的位置。这可能导致"文件空洞"：磁盘上物理文件中写入的数据间有空隙。truncate()方法可以截取文件，它将文件中指定位置后的部分删除，如通过以下语句截取文件的前 1024B：

```
channel.truncate(1024);
```

出于性能方面的考虑，操作系统会将数据缓存在内存中，所以无法保证写入到 FileChannel 里的数据一定会即时写到磁盘上，调用 force()方法强制写操作立即执行。

```
channel.force(true);
```

另外一个在性能方面有很大提升的功能是内存映射文件的支持。通过 map()方法可以创建出一个 MappedByteBuffer 对象，对这个缓冲区的操作都会直接反映到文件内容上。这点尤其适合对大文件进行读写操作。

10.5.3　缓冲区

抽象类 Buffer 及其实现类可以方便地用来创建各种基本数据类型的缓冲区。相对于流式 I/O 中的数组缓冲区而言，Buffer 提供了更加丰富的方法来对其中的数据进行操作。

Buffer 代表要写入或者刚读出的数据,在 NIO 中加入 Buffer 对象,也体现了 NIO 与原 I/O 的一个重要区别:在面向流的 I/O 中,数据直接写入或将数据直接从 Stream 对象中读取。NIO 中,所有数据都通过缓冲区 Buffer 对象来处理。缓冲区实质上是一个容器,发送给通道的所有数据都必须首先放到缓冲区中;同样地,从通道中读取的任何数据都要读到缓冲区中,通道和缓冲区的关系如图 10-10 所示。

图 10-10　通道和缓冲区的关系

从实现的结构上看缓冲区是一个数组,通常是一个字节数组,但是也可以使用其他类型的数组。值得注意的是,缓冲区又不仅仅是数组,缓冲区提供了对数据的结构化访问,而且还可以跟踪系统的读/写进程。

最常用的缓冲区类型是 ByteBuffer,ByteBuffer 在其底层字节数组上进行 get 和 set 操作。每一种基本数据类型都有对应的缓冲区类型:CharBuffer、ShortBuffer、IntBuffer、LongBuffer、FloatBuffer 和 DoubleBuffer。除了 ByteBuffer,Buffer 子类的操作是完全一样,只是它们所处理的数据类型不同。

使用 Buffer 读写数据一般遵循以下步骤。

(1) 装入数据到 Buffer。

(2) 调用 flip()方法。

(3) 从 Buffer 中读取数据。

(4) 调用 clear()方法或者 compact()方法。

当向 Buffer 写入数据时,Buffer 会记录写入了多少数据。一旦要读取数据,需要通过 flip()方法将 Buffer 从写模式切换到读模式。在读模式下,可以读取之前写入 Buffer 的所有数据。一旦读完了所有的数据,就需要清空缓冲区,让它可以再次被写入。

有两种方式能清空缓冲区:调用 clear()方法或 compact()方法。clear()方法会清空整个缓冲区。compact()方法只会清除已经读过的数据。任何未读的数据都被移到缓冲区的起始处,新写入的数据将放到缓冲区未读数据的后面。

程序清单 10-15:

```
RandomAccessFile aFile=new RandomAccessFile("dir/help.txt","rw");
FileChannel inChannel=aFile.getChannel();
ByteBuffer buf=ByteBuffer.allocate(48);
int bytesRead=inChannel.read(buf);
while (bytesRead !=-1) {
    buf.flip();
    while (buf.hasRemaining()) {
        System.out.print((char) buf.get());      //一次读取 1B
    }
    buf.clear();
    bytesRead=inChannel.read(buf);
}
aFile.close();
```

特别提醒：在将数据读入 ByteBuffer 后，必须调用 flip()方法，以便进入读模式，从而使 ByteBuffer 中的数据被取出。

10.5.4 容量、位置和读写范围

缓冲区本质上是一块可以写入数据，然后从中读取数据的内存，这块内存被包装成 Buffer 对象，并提供了一组方法用来方便地访问内存。在 Buffer 上进行的元素添加和删除操作，都围绕 3 个属性（即 position、limit 和 capacity）展开，分别表示 Buffer 当前的读写位置、可用的读写范围和容量限制。

Buffer 有固定的大小，也称为容量，容量是在创建时指定的。程序只能往 Buffer 里写 capacity 个 byte、long、char 等类型的数据。一旦 Buffer 满了，需要将其清空（通过读数据或者清除数据）才能继续写数据，而 position 和 limit 的含义取决于 Buffer 处在读模式还是写模式。不管 Buffer 处在什么模式，capacity 的含义总是一样的。

当写数据到 Buffer 中时，position 表示当前的位置。初始 position 的值为 0，当数据写入 Buffer 后，position 会向前移动到下一个可插入数据的 Buffer 单元。读取数据时也是从某个特定位置读。将 Buffer 从写模式切换到读模式，position 会被重置为 0，当从 Buffer 的 position 处读取数据时，position 向前移动到下一个可读的位置。

如图 10-11 所示，在写模式下，Buffer 的 limit 表示最多能往 Buffer 里写多少数据，即 limit 等于 Buffer 的 capacity。当切换到读模式时，limit 表示最多能读取多少数据。因此，读模式下，limit 会被设置成写模式下的 position 值。换句话说，程序能读取之前写入的所有数据，limit 被设置成已写数据的数量，该值在写模式下就是 position。

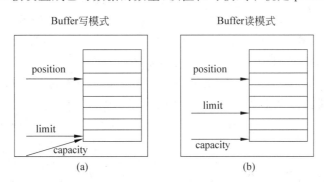

图 10-11 读写模式下 capacity、position 和 limit 的关系

Buffer 提供的 get()/put()方法都有相对和绝对两种形式。相对读写时的位置是相对于 position 的值，而绝对读写则需要指定起始的位置索引。使用 Buffer 的常见错误就是在读写操作时没有考虑上述 3 个元素的值，因为大多数时候都是使用相对读写操作。

程序清单 10-16：

```
import java.nio.ByteBuffer;
import java.nio.CharBuffer;
public class ByteBufferDemo {
```

```java
public static void main(String[] args) {
    ByteBuffer buffer=ByteBuffer.allocate(32);
    CharBuffer charBuffer=buffer.asCharBuffer();
    charBuffer.put("Hello ");
    charBuffer.put("World ");
    charBuffer.flip();
    char ch;
    while (charBuffer.hasRemaining())
    {
        ch=charBuffer.get();
        System.out.print(ch);
    }
}
```

程序清单 10-16 演示了 Buffer 子类的使用。首先可以在已有的 ByteBuffer 上创建出其他数据类型的缓冲区视图,其次 Buffer 子类写入数据后必须调用 flip()方法后才能读取该缓冲区的数据。

10.5.5 分散与聚集

分散/聚集(Scatter/Gather)是使用多个而不是单个缓冲区来保存数据的读写方法。分散的读取方法和常规通道读取相同,只不过它是将数据读到一个缓冲区数组中而不是读到单个缓冲区中。同样地,聚集写入是将缓冲区数组而不是单个缓冲区写入通道。

从通道中分散读取是指在读操作时将读取的数据写入多个 Buffer 中,如图 10-12 所示。在分散读取中,通道依次填充每个缓冲区。填满一个缓冲区后,它就开始填充下一个,缓冲区数组就像一个大缓冲区。聚集写入是指在写操作时将多个 Buffer 的数据写入同一个通道,如图 10-13 所示,因此,通道将多个 Buffer 中的数据聚集后发送。聚集写对于把一组缓冲区汇聚成单个数据流时很有用。

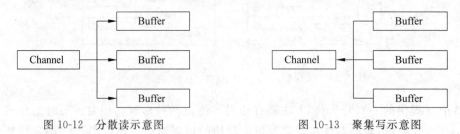

图 10-12 分散读示意图   图 10-13 聚集写示意图

分散和聚集经常用于需要将传输的数据分开处理的场合,例如传输一个由消息头和消息体组成的消息,可以将消息体和消息头分散到不同的 Buffer 中,这样可以方便地处理消息头和消息体。如果消息被划分为固定长度的头部和固定长度的正文,可以创建一个刚好可以容纳头部的缓冲区和另一个刚好可以容纳正文的缓冲区,然后将它们放入一个数组中并使用分散读取来向它们填入消息时,头部和正文将整齐地划分到两个缓冲区中。

程序清单 10-17：

```
ByteBuffer header=ByteBuffer.allocate(128);
ByteBuffer body=ByteBuffer.allocate(1024);
ByteBuffer[] bufferArray={ header,body };
//channel is an instance of SocketChannel
channel.read(bufferArray);
```

注意 Buffer 首先被放入数组，然后作为 channel.read() 的输入参数。read() 方法按照 Buffer 在数组中的顺序将从通道中读取数据写入到 Buffer。分散读在移动下一个 Buffer 前，必须填满当前的 Buffer，这也意味着它不适用于动态消息（即消息大小不固定）。

聚集写是指数据从多个 Buffer 写入到同一个通道，实现上和分散读非常类似。

程序清单 10-18：

```
ByteBuffer header=ByteBuffer.allocate(128);
ByteBuffer body=ByteBuffer.allocate(1024);
//write data into buffers
ByteBuffer[] bufferArray={ header,body };
channel.write(bufferArray);
```

write() 方法会按照 Buffer 在数组中的顺序，将数据依次写入到 Channel，注意只有 position 和 limit 之间的数据才会被写入。因此，如果一个 Buffer 的容量为 128B，但是仅仅包含 58B 的数据，那么仅有 58B 的数据将被写入到 Channel 中。因此聚集写能较好地处理动态消息。

10.5.6　编码与字符集

为了应对多国语言问题，字符需要通过特定的字符集编码。字符集中的每个字符通常会有一个整数编码与其对应，常见的字符集有 ASCII、ISO-8859-1 和 Unicode 等。同一个字符集可以有不同的编码方式，如果某种编码格式产生的字节序列，用另外一种编码格式来解码，就可能得到错误的字符，产生乱码的现象。所以将字节序列转换成字符串的时候，需要知道正确的编码格式。

java.nio.charset 包提供了与字符集相关的类，用来进行编码和解码，其中的 CharsetEncoder 和 CharsetDecoder 允许对编码和解码过程进行精细的控制，如处理非法的输入以及字符集中无法识别的字符等。它们还能实现字符内容的过滤，比如应用程序在设计的时候就只支持某种字符集，如果用户输入了其他字符集中的内容，在界面显示的时候就是乱码。对于这种情况，可以在解码的时候忽略掉无法识别的内容。

程序清单 10-19：

```
String input="hello java course 学习很辛苦";
```

```
Charset charset=Charset.forName("ISO-8859-1");
CharsetEncoder encoder=charset.newEncoder();
encoder.onUnmappableCharacter(CodingErrorAction.IGNORE);
CharsetDecoder decoder=charset.newDecoder();
CharBuffer buffer=CharBuffer.allocate(32);
buffer.put(input);
buffer.flip();
try {
    ByteBuffer byteBuffer=encoder.encode(buffer);
    CharBuffer cbuf=decoder.decode(byteBuffer);
    System.out.println(cbuf);           //输出 123
} catch (CharacterCodingException e) {
    e.printStackTrace();
}
```

上面的代码中,通过使用 ISO-8859-1 字符集的编码和解码器,就可以过滤掉字符串中不在此字符集中的字符。

10.5.7　通道间的数据传输

如果有多个通道实现传输数据,而其中一个是 FileChannel,则可以直接将数据从一个通道传输到 FileChannel 中,通过 transferFrom()方法将数据从源通道传输到 FileChannel 中。

程序清单 10-20:

```
public void transferFrom() throws IOException
{
    RandomAccessFile fromFile=new RandomAccessFile("dir/fromFile.txt","rw");
    FileChannel fromChannel=fromFile.getChannel();
    RandomAccessFile toFile=new RandomAccessFile("dir/toFile.txt","rw");
    FileChannel toChannel=toFile.getChannel();
    long position=0;
    long count=fromChannel.size();
    toChannel.transferFrom(fromChannel,position,count );
}
```

输入参数 position 表示从 position 处开始向目标文件写入数据,count 表示最多传输的字节数。如果源通道的剩余数据小于 count 个字节,则所传输的字节数要小于请求的字节数。此外要注意,SocketChannel 只会传输此刻准备好的数据(可能不足 count 字节)。因此,SocketChannel 可能不会将请求的所有数据(count 个字节)全部传输到 File-Channel 中。

类似地,transferTo()方法将数据从 FileChannel 传输到其他通道中,通过该方法可以方便地实现文件的复制。

程序清单 10-21：

```
public void transferTo() throws IOException
{
    RandomAccessFile fromFile=new RandomAccessFile("dir/fromFile.txt","rw");
    FileChannel fromChannel=fromFile.getChannel();
    RandomAccessFile toFile=new RandomAccessFile("dir/toFile.txt","rw");
    FileChannel toChannel=toFile.getChannel();
    long position=0;
    long count=fromChannel.size();
    fromChannel.transferTo(position,count,toChannel );
}
```

观察后就会发现，该例和前面那个例子特别相似，除了调用方法的 FileChannel 对象不一样外，其他的都一样。

10.6　本章小结

流是数据在不同设备间传输方式的抽象，当程序需要读取数据的时候，开启一个通向数据源的流，该数据源可以是文件、内存或是网络连接。类似地，当程序需要输出数据时，就开启一个通向目的地的流。

I/O 流总体上分为以下几类。

（1）内存操作。从/向内存数组读写数据：CharArrayReader、ByteArrayInputStream、CharArrayWriter 和 ByteArrayOutputStream。从/向内存字符串读写数据的实现类有StringReader、StringWriter、StringBufferInputStream。

（2）管道操作。实现管道的输入和输出（进程间通信），涉及的流有 PipedReader、PipedWriter、PipedInputStream 和 PipedOutputStream。

（3）文件操作。对文件进行读、写操作的流有 FileReader、FileWriter、FileInputStream 和FileOutputStream。

（4）对象操作。有 ObjectInputStream、ObjectOutputStream。

（5）数据流。按基本数据类型（布尔型、字节、整数和浮点数）读、写，有 DataInputStream、DataOutputStream。

（6）打印流。包含方便的打印方法：PrintWriter、PrintStream。

（7）缓冲流。在读入或写出时，对数据进行缓存，以减少 I/O 的次数。BufferedReader、BufferedWriter、BufferedInputStream 和 BufferedOutputStream。

（8）合并输入操作。把多个输入流连接成一个输入流，主要有 SequenceInputStream。

（9）字节与字符的转换。按照一定的编码/解码标准将字节流转换为字符流，主要有InputStreamReader、OutputStreamWriter。

NIO 由于使用了通道和缓冲区，它处理数据所使用的单位是块，所以在大块数据处理时比流 I/O 效率要高。它基于通道、缓冲区来同时处理数据流的双向读写。

10.7　本章习题

1. 简述流的概念、特点及 java.io 包中输入输出流的类层次结构。

2. 解释字节流、字符流、字节文件输入流和字符文件输出流的含义。输入流中 read() 方法的返回值是什么？是读入的值吗？

3. 简述 File 类在文件管理中的作用与使用方法。

4. 计算 Fibonacii 数列，$a_1=1$，$a_2=1$，$a_n=a_{n-1}+a_{n-2}$，即前两个数是 1，从第 3 个数开始，每个数是前两个数的和，计算数列的前 20 项，并用字节文件流的方式输出到一个文件，要求每 5 项 1 行。

5. 利用文件输入输出流类编程实现一个信函文件的显示与复制。

6. 建立一个文本文件，输入一段短文，编写程序统计文件中字符的个数，并将结果写入另一个文件。

7. 建立一个文本文件，输入学生 3 门课的成绩，编写一个程序，读入这个文件中的数据，输出每门课的成绩的最小值、最大值和平均值。

成绩.txt 文件
id# 000001 e# 98 m# 76 p# 76
id# 000002 e# 54 m# 74 p# 76
id# 000003 e# 98 m# 73 p# 78
id# 000004 e# 98 m# 77 p# 76
id# 000005 e# 92 m# 45 p# 76
id# 000006 e# 94 m# 33 p# 74
id# 000007 e# 98 m# 88 p# 76
id# 000008 e# 96 m# 34 p# 76

8. 利用 File 类的 delete() 方法，编写程序删除某一个指定文件。

9. （创建文本文件）写程序创建一个名为 Exercise11_1.txt 的文件，如果该文件已经存在，则追加新的数据给它。随机生成 100 个整数并写入文件，整数之间用一个空格隔开。

10. 编写程序合并两个文件的内容。

11. （按字母升序排序单词）写一个程序，从一个文本文件读取单词，并以字母表增序的方式显示所有单词。

12. 编写程序找出文件中出现次数最多的单词，并将该单词的统计信息写入在文件的尾部。

13. （分割文件）假设你想备份一个巨大的文件（例如，一个 10 GB 的 AVI 文件），可以通过把文件分成较小的部分实现分别备份。编写将一个大文件分成几个较小的文件的程序，使用以下命令调用程序：

```
java Exercise SourceFile numberOfPieces
```

第 11 章　多线程编程

本章目标

- 理解线程的概念。
- 掌握线程的生命期和状态转换。
- 掌握线程间的交互和协作机制。
- 掌握线程同步方法。
- 掌握生产者-消费者模型的实现。
- 掌握线程池的使用。
- 理解线程的新特征。

11.1　进程与线程

要认识多线程就要从操作系统的任务管理说起,常见的操作系统都是多任务操作系统,比如 Windows、Linux、Android 和 IOS 等,每个运行的任务是操作系统运行的独立程序,比如你在听歌的同时还在用聊天软件。听歌和聊天是两个任务,宏观上看,这两个任务是"同时"进行的。进程是操作系统任务调度的单位,每个任务对应于一个进程,在 Windows 系统中通过任务管理器可以看到系统内正在运行的进程。

进程是操作系统的资源管理单位,进程包含代码和数据的地址空间以及其他的资源,比如打开的文件和信号量等,不同进程的地址空间是互相隔离的。应用程序启动后会创建一个进程,系统需要为进程分配进程 ID 号和内存。

线程是比进程更小的调度单位,它依附于进程存在,多线程是在一个进程内执行多段代码序列。线程有自己的程序计数器、寄存器、栈等。引入线程的动机在于操作系统中阻塞式 I/O 的存在,当一个线程所执行的 I/O 被阻塞的时候,同一进程中的其他线程可以使用处理器执行计算,从而提高程序的执行效率。这可以用生活中的例子做类比:酒店传菜工的端菜任务可以看作是一个进程,在厨师炒好菜后会通知他端菜,而其他时间他是空闲的。从酒店管理的角度看,端菜这个进程很不经济,厨房出菜的速度往往远低于端菜的速度,导致传菜工的利用率不高。而如果在端菜的空隙,还安排他洗菜、招呼客人等工作,每件工作都可以理解为一个执行流程。这样让各个流程穿插执行,显然能提高传菜工的工作效率。

为什么不创建多个进程来完成上述的端菜、洗菜和招呼客人的工作呢？原因是进程的调度代价高,而多线程的调度代价小,从而更为高效。进程中的多个线程共享进程的内存块,当有新的线程产生时,操作系统不分配新的内存,而是让新线程共享原有进程块的内存。因此,线程间的通信效率高。

Java 程序都运行在 JVM 中，每启动一个应用程序，就会启动一个 JVM 进程。在 JVM 环境中，所有程序代码的执行都以线程实现。Thread 类提供多线程支持，应用可以创建多个并发执行的线程。应用总是从 main()方法开始运行，main()方法运行在一个线程内，它称为主线程。每个线程都有一个调用栈，一旦创建一个新的线程，就产生一个新的调用栈。应用中可以创建两类线程：用户线程和守护线程。用户线程执行完毕的时候，JVM 自动关闭当前程序。但是守护线程却独立于 JVM，守护线程一般是由操作系统或者用户自己创建的。

11.2 创建线程

创建多线程有 3 种方式：继承 Thread 类、实现 Runnable 接口和使用 Timer 类。Thread 类实例只是一个对象，像任何其他对象一样，具有变量和方法，创建于堆内存上，具有生命周期，可以与其他的线程对象通信并协作完成特定的任务。

11.2.1 继承 Thread 创建

线程的动作放在 run()方法中，它代表了线程需要完成的具体任务，因此，run()方法常被称为线程体。

程序清单 11-1：

```java
public class InheritThread extends Thread {
    private String name;
    public InheritThread(String name) {
        this.name=name;
    }

    public void run() {
        int c=0;
        while(c<10){
            System.out.println("Greetings from thread '"+name+"'!");
            c++;
        }
    }
}
```

要执行 InheritThread，需要生成 InheritThread 的一个对象，即：

```java
public static void main(String args[])
{
    InheritThread greetings=new InheritThread ("Inherited");
    greetings.start();
    System.out.println("Thread has been started");
}
```

创建 InheritThread 对象并不会使得该对象自动调用线程的 run()方法,为了让 run()方法执行,必须调用 Thread 类的 start()方法。调用 start()方法的目的是创建新线程并执行该线程对象的 run()方法,新线程与启动它的线程将并发执行。start()方法启动新线程后立即返回,并不等待新建线程的执行。这意味着新建线程的 run()方法在调用 start()方法后不一定会立即执行,需要等待 JVM 的调度。

在 greetings. start()被执行后,进程 InheritThread 就有两个线程了,其中一个将打印"Thread has been started",而另外一个则打印"Greetings from thread 'Inherited'!"。请注意,这些信息打印的顺序是很重要的。在一个单线程环境中,事情发生的顺序是确定的、可预测的。而在多线程中则存在不确定性,不能确定消息以何种顺序被打印,这种不确定性是并发编程的难点所在!

调用 greetings. start()方法和调用 greetings. run()方法是不同的,调用 greetings. run()方法将执行 run()方法,而不是创建一个新的线程。它意味着 run()方法的所有工作将会在调用 run()方法的下一条代码(System. out. println("Thread has been started"))前执行完毕,不存在并发性和不确定性。

11.2.2 实现 Runnable 接口

第二种实现线程的方式是定义实现 java. lang. Runnable 接口的类,实现该接口的 run()方法,在 run()方法中编写线程执行代码。

程序清单 11-2:

```
public class RunnableThread implements Runnable {
    private String name;
    public RunnableThread (String name) {
        this.name=name;
    }
    public void run() {
        System.out.println("Greetings from runnable '"+name +"'!");
    }
}
```

要执行 RunnableThread,需要生成一个 Thread 类的对象,并将 RunnableThread 作为 Thread 的参数。

```
RunnableThread greetings=new RunnableThread ("runnable");
Thread greetingsThread=new Thread(greetings);
greetingsThread.start();
```

第二种做法的好处是任何对象都可以实现 Runnable 接口,从而不受 Java 单一继承范型的限制。run()方法能访问类中所有的变量和方法,包括私有变量和方法。这种方式的缺点是,它违反了每个对象应该有一个单一的、明确界定的责任的原则。当然,可以考虑使用 Thread 类的嵌套内部子类来定义线程,从而避免类的职责的混乱。使用匿名内部类来定义一个线程的例子如程序清单 11-3。

程序清单 11-3：

```
Thread greetingsFromInner=new Thread() {
    public void run() {
        System.out.println("Greetings from Fred!");
    }
};
greetingsFromInner.start();
```

一旦线程启动，它就不能再被重新启动。当线程主体 run() 方法结束时该线程结束。

11.2.3　定时器

如果线程需要执行周期性的任务，可以使用 Timer 类。比如，为了现动画效果，使用 Timer 并结合 TimerTask 类可以周期性地调用绘画函数，并重绘以反映画面的更新。程序清单 11-4 中的定时器以 30ms 为周期执行更新动作。

程序清单 11-4：

```
package cn.edu.javacourse.ch11;
import java.util.Timer;
import java.util.TimerTask;
class PaintTask extends TimerTask {
    public void run() {
        System.out.println("update");
        System.out.println("repaint");
    }
}

public class TimerDemo {
    public static void main(String[] args) {
        Timer timer=new Timer();
        timer.schedule(new PaintTask (),1000,30 * 1000);
    }
}
```

实际上，使用线程能实现同样的功能。在线程的 run() 方法中执行循环，并休眠 30ms，唤醒后调用更新和重绘方法。

程序清单 11-5：

```
package cn.edu.javacourse.ch11;
public class Animator extends Thread {
    public void run() {
        while (true) {
            try {
```

```
            Thread.sleep(30);
        }
        catch (InterruptedException e) {
        System.out.println("Thread is interrupted"+e.getMessage());
        }
        updateForNextFrame();
        repaint();
    }
    private void repaint() {
        System.out.println("repaint");
    }
    private void updateForNextFrame() {
        System.out.println("update");
    }
    public static void main(String args[]) {
        Animator animator=new Animator();
        animator.start();
        System.out.println("Thread has been started");
    }
}
```

为了运行以上动画,需要创建 Animator 的实例并调用 start()方法。

11.3　线程状态的转换

线程调度是指按照一定策略为多个线程分配 CPU 的使用权。一般来说,线程调度的模式有两种:分时调度和抢占式调度。分时调度是所有线程轮流获得 CPU 的使用权,并平均分配每个线程占用 CPU 的时间,而抢占式调度是根据线程的优先级别来获取 CPU 的使用权。JVM 采用抢占调度模式。

线程有 5 种状态:新建(New)、就绪(Runnable)、运行(Running)阻塞(Blocked)和死亡(Dead)。理解线程调度的关键在于理解阻塞。阻塞意味着等待,阻塞的线程不参与线程调度,自然也就不会使用 CPU。时间片就是分配给线程的执行时间,多线程环境下非阻塞的线程才会被调度运行。

线程调用 start()方法后就进入就绪状态,随着 JVM 调度和程序状态的改变在运行和就绪之间切换。遇到阻塞则进入阻塞状态,当 run()方法结束或者发生异常线程终止执行,进入死亡状态。

可能使线程离开运行状态的情况有 3 种。

(1) 线程的 run()方法完成。

(2) 在对象上调用 wait()方法(不是在线程上调用)。

(3) 线程试图调用对象的方法时不能在对象上获得锁。

JVM 可以决定将当前运行状态线程切换到就绪状态,以便让另一个线程获得运行机会,而不需要任何理由。线程状态及其转换说明如下(转换关系见图 11-1 所示)。

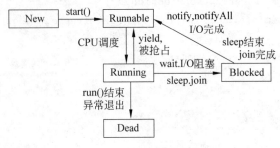

图 11-1　线程状态转换

(1) 新建状态(New)。新创建了一个线程对象。

(2) 就绪状态(Runnable)。线程对象创建后,该线程对象的 start()方法被调用线程进入可运行线程池中,等待获得 CPU 的使用权。

(3) 运行状态(Running)。就绪状态的线程获得了 CPU,执行 run()方法。

(4) 阻塞状态(Blocked)。阻塞状态是线程因为某种原因放弃 CPU 使用权,暂时停止运行,直到线程进入就绪状态。阻塞的情况分 3 种。

① 等待阻塞。运行的线程执行了 wait()方法,JVM 会把该线程放入等待池中。

② 同步阻塞。运行的线程在获取对象的同步锁时,若该同步锁被别的线程占用,则 JVM 会把该线程放入锁池中。

③ 其他阻塞。运行的线程执行 sleep()或 join()方法,或者发出了 I/O 请求时,JVM 会把该线程置为阻塞状态。当 sleep()方法状态超时、join()方法等待线程终止或超时、或者 I/O 处理完毕时,线程重新转入就绪状态。

(5) 死亡状态(Dead)。线程代码执行完成或者因异常退出 run()方法,该线程结束生命周期。

值得注意的是,线程的调度是 JVM 的一部分。在单核 CPU 上,实际上一次只能运行一个线程,JVM 线程调度程序决定实际运行哪个处于就绪状态的线程,就绪线程被选择运行的顺序是没有保障的。一系列线程以某种顺序启动并不意味着将按该顺序执行。对于任何一组启动的线程来说,JVM 不能保证其执行次序,持续时间也无法保证。

11.4　线程控制

和线程相关的操作都定义在 Thread 类中,但在运行时可以获得线程执行环境的信息。比如,查看可用的处理器数目可以通过 Runtime. getRuntime(). availableProcessors() 实现。除此之外,线程还提供了一些方法以便对线程进行便捷的控制。

11.4.1 线程睡眠

如果需要让正在执行的线程暂停一段时间并进入阻塞状态,可以调用 Thread. sleep (long millis)方法实现。该静态方法强制当前正在执行的线程休眠以"减慢线程"。参数 millis 设定睡眠的时间以毫秒为单位。当睡眠结束后,线程转为就绪状态。调用 sleep() 方法需要处理异常,代码如下:

```
try {
    Thread.sleep(lengthOfPause);
}
catch (InterruptedException e) {
    e.printStackTrace();
}
```

线程在每次执行过程中,总会睡眠 lengthOfPause 毫秒,当前线程睡眠其他的线程就有更多机会执行。需要特别强调如下。

(1) 线程睡眠是帮助其他所有线程获得运行机会的最好方法。

(2) 线程睡眠到期自动苏醒,并返回到就绪状态,不是运行状态。sleep()方法中指定的时间是线程不会运行的最短时间,sleep()方法不能保证该线程睡眠到期后就开始执行。

(3) sleep()是静态方法,只能控制当前正在运行的线程。

11.4.2 线程让步

sleep()方法使当前运行中的线程睡眠一段时间,进入阻塞状态,时间的长短是由程序设定的,yield()方法使当前线程让出 CPU 占有权,但让出的时间是不可设定的。

yield()方法的作用是暂停当前正在执行的线程,并让其他线程获得执行机会。yield()方法使得线程回到就绪状态,以允许具有相同优先级的其他线程获得运行机会。因此,使用 yield()方法能让相同优先级的线程之间能适当地轮转执行。但是,实际中无法保证 yield()方法达到让步目的,因为让步的线程还有可能被 JVM 再次选中。

yield()方法不会释放锁标志。实际上,yield()方法对应了如下操作:先检测当前是否有相同优先级的线程处于就绪状态,如有,则把 CPU 的占有权交给此线程,否则继续运行原来的线程,所以 yield()方法也称为"退让",它尝试把运行机会让给同等级的其他线程。

sleep()方法允许较低优先级的线程获得运行机会,但 yield()方法执行时,当前线程仍处在就绪状态,所以不可能让较低优先级的线程此时获得 CPU 的使用权。

11.4.3 线程加入

在当前线程中调用另一个线程的 join()方法,则当前线程转入阻塞状态,直到另一个线程运行结束,当前线程才由阻塞转为就绪状态。join()是 Thread 类的非静态方法,它还有带超时限制的重载版本,例如 t.join(5000)则让线程等待 5000ms,如果超过等待时间,则停止等待变为就绪状态。

程序清单 11-6:

```
package cn.edu.javacourse.ch11;
public class JoinDemo implements Runnable {
    public static int a=0;
    public void run() {
        for (int k=0; k<5; k++) {
            a=a+1;
        }
    }

    public static void main(String[] args) throws Exception {
        Runnable r=new JoinDemo();
        Thread t=new Thread(r);
        t.start();
        t.join();
        System.out.println(a);
    }
}
```

运行该程序发现始终输出的是 5,如果将 t.join()注释掉,则结果是不确定的。这说明 t.join()方法让主线程阻塞了,在线程 t 执行完成后才会恢复执行。

11.4.4　线程的优先级

当应用启动时,主线程是创建的第一个用户线程,程序可以创建多个用户线程和守护线程。当所有用户线程执行完毕时,JVM 终止进程。可以对不同的线程设置不同的优先级,但并不保证高优先级的线程在低优先级的线程之前执行。

一般来说,优先级高的线程会获得较多的运行机会。线程默认的优先级是创建它的执行线程的优先级,默认优先级是 5,Thread 类中有 3 个常量,定义了线程优先级范围。

(1) static int MAX_PRIORITY:线程的最高优先级。

(2) static int MIN_PRIORITY:线程的最低优先级。

(3) static int NORM_PRIORITY:分配给线程的默认优先级。

线程优先级为 1~10 的正整数。可以通过方法 setPriority(int newPriority)更改线程的优先级,getPriority()方法用来获取线程的优先级。例如:

```
Thread t=new MyThread();
t.setPriority(8);
t.start();
```

线程调度器按照线程的优先级决定哪个线程进入 CPU 运行。在多个线程处于就绪状态时,具有高优先级的线程一般会在低优先级线程之前得到执行。线程调度器采用"抢占式"策略来调度线程,即当前线程执行过程中有较高优先级的线程进入就绪状态,则高优先级的线程立即被调度执行。具有相同优先级的所有线程采用轮转的方式来共同分配 CPU 时间片。

守护(Daemon)线程是低级别线程,它具有最低的优先级,用于为系统中的其他对象和线程提供服务。将一个用户线程设置为守护线程的方法是在线程对象创建之前调用线程对象的 setDaemon()方法。典型的守护线程例子是 JVM 中的资源自动回收线程,它始终在低级别的状态中运行,用于监控和管理系统中的可回收资源。

11.4.5 线程分组管理

线程组用于实现按照特定功能对线程进行分组管理。用户创建的每个线程均属于某个线程组,它可以在线程创建时指定,也可以不指定线程组以使该线程处于默认的线程组中。但是,一旦线程加入某线程组,该线程就一直存在于该线程组中直至线程死亡,不能在中途改变线程所属的组。

与线程类似,可以针对线程组对象进行线程组的调度、状态管理以及优先级设置等。在对线程组进行管理时,加入某线程组中的所有线程均被看作一个对象。使用 ThreadGroup 的 setMaxPriority()方法时需要注意,该方法只能更改本线程组及其子线程组(递归)的最大优先级,但不能影响已经创建的组内线程的优先级。

11.5　线程同步

线程调度的意义在于 JVM 对运行的多个线程进行系统级的协调,以避免多个线程争用有限资源而导致应用崩溃。例如两个线程 ThreadA、ThreadB 都操作同一个对象 Foo,并修改 Foo 对象上的数据。

程序清单 11-7:

```
public class Foo {
    private int x=100;

    public int getX() {
        return x;
    }

    public int fix(int y) {
        x=x-y;
        return x;
    }
}
```

```java
public class MyRunnable implements Runnable {
    private Foo foo=new Foo();

    public static void main(String[] args) {
        MyRunnable r=new MyRunnable();
        Thread ta=new Thread(r,"Thread-A");
        Thread tb=new Thread(r,"Thread-B");
        ta.start();
        tb.start();
    }

    public void run() {
        for (int i=0; i<3; i++) {
            this.fix(30);
            try {
                Thread.sleep(1);
            } catch (InterruptedException e) {
                e.printStackTrace();
            }
            System.out.println(Thread.currentThread().getName()+" : 当前 foo 对
            象的 x 值="+foo.getX());
        }
    }

    public int fix(int y) {
        return foo.fix(y);
    }
}
```

程序输出：

```
Thread-A : 当前 foo 对象的 x 值=40
Thread-B : 当前 foo 对象的 x 值=40
Thread-A : 当前 foo 对象的 x 值=-20
Thread-B : 当前 foo 对象的 x 值=-50
Thread-A : 当前 foo 对象的 x 值=-80
Thread-B : 当前 foo 对象的 x 值=-80
```

从结果发现，这样的输出值明显是不合理的，原因是两个线程不加控制地访问 Foo 对象并修改其数据。如果要保持结果的合理性，就要对 Foo 的访问加以限制，每次只能有一个线程修改 Foo 对象。在具体的 Java 代码中需要完成以下两个操作。

（1）把竞争访问的资源类 Foo 变量 x 标识为 private。

（2）同步修改变量的代码，使用 synchronized 关键字同步修改方法或代码。

注意：不可变对象是线程安全的，没有同步问题，不需要担心数据会被其他线程修改。

11.5.1 同步方法

同步是一种防止对共享资源访问导致数据不一致的机制。当两个或多个线程需要访问一个共享资源时,需要确保该资源在一段时间仅被一个线程访问,如图 11-2 和图 11-3 所示。

图 11-2 同步访问示例(一)   图 11-3 同步访问示例(二)

当资源竞争存在的时候,最简单的解决方法是加锁。锁机制限制在同一时间只允许一个线程访问产生竞争的临界区。关键字 synchronized 为代码块或方法加锁以便实现同步,线程使用临界资源时加锁,其他线程便不能访问该资源,直到该线程解锁后才允许其他线程进入。

实际上,任何对象都有一个监视器用于加锁和解锁,当被 synchronized 声明的代码块或方法被执行时,就说明当前线程已经成功地获取了对象监视器上的锁。当代码块或方法正常执行完成或是发生异常退出的时候,当前线程所获取的锁会被自动释放。线程可以在一个对象上加多次锁,JVM 保证获取锁之前和释放锁之后变量的值是与主存中的内容同步的。

使用 synchronized 声明方法,则该方法称为同步方法。当访问某个对象的同步方法时,表示将该对象加锁,而不仅仅是为该方法加锁。因此,如果某对象的同步方法被某个线程执行时,其他线程无法访问该对象的任何同步方法(但是可以调用其他非同步的方法),直至该同步方法执行完。

当调用一个对象的静态同步方法时,它锁定的并不是同步方法所在的对象,而是同步方法所在对象对应的 Class 对象。因此,其他线程就不能调用该类的其他静态同步方法,但可以调用非静态的同步方法。因此,执行非静态同步方法锁定方法所在对象,执行静态同步方法锁定 Class 对象。

下面是多线程调用静态方法的例子。

程序清单 11-8:

```
class SyncStaticDemo{
public synchronized static void execute(){
        for(int i=0; i<100; i++){
            try {
                Thread.sleep(100);
                } catch (InterruptedException e) {
```

```
                    e.printStackTrace();
                }
                System.out.println("compute1:execute1 "+i++);
            }
        }


    public synchronized static void execute2(){
        for(int i=0; i<100; i++){
            try {
                Thread.sleep(100);
            } catch (InterruptedException e) {
                e.printStackTrace();
            }
            System.out.println("compute1:execute2 "+i++);
        }
    }
}
```

main()方法中两个线程分别调用同一个对象的两个 static synchronized 方法：

```
public static void main(String[] args) {
    SyncStaticDemo ssd=new SyncStaticDemo ();
    Thread thread1=new Thread(ssd);
    Thread thread2=new Thread(ssd);
    thread1.start();
    thread2.start();
}
```

从执行的结果看以看到，两个线程一次只能调用一个静态方法，直到执行完成。

11.5.2　同步代码块

使用 synchronized 声明同步代码块，锁定其所在的对象或特定的对象，该对象作为可执行的标志从而达到同步的效果。

```
public void method()
{
    synchronized(表达式)
    {
    }
}
```

程序清单 11-9：

```
class SyncBlock{
    private Object object1=new Object();
```

```
public void execute(){
    synchronized(object1){
        for(int i=0; i<100; i++){
            try {
                Thread.sleep(100);
            } catch (InterruptedException e) {
                e.printStackTrace();
            }
            System.out.println("compute1:execute1 "+i++);
        }
    }
}
```

如果想要使用 synchronized 同步代码块达到和使用 synchronized()方法同样的效果,可以锁定 this 引用。

```
synchronized(this){
    ...
}
```

同步方法是粗粒度的并发控制,某一时刻只能有一个线程执行该同步方法。同步代码块是细粒度的并发控制,只会将块中的代码同步,代码块之外的代码可被其他线程同时访问。

关于 synchronized 关键字,有以下 3 点需要注意。

(1) synchronized 关键字不能继承。

(2) 在定义接口方法时不能使用 synchronized 关键字。

(3) 构造方法不能使用 synchronized 关键字,但可以使用 synchronized 块进行同步。

11.6　线程协作

线程之间往往存在协作关系,需要按照一定的协议来协同完成某项任务,比如典型的生产者-消费者模式,这种情况下就需要用到线程之间的等待-通知机制。多线程可以通过访问和修改同一份资源(对象)来交互和通信,只是需要注意线程访问的安全性。当线程所要求的资源不足时,就进入等待状态;而另外的线程则负责在合适的时机发出通知来唤醒等待中的线程。Object 类中的 wait()和 notify()/notifyAll()方法组是完成线程间同步的基本机制。

11.6.1　wait 与 notify 原语

在对象上调用 wait()方法时,首先要检查当前线程是否获取到了该对象上的锁。如果没有的话,就会直接抛出 IllegalMonitorStateException 异常。如果有锁的话,就把当前线程添加到对象的等待集合中,并释放其所拥有的锁,这样另一个线程可以获得当前对象的锁,从而进入 synchronized()方法中。注意 sleep()方法和 yield()方法并不释放锁。调用 wait()方法后,当前线程被阻塞,无法继续执行,直到被等待集合中移除。

引起某个线程从对象的等待集合中移除的原因有很多:对象上的 notify()方法被调用时;对象上的 notifyAll()方法被调用;线程被中断;对于有超时限制的 wait 操作,当超过时间限制时。从上面的说明中,可以得到 3 条结论。

(1) wait/notify/notifyAll 操作需要放在 synchronized 代码块或方法中,这保证执行 wait/notify/notifyAll 时,当前线程已经获得所需要的锁。

(2) 当对象的等待集合中的线程数目无法确定时,最好使用 notifyAll()方法而不是 notify()方法。

(3) notifyAll()方法会导致线程在没有必要的情况下被唤醒而产生性能影响,但是在使用上更加简单一些。

由于线程可能在非正常情况下被意外唤醒,一般应把 wait 操作放在循环中检查所要求的逻辑条件是否满足。典型的使用形式如下:

```
private Object lock=new Object();
synchronized (lock) {
    while (/* 逻辑条件不满足的时候 */) {
        try {
            lock.wait();
        } catch (InterruptedException e) {}
    }
}
```

上述代码中使用了一个私有对象 lock 作为加锁的对象,其好处是可以避免其他代码错误地使用这个对象。

11.6.2　生产者-消费者问题

考虑两人协作问题,一个人生产产品,产品完成后放入竹篮中,另一个人使用或称为消费产品,这个问题称为生产者-消费者问题,它是线程协作的典型方式。生产者和消费者的速度可能不匹配,产品超出库存能力,此时生产者就必须等待,直到消费者消耗了产品。

图 11-4～图 11-7 演示了生产者-消费者工作的过程,其中竹篮是产品的仓储中心,是双方交换产品的地方。实际上,将上述过程对应到线程协作中,就是线程间协调的"生产者-消费者-仓储"模型,生产者和消费者通过仓储通信,根据仓储容量和产品的数目协同生产消费过程,因此离开了仓储,生产者-消费者模型就无法工作了。

从编程的角度看,仓储中心通过集合对象实现。而生产者和消费者线程的工作要遵循以下规则。

图 11-4　生产产品

图 11-5　通知消费者

图 11-6　消费产品

图 11-7　通知消费者库存已满

(1) 仓储中心是临界区,放入和取出产品的过程必须同步。

(2) 生产者仅仅在仓储未满时生产,仓满则停止生产。

(3) 消费者仅在仓储有产品时才能消费,仓空则等待。

(4) 当消费者发现仓储没产品时会通知生产者生产。

(5) 生产者在生产出产品时,应该通知等待的消费者去消费。

　　线程的等待和通知通过 wait()方法和 notify 原语实现,注意 wait()方法的使用,必须存在 2 个以上线程,而且必须在不同的条件下唤醒等待中的线程。在程序清单 11-9 中,ProductStack 是生产者跟消费者共享的仓储中心,当产品仓库满的时候,生产者线程调用 wait()方法,从而放弃对产品仓库的控制。此时,消费者线程可以取得仓库的控制权,而一旦消费者消费了产品,就要通过 notifyAll()方法通知生产者线程,唤醒等待的生产者线程。相反,仓库如果空时,消费者线程会通过调用 wait()方法而阻塞,然后等待生产者线程生产产品。

　　再次提醒:ProductStack 是仓库,是生产者跟消费者共同争夺控制权的同步资源。生产者和消费者共享一个 ProductStack 的实例,才能进行线程的协调。

　　程序清单 11-10:

```
class Product {
    int id;
    private String producedBy="N/A";
    private String consumedBy="N/A";
    //构造函数,指明产品 ID 以及生产者的名字
    Product(int id,String producedBy) {
        this.id=id;
        this.producedBy=producedBy;
    }
```

```java
    public void consume(String consumedBy) {
        this.consumedBy=consumedBy;
    }

    public String toString() {
        return "Product : "+id+",produced by "+producedBy+",
        consumed by "+consumedBy;
    }

    public String getProducedBy() {
        return producedBy;
    }

    public void setProducedBy(String producedBy) {
        this.producedBy=producedBy;
    }

    public String getConsumedBy() {
        return consumedBy;
    }

    public void setConsumedBy(String consumedBy) {
        this.consumedBy=consumedBy;
    }
}

class ProductStack {
    int index=0;
    Product[] arrProduct=new Product[6];
    //push()是用来让生产者放置产品的
    public synchronized void push(Product product) {

        //如果仓库满了 while 是避免满的 index 越界
        while (index==arrProduct.length)
        {
            try {
                System.out.println(product.getProducedBy()+" is waiting.");
                //等待,并且从这里退出 push()
                wait();
            } catch (InterruptedException e) {
                e.printStackTrace();
            }
        }
        System.out.println(product.getProducedBy()+" sent a notifyAll().");
```

```
        //因为不确定有没有线程在 wait(),生产了产品,就唤醒有可能等待的消费者
        notifyAll();
        arrProduct[index]=product;
        index++;
        System.out.println(product.getProducedBy()+" 生产了: "+product);
    }


    //pop()用来让消费者取出产品
    public synchronized Product pop(String consumerName) {
        while (index==0) {
            try {
                System.out.println(consumerName+" is waiting.");
                wait();
            } catch (InterruptedException e) {
                e.printStackTrace();
            }
        }
        System.out.println(consumerName+" sent a notifyAll().");
        //消费了产品,就唤醒有可能等待的生产者,让他们醒来,准备生产
        notifyAll();
        index--;
        Product product=arrProduct[index];
        product.consume(consumerName);
        System.out.println(product.getConsumedBy()+" 消费了: "+product);
        return product;
    }


}
```

然后定义生产者和消费者的行为,注意 ProductStack 是生产者和消费者的共同参数。

程序清单 11-11：

```
package cn.edu.javacourse.ch11;
public class ProducerConsumer {
    public static void main(String[] args) {
        ProductStack ps=new ProductStack();
        Producer p=new Producer(ps,"生产者 1");
        Consumer c=new Consumer(ps,"消费者 1");
        new Thread(p).start();
        new Thread(c).start();
    }
}


class Producer implements Runnable {
```

```
        String name;
        ProductStack ps=null;
        Producer(ProductStack ps,String name) {
            this.ps=ps;
            this.name=name;
        }

        public void run() {
            for (int i=0; i<20; i++) {
                Product product=new Product(i,name);
                ps.push(product);
                try {
                    Thread.sleep((int) (Math.random() * 200));

                } catch (InterruptedException e) {
                    e.printStackTrace();
                }
            }
        }
    }

class Consumer implements Runnable {

        String name;
        ProductStack ps=null;
        Consumer(ProductStack ps,String name) {
            this.ps=ps;
            this.name=name;
        }

        public void run() {
            for (int i=0; i<20; i++) {
                Product product=ps.pop(name);
                try {
                    Thread.sleep((int) (Math.random() * 1000));
                } catch (InterruptedException e) {
                    e.printStackTrace();
                }
            }
        }
    }
```

程序输出：

生产者 1 sent a notifyAll().

生产者 1 生产了：Product：0,produced by 生产者 1,consumed by N/A

消费者 1 sent a notifyAll().

消费者 1 消费了：Product：0,produced by 生产者 1,consumed by 消费者 1

生产者 1 sent a notifyAll().

生产者 1 生产了：Product：1,produced by 生产者 1,consumed by N/A

生产者 1 sent a notifyAll().

生产者 1 生产了：Product：2,produced by 生产者 1,consumed by N/A

生产者 1 sent a notifyAll().

生产者 1 生产了：Product：3,produced by 生产者 1,consumed by N/A

生产者 1 sent a notifyAll().

生产者 1 生产了：Product：4,produced by 生产者 1,consumed by N/A

生产者 1 sent a notifyAll().

生产者 1 生产了：Product：5,produced by 生产者 1,consumed by N/A

生产者 1 sent a notifyAll().

生产者 1 生产了：Product：6,produced by 生产者 1,consumed by N/A

生产者 1 is waiting.

消费者 1 sent a notifyAll().

消费者 1 消费了：Product：6,produced by 生产者 1,consumed by 消费者 1

生产者 1 sent a notifyAll().

生产者 1 生产了：Product：7,produced by 生产者 1,consumed by N/A

11.7　线程池

11.7.1　使用线程池的原因

许多服务器端应用程序需要处理来自客户端的大量的任务请求,这类请求可能是通过 HTTP 或通过 Java 消息服务(JMS)到达服务器端。这些应用中需要面对如下挑战：单个任务处理的时间很短但请求的数目巨大。

构建服务器应用程序的一个简单的模型是每当请求到达就创建一个新线程,然后在新线程中为请求服务,服务结束后将线程销毁。实际上,这种服务器应用编程的方法存在严重的缺陷,为每个请求创建一个新线程的开销很大,创建和销毁线程花费的时间和消耗的系统资源可能比花在处理用户请求上的时间和资源更多。另外,活动的线程也会消耗系统资源。在 JVM 中创建太多的线程可能会导致过度消耗内存或"切换过度",从而产生可观的时间开销。为了充分利用资源,服务器程序需要限制给定时刻处理请求的数目。

线程池(Thread Pool)为线程管理的开销问题和资源不足问题提供了解决方案。通过让多个任务重用线程,线程创建的开销被极大地降低了。因为请求到达时线程已经存在,消除了线程创建带来的延迟,可以立即为客户端请求服务,从而使应用程序响应更快。而且,通过适当地调整线程池中的线程数目,也就是当请求的数目超过某个阈值时,就强制其他任何新到的请求一直等待,直到获得可用线程来处理为止,从而防止系统资源不足。

11.7.2　创建线程池

线程池是一个线程的容器,用于管理线程的生命周期和任务执行过程,它维护额定数量的线程。java. util. concurrent. ThreadPoolExecutor 用来创建线程池,其声明格式如下:

```
ThreadPoolExecutor(int corePoolSize, int maximumPoolSize, long keepAliveTime,
TimeUnit    milliseconds,    BlockingQueue    runnableTaskQueue,    ThreadFactory
threadFactory, RejectedExecutionHandler handler);
```

从以上声明可以看出,创建一个线程池需要输入以下参数。

(1) 线程数目 corePoolSize。当提交一个任务到线程池时,线程池会创建一个线程来执行任务,即使其他空闲的基本线程能够执行新任务也会创建线程,等到需要执行的任务数大于线程池基本大小时就不再创建。调用线程池的 prestartAllCoreThreads()方法能提前创建并启动所有基本线程。

(2) 线程最大数目 maximumPoolSize。线程池允许创建的最大线程数。如果任务队列已满,并且已创建的线程数小于最大线程数,则线程池会再创建新的线程执行任务。值得注意的是,如果使用了无界的任务队列该参数就没有效果。

(3) 线程活动保持时间 keepAliveTime。线程池的工作线程空闲后保持存活的时间,超过该时间线程会被自动销毁。

(4) 线程活动保持时间的单位 TimeUnit。可选的单位有天(DAYS)、小时(HOURS),分钟(MINUTES)、毫秒(MILLISECONDS)、微秒(MICROSECONDS、千分之一毫秒)和毫微秒(NANOSECONDS)。

(5) ThreadFactory。创建线程的工厂。

(6) 饱和策略 RejectedExecutionHandler。当队列和线程池都满了,说明线程池处于饱和状态,那么必须采取特定策略处理提交的新任务。这个策略默认值是 AbortPolicy,表示无法处理新任务时抛出异常,其他策略有 3 个。

① CallerRunsPolicy。用调用者所在线程来运行任务。

② DiscardOldestPolicy。丢弃队列里最近的一个任务,并执行当前任务。

③ DiscardPolicy。不处理,直接丢弃掉。

当然也可以根据应用场景需要来实现 RejectedExecutionHandler 接口,自定义饱和处理策略,如记录日志或持久化不能处理的任务。

(7) 任务队列 runnableTaskQueue。用于保存等待执行的阻塞任务队列。可选队列有 4 个。

① ArrayBlockingQueue。基于数组结构的有界阻塞队列,按 FIFO 原则对元素进行排序。队列大小和线程池大小需要相互折中,使用大型队列和小型池可以最大限度地降低操作系统资源和上下文切换开销,但是可能降低吞吐量。使用小型队列通常要求较大的线程池,CPU 使用率较高,但是可能遇到不可接受的调度开销,这样也会降低吞吐量。

② LinkedBlockingQueue。基于链表结构的无界阻塞队列，按 FIFO 排序任务，吞吐量通常要高于 ArrayBlockingQueue。但它导致在所有 corePoolSize 线程都忙时新任务在队列中等待，即创建的线程不会超过 corePoolSize。

③ SynchronousQueue。它是工作队列的默认选项，如图 11-8 所示，它将任务直接提交给线程而不保持它们。如果不存在可用于立即运行任务的线程，则任务加入队列将失败。直接提交通常要求无界 maximumPoolSizes 以避免拒绝新提交的任务。

④ PriorityBlockingQueue。一个具有优先级的无界阻塞队列。

除了直接构造线程池，java. util. concurrent. Executors 基于工厂方法实现，提供了便利的方法来生成线程池，常用的方法有 3 个。

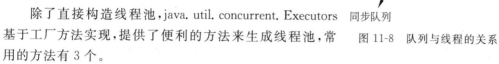

图 11-8　队列与线程的关系

① ExecutorService newFixedThreadPool(int nThreads)：固定大小线程池，它使用 LinkedBlockedQueue 作为任务队列。

② ExecutorService newSingleThreadExecutor()：单线程。

③ ExecutorService newCachedThreadPool()：无界线程池，使用 SynchronousQueue 作为工作队列，可以进行自动线程回收。

其实 Executors 类的底层实现便是 ThreadPoolExecutor，所以两者本质是相同的，Executors 使用上更加方便而已。

11.7.3　提交任务到线程池

可以使用 execute() 方法提交任务，但是 execute() 方法没有返回值，所以无法判断任务是否被线程池执行成功。通过以下代码可知 execute() 方法输入的任务是实现了 Runnable 接口的实例。

```
threadsPool.execute(new Runnable() {
    public void run() {
        //TODO Auto-generated method stub
    }
});
```

也可以使用 submit() 方法来提交任务，它会返回一个 Future 对象，用于判断任务是否执行成功。通过 Future 的 get() 方法能获取返回值，get() 方法会阻塞直到任务完成，而使用 get(long timeout，TimeUnit unit) 方法则会阻塞一段时间后立即返回，但这时有可能任务没有执行完。

程序清单 11-12：

```
Future<Object>future=executor.submit(harReturnValuetask);
try {
    Object s=future.get();
```

```
} catch (InterruptedException e) {
    //处理中断异常
} catch (ExecutionException e) {
    //处理无法执行任务异常
} finally {
    executor.shutdown();
}
```

11.7.4　关闭线程池

调用线程池的 shutdown()方法或 shutdownNow()方法关闭线程池，它们遍历线程池中的工作线程，然后逐个调用线程的 interrupt()方法来中断线程，所以无法响应中断的任务可能永远无法终止。但是两者存在一定的区别：shutdownNow()方法首先将线程池的状态设置成 STOP，然后尝试停止所有正在执行或暂停任务的线程，并返回等待执行任务的列表，而 shutdown()方法只是将线程池的状态设置成 SHUTDOWN 状态，然后中断所有没有正在执行任务的线程。

只要调用了两个关闭方法的一个，isShutdown()方法就会返回 true。当所有的任务都已关闭后，才表示线程池关闭成功，这时调用 isTerminaed()方法会返回 true。至于应该调用哪一种方法来关闭线程池，应该由提交到线程池的任务特性决定，通常调用 shutdown()来关闭线程池，如果任务不一定要执行完，则可以调用 shutdownNow()方法。

11.7.5　监控线程池

线程池提供了一些参数以便监控其工作状态，监控线程池时可以使用的属性包括 5 个。

(1) taskCount。线程池需要执行的任务数量。

(2) completedTaskCount。线程池在运行过程中已完成的任务数量，小于或等于 taskCount。

(3) largestPoolSize。线程池曾经创建过的最大线程数量，通过它可以知道线程池是否满过，如等于线程池的最大数目，则表示线程池曾经满过。

(4) getPoolSize。线程池中的线程数量。

(5) getActiveCount。获取活动的线程数。

通过扩展线程池可以对线程池实施更全面的监控。比如，通过继承线程池并重写线程池的 beforeExecute()、afterExecute()和 terminated()方法，可以在任务执行前、执行后和线程池关闭前完成特定工作，如监控任务的平均执行时间、最大执行时间和最小执行时间等。这几个方法在线程池 ThreadPoolExecutor 里是空方法，其方法签名为

```
protected void beforeExecute(Thread t, Runnable r) { }
```

11.7.6 使用线程池

要做到合理地利用线程池机制,必须对其原理有所了解。线程池负责管理工作线程,包含一个等待执行的任务队列。线程池的任务队列是 Runnable 的实例集合,工作线程负责从任务队列中取出并执行 Runnable 对象。下面是一个简单示例。

首先创建一个工作线程实现 Runnable 接口。

程序清单 11-13:

```
package cn.edu.javacourse.ch11;
public class WorkerThread implements Runnable {
    private String command;
    public WorkerThread(String s){
        this.command=s;
    }
    public void run() {
System.out. println (Thread. currentThread (). getName () +" Start. Command = " +
command);
        processCommand();
        System.out.println(Thread.currentThread().getName()+" End.");
    }

    private void processCommand() {
        try {
            Thread.sleep(5000);
        } catch (InterruptedException e) {
            e.printStackTrace();
        }
    }
    public String toString(){
        return this.command;
    }
}
```

下面是一个测试程序,从 Executors 框架中创建固定大小的线程池。

程序清单 11-14:

```
package cn.edu.javacourse.ch11;
import java.util.concurrent.ExecutorService;
import java.util.concurrent.Executors;
public class SimpleThreadPool {

    public static void main(String[] args) {
```

```
ExecutorService executor=Executors.newFixedThreadPool(5);
for (int i=0; i<10; i++) {
    Runnable worker=new WorkerThread(""+i);
    executor.execute(worker);
}
executor.shutdown();
while (!executor.isTerminated()) {
}
System.out.println("Finished all threads");
    }
}
```

程序输出：

```
pool-1-thread-3Start.Command=2
pool-1-thread-4Start.Command=3
pool-1-thread-2Start.Command=1
pool-1-thread-1Start.Command=0
pool-1-thread-5Start.Command=4
pool-1-thread-3 End.
pool-1-thread-3Start.Command=5
pool-1-thread-4 End.
pool-1-thread-1 End.
pool-1-thread-1Start.Command=7
pool-1-thread-2 End.
pool-1-thread-4Start.Command=6
pool-1-thread-2Start.Command=8
pool-1-thread-5 End.
pool-1-thread-5Start.Command=9
pool-1-thread-3 End.
pool-1-thread-4 End.
pool-1-thread-1 End.
pool-1-thread-2 End.
pool-1-thread-5 End.
Finished all threads
```

在上面的程序中，创建了包含 5 个工作线程的固定大小线程池。然后，向线程池提交 10 个任务。由于线程池的大小是 5，因此首先会启动 5 个工作线程，其他任务将等待。一旦有任务结束，工作线程会从等待队列中挑选下一个任务并开始执行。从输出结果看，线程池中有 5 个名为 pool-1-thread-1、…、pool-1-thread-5 的工作线程负责执行提交的任务。

Executors 类使用 ExecutorService 封装了 ThreadPoolExecutor 的简单实现，但 ThreadPoolExecutor 功能更丰富，可以指定创建活跃的线程数，并且可以限制线程池的大小，还可以创建自己的 RejectedExecutionHandler 实现来处理不适合放在工作队列里的任务。

下面是一个 RejectedExecutionHandler 接口的自定义实现。

程序清单 11-15：

```java
import java.util.concurrent.RejectedExecutionHandler;
import java.util.concurrent.ThreadPoolExecutor;
public class RejectedExecutionHandlerImpl implements RejectedExecutionHandler {
    public void rejectedExecution(Runnable r,ThreadPoolExecutor executor) {
        System.out.println(r.toString()+" is rejected");
    }
}
```

ThreadPoolExecutor 提供了一些方法，可以查看执行状态、线程池大小、活动线程数和任务数。所以，通过一个监视线程在固定间隔输出执行信息。

程序清单 11-16：

```java
import java.util.concurrent.ThreadPoolExecutor;
public class MyMonitorThread implements Runnable
{
    private ThreadPoolExecutor executor;
    private int seconds;
    private boolean run=true;

    public MyMonitorThread(ThreadPoolExecutor executor,int delay)
    {
        this.executor=executor;
        this.seconds=delay;
    }

    public void shutdown(){
        this.run=false;
    }
    public void run()
    {
        while(run){
            System.out.println(String.format("[monitor][%d/%d]Active:
            %d,Completed:%d,Task:%d,sShutdown: %s,isTerminated: %s",
                    this.executor.getPoolSize(),
                    this.executor.getCorePoolSize(),
                    this.executor.getActiveCount(),
                    this.executor.getCompletedTaskCount(),
                    this.executor.getTaskCount(),
                    this.executor.isShutdown(),
                    this.executor.isTerminated()));
            try {
                Thread.sleep(seconds * 1000);
```

```
                } catch (InterruptedException e) {
                    e.printStackTrace();
                }
            }


    }
}
```

下面是使用 ThreadPoolExecutor 的线程池实现示例。

程序清单 11-17：

```
import java.util.concurrent.ArrayBlockingQueue;
import java.util.concurrent.Executors;
import java.util.concurrent.ThreadFactory;
import java.util.concurrent.ThreadPoolExecutor;
import java.util.concurrent.TimeUnit;
public class WorkerPool {
    public static void main(String args[]) throws InterruptedException{
    RejectedExecutionHandlerImpl rejectionHandler=new
                    RejectedExecutionHandlerImpl();
        ThreadFactory threadFactory=Executors.defaultThreadFactory();
        ThreadPoolExecutor executorPool=new ThreadPoolExecutor(2,4,10,
        TimeUnit.SECONDS,new ArrayBlockingQueue<Runnable>(2),threadFactory,
        rejectionHandler);
        MyMonitorThread monitor=new MyMonitorThread(executorPool,3);
        Thread monitorThread=new Thread(monitor);
        monitorThread.start();
        //submit work to the thread pool
        for(int i=0; i<10; i++){
            executorPool.execute(new WorkerThread("cmd"+i));
        }

        Thread.sleep(30000);
        executorPool.shutdown();
        Thread.sleep(5000);
        monitor.shutdown();
    }
}
```

程序输出：

```
pool-1-thread-1Start.Command=cmd0
pool-1-thread-2Start.Command=cmd1
cmd6 is rejected
cmd7 is rejected
cmd8 is rejected
```

```
cmd9 is rejected
pool-1-thread-4Start.Command=cmd5
pool-1-thread-3Start.Command=cmd4
[monitor][1/2]Active:1,Completed:0,Task:6,sShutdown: false,isTerminated: false
[monitor][4/2]Active:4,Completed:0,Task:6,sShutdown: false,isTerminated: false
...
```

注意：在初始化 ThreadPoolExecutor 时，初始线程池大小设为 2、最大值设为 4、工作队列大小设为 2。所以，如果当前有 4 个任务正在运行而此时又有新任务提交，工作队列将只存储 2 个任务，其他任务将交由 RejectedExecutionHandlerImpl 处理。请注意活跃线程、已完成线程和任务完成总数的变化。最后，程序调用 shutdown() 方法结束所有已提交任务并终止线程池。

11.8　线程同步控制的新特征

从 JDK 5 开始，为了实现更灵活的多线程编程，引入了一些新的线程管理和控制机制。

11.8.1　条件变量

条件变量是线程中很重要的一个概念，它是对特定条件的标记，其具体含义需要通过代码来赋予。条件变量的出现是为了更精细控制线程等待与唤醒，一般来说，线程的等待与唤醒依靠的是 Object 对象的 await() 和 notify()/notifyAll() 方法，但它的处理不够精细。

条件变量通过 java.util.concurrent.locks.Condition 接口声明，它的实例化是通过 Lock 对象上调用 newCondition() 方法获取，这样条件就和一个锁对象绑定。也就是说，条件变量只能和锁配合使用，来控制并发程序访问竞争资源的安全。

Lock 对象可以有多个条件，每个条件上可以有多个线程等待，通过调用 wait() 方法让线程在该条件下等待。当调用 signalAll() 方法又可以唤醒该条件下等待的线程。

下面以一个银行存取款的模拟程序为例来说明条件变量的用法。假设一个银行账户有多个用户（线程）在同时操作，有的存款有的取款，存款随便存，但取款有限制，即不能透支，任何试图透支的操作都将等待里面有足够存款才能执行。

程序清单 11-18：

```
package cn.edu.javacourse.ch11;
import java.util.concurrent.ExecutorService;
import java.util.concurrent.Executors;
import java.util.concurrent.locks.Condition;
import java.util.concurrent.locks.Lock;
import java.util.concurrent.locks.ReentrantLock;
```

```java
public class ThreadConditionTest {
    public static void main(String[] args) {

        //创建并发访问的账户
        BankAccount myCount=new BankAccount("123456",10000);
        ExecutorService pool=Executors.newFixedThreadPool(2);
        Thread t1=new SaveThread("tom",myCount,2000);
        Thread t2=new SaveThread("jack",myCount,3600);
        Thread t3=new WithdrawThread("dr.wang",myCount,2700);
        Thread t4=new SaveThread("MS.girl",myCount,600);

        pool.execute(t1);
        pool.execute(t2);
        pool.execute(t3);
        pool.execute(t4);
        pool.shutdown();
    }
}

class SaveThread extends Thread {
    private String userName;
    private BankAccount myCount;
    private int balance;          //存款金额

    public SaveThread(String name,BankAccount myCount,int x) {
        this.userName=name;
        this.myCount=myCount;
        this.balance=x;
    }

    public void run() {
        myCount.saving(balance,userName);
    }
}

class WithdrawThread extends Thread {
    private String userName;
    private BankAccount myCount;
    private int balance;          //存款金额

    public WithdrawThread(String name,BankAccount myCount,int x) {
        this.userName=name;
        this.myCount=myCount;
        this.balance=x;
    }
```

```java
    public void run() {
        myCount.withdrawing(balance,userName);
    }
}

class BankAccount {
    private String oid;                 //账号
    private int cash;
    private Lock lock=new ReentrantLock();              //账户锁
    private Condition _save=lock.newCondition();        //存款条件
    private Condition _draw=lock.newCondition();        //取款条件

    public BankAccount(String oid,int cash) {
        this.oid=oid;
        this.cash=cash;
    }

    public void saving(int x,String name) {
        lock.lock();
        if (x>0) {
            cash +=x;
            System.out.println(name+"存款"+x+",当前余额为"+cash);
        }
        _draw.signalAll();                              //唤醒所有等待线程
        lock.unlock();
    }

    public void withdrawing(int x,String name) {
        lock.lock();
        try {
            if (cash-x<0) {
                _draw.await();                          //阻塞取款操作
            } else {
                cash-=x;
                System.out.println(name+"取款"+x+",当前余额为"+cash);
            }
            _save.signalAll();                          //唤醒所有存款操作
        } catch (InterruptedException e) {
            e.printStackTrace();
        } finally {
            lock.unlock();
        }
    }
}
```

程序输出：

tom 存款 2000,当前余额为 12000

dr.wang 取款 2700,当前余额为 9300

MS.girl 存款 600,当前余额为 9900

jack 存款 3600,当前余额为 13500

假如不用锁和条件变量,如何实现以上功能呢？请读者思考并实现之。

11.8.2 原子变量

原子变量即变量操作是"原子的",该操作不可再分,因此是线程安全的。为何要使用原子变量呢？原因是多个线程对单个变量操作也会引起一些问题。在 Java 5 之前,可以通过 volatile、synchronized 关键字来解决并发访问变量的安全问题,但这样做比较麻烦。因此专门提供了用来进行单变量多线程并发安全访问的工具包 java.util.concurrent.atomic。

程序清单 11-19：

```
import java.util.concurrent.atomic.AtomicLong;
public class AtomicRunnable implements Runnable {
private static AtomicLong aLong=new AtomicLong(10000);
//原子变量,每个线程都可以自由操作
    private String name;
    private int balance;

    AtomicRunnable(String name,int x) {
        this.name=name;
        this. balance=x;
    }

    public void run() {
        System.out.println(name+" "+balance+",当前余额："+aLong.
        addAndGet(balance));
    }

}

public class ThreadAtomicTest {
    public static void main(String[] args) {
        ExecutorService pool=Executors.newFixedThreadPool(2);
        Runnable t1=new AtomicRunnable("张三",2000);
        Runnable t2=new AtomicRunnable("李四",3600);
        Runnable t3=new AtomicRunnable("王五",2700);
        pool.execute(t1);
```

```
        pool.execute(t2);
        pool.execute(t3);
        pool.shutdown();
    }
}
```

多次运行该程序会发现虽然使用了原子量,但是程序并发访问还是有问题,那究竟问题出在哪里?要注意的是原子量虽然可以保证单个变量在某一个操作过程的安全,但无法保证代码块,或者方法的安全性。因此,通常还应该使用锁同步机制来控制方法的安全性。下面是对这个错误修正:

```
public void run() {
    lock.lock();
     System. out. println (name +" " + balance +", 当前余额: " + aLong. addAndGet
(balance));
    lock.unlock();
}
```

原子变量的用法很简单,关键是对原子变量的认识,原子变量仅仅是保证变量操作的原子性,但执行业务逻辑的方法仍需考虑线程安全。

11.8.3 障碍器

障碍器(CyclicBarrier)是为了适应一种新的设计需求,比如一个大型的任务,常常需要分解成多个子任务去执行,只有当所有子任务都执行完成,才能执行主任务,这类需求就应该选择障碍器。

CyclicBarrier 初始化时规定需要等待的子任务的数目,然后调用 CyclicBarrier. await ()计算进入等待的线程数。当线程数达到了预定义数目时,所有进入等待状态的线程被唤醒并继续执行。CyclicBarrier 中有两个重要的方法值得关注。

1. await

在所有参与者都在此障碍器上调用 await()方法之前,参与者将一直等待。

2. getNumberWaiting

它返回当前屏障处等待的参与者数目,或者说返回当前阻塞在 await()方法中的参与者数目,主要用于调试和断言。

程序清单 11-20:

```
package cn.edu.javacourse.ch11;
import java.util.concurrent.CyclicBarrier;
class BarrierWorkerThread implements Runnable {
    CyclicBarrier barrier;
```

```
        int workerID;
        public BarrierWorkerThread(CyclicBarrier b,int id) {
            this.barrier=b;
            this.workerID=id;
        }


        public void run() {
            try {
                System.out.println("Worker "+workerID+" is waiting");
                //线程在这里等待,直到所有线程都到达 barrier
                barrier.await();
                System.out.println("ID:"+workerID +" Working");
            } catch (Exception e) {
                e.printStackTrace();
            }
        }
    }

    public class CyclicBarrierDemo {
        private static final int THREAD_NUM=5;
        public static void main(String[] args) {
            CyclicBarrier cb=new CyclicBarrier(THREAD_NUM,new Runnable() {
                public void run() {
                    System.out.println("Inside Barrier");
                }
            });

            for (int i=0; i<THREAD_NUM; i++) {
                new Thread(new BarrierWorkerThread(cb,i)).start();
            }
        }
    }
```

程序输出:

```
Worker 0 is waiting
Worker 1 is waiting
Worker 2 is waiting
Worker 4 is waiting
Worker 3 is waiting
Inside Barrier
ID:3 Working
ID:1 Working
ID:0 Working
ID:2 Working
```

ID:4 Working

11.8.4 信号量

信号量（Semaphore）用来限制访问有限资源的线程数量，它的概念和操作系统中的概念是一致的。信号量主要是通过 acquire()方法实现的，它保证了只有规定数目的资源可以被使用。以下通过一个例子来说明它的用法。

程序清单 11-21：

```java
package cn.edu.javacourse.ch11;
import java.util.concurrent.Semaphore;

public class SemaphorePool {
    private static final int MAX_AVAILABLE=10;
    private final Semaphore available=new Semaphore(MAX_AVAILABLE,true);

    public Object getItem() throws InterruptedException {
        available.acquire();          //取得访问许可
        return getNextAvailableItem();
    }

    public void putItem(Object x) {
        if (markAsUnused(x))
            available.release();
    }

    protected Object[] items=new Object[MAX_AVAILABLE];
    protected boolean[] used=new boolean[MAX_AVAILABLE];
    protected synchronized Object getNextAvailableItem() {
        for (int i=0; i<MAX_AVAILABLE; ++i) {
            if (!used[i]) {
                used[i]=true;
                return items[i];
            }
        }
        return null;
    }

    protected synchronized boolean markAsUnused(Object item) {
        for (int i=0; i<MAX_AVAILABLE; ++i) {
            if (item==items[i]) {
                if (used[i]) {
                    used[i]=false;
```

```
                    return true;
                } else
                    return false;
            }
        }
        return false;
    }
}
```

例子中最大支持 10 个线程并发访问，当前 10 个线程没有释放许可时，第 11 个线程就只能等待。

11.8.5　Callable 与 Future

Callable 和 Future 接口结合使用可实现带返回值的多线程编程。Future 接口表示异步计算的结果，它能检查计算是否完成，未完成等待计算完成，并取得计算结果。执行 Callable 任务后，就可以取得一个 Future 的对象，在 Future 对象上调用 get()方法就可以得到任务计算的结果。

接口 Callable 与 Runnable 的区别如下。

(1) Callable 接口规定的方法是 call()，而 Runnable 规定的方法是 run()。

(2) Callable 的任务执行后可返回值，而 Runnable 的任务是不能返回值的。Callable 任务返回 Future 对象，通过 Future 对象可了解任务执行情况，可取消任务的执行，还可获取任务执行的结果。

(3) call()方法可抛出异常，而 run()方法是不能抛出异常的。

Callable 接口使用泛型定义它的返回类型，Executors 类提供了一些有用的方法在线程池中执行 Callable 内的任务。由于 Callable 任务是并行的，必须等待它返回的结果。如果不想让分支线程阻塞主线程，又想取得分支线程的执行结果，就需要使用 FutureTask。FutureTask 实现了 RunnableFuture 接口，RunnableFuture 定义如下：

```
public interface RunnableFuture<V>extends Runnable,Future<V>{
    void run();
}
```

FutureTask 由执行者调度，它对外提供的方法基本上就是 Future 和 Runnable 接口的组合，包括 get()、cancel()、isDone()、isCancelled()和 run()方法，而 run()方法通常由执行者调用，基本上不需要直接调用它。

程序清单 11-22：

```
package cn.edu.javacourse.ch11;
import java.util.concurrent.Callable;
import java.util.concurrent.ExecutionException;
import java.util.concurrent.ExecutorService;
```

```java
import java.util.concurrent.Executors;
import java.util.concurrent.FutureTask;
import java.util.concurrent.TimeUnit;
import java.util.concurrent.TimeoutException;

class MyCallable implements Callable<String>{
    private long waitTime;
    public MyCallable(int timeInMillis){
        this.waitTime=timeInMillis;
    }
    public String call() throws InterruptedException{
        Thread.sleep(waitTime);
        return Thread.currentThread().getName();
    }
}


public class FutureTaskDemo {
    public static void main(String[] args) {
        MyCallable callable1=new MyCallable(1000);
        MyCallable callable2=new MyCallable(2000);
        FutureTask<String>futureTask1=new FutureTask<String>(callable1);
        //将 Callable 写的任务封装到一个由执行者调度的 FutureTask 对象
        FutureTask<String>futureTask2=new FutureTask<String>(callable2);
        ExecutorService executor=Executors.newFixedThreadPool(2);
        //创建线程池并返回 ExecutorService 实例
        executor.execute(futureTask1);
        executor.execute(futureTask2);

        while (true) {
            try {
                if(futureTask1.isDone() && futureTask2.isDone()){
                    System.out.println("Done");
                    executor.shutdown();
                    return;
                }

                if(!futureTask1.isDone()){
                    System.out.println("FutureTask1 output="+futureTask1.get());
                }
                System.out.println("Waiting for FutureTask2 to complete");
                String s=futureTask2.get(2000L,TimeUnit.MILLISECONDS);
                if(s !=null){
                    System.out.println("FutureTask2 output="+s);
                }
```

```
        } catch (InterruptedException e) {
            e.printStackTrace();
        }catch(TimeoutException te){
            te.printStackTrace();
        }
        catch(ExecutionException ee)
        {
            ee.printStackTrace();
        }
    }
  }
}
```

程序输出：

```
FutureTask1 output=pool-1-thread-1
Waiting for FutureTask2 to complete
FutureTask2 output=pool-1-thread-2
Done
```

运行如上程序后，可以看到一段时间内没有输出，因为 get()方法必须等待任务执行完成后才输出信息。

11.9　综合实例

本节通过多线程实现排序算法的动画演示。通过算法执行过程的动画演示，可以帮助人们更好地理解算法的执行过程。实际上，所有算法的动画都具有类似的结构，实现中让一个线程定期更新算法的当前状态图像，可以暂停线程的执行，使得用户可以查看图像。

下面实现集合元素排序算法的动画演示，它首先找到最小的元素，通过检查所有数组，并把最小的元素放入集合最左边的位置。然后把剩余的元素中最小的元素，放入第二个位置。该算法的状态需要以下数据结构。

（1）有值的数组。

（2）已排序区域的大小。

（3）当前标记的元素。

实现中使用排序的线程和图像显示线程分别完成不同的工作，数组的状态是由两个线程并发访问的，用一个锁来同步访问该状态。

程序清单 11-23：

```
import java.awt.Color;
import java.awt.Graphics;
import java.util.concurrent.locks.Lock;
import java.util.concurrent.locks.ReentrantLock;
```

```java
import javax.swing.JComponent;

public class SelectionSorter
{
    private int[] a;
    private int markedPosition=-1;
    private int alreadySorted=-1;

    private Lock sortStateLock;
    private JComponent component;
    private static final int DELAY=100;

    public SelectionSorter(int[] anArray,JComponent aComponent)
    {
        a=anArray;
        sortStateLock=new ReentrantLock();
        component=aComponent;
    }
    public void sort() throws InterruptedException
    {
        for (int i=0; i<a.length-1; i++)
        {
            int minPos=minimumPosition(i);
            sortStateLock.lock();
            try
            {
                ArrayUtil.swap(a,minPos,i);
                alreadySorted=i;
            }
            finally
            {
                sortStateLock.unlock();
            }
            pause(2);
        }
    }

    private int minimumPosition(int from) throws InterruptedException
    {
        int minPos=from;
        for (int i=from+1; i<a.length; i++)
        {
            sortStateLock.lock();
            try
```

```
            {
                if (a[i]<a[minPos]) { minPos=i; }
                markedPosition=i;
            }
            finally
            {
                sortStateLock.unlock();
            }
            pause(2);
        }
        return minPos;
    }

    public void draw(Graphics g)
    {
        sortStateLock.lock();
        try
        {
            int deltaX=component.getWidth()/a.length;
            for (int i=0; i<a.length; i++)
            {
                if (i==markedPosition)
                {
                    g.setColor(Color.RED);
                }
                else if (i<=alreadySorted)
                {
                    g.setColor(Color.BLUE);
                }
                else
                {
                    g.setColor(Color.BLACK);
                }
                g.drawLine(i * deltaX,0,i * deltaX,a[i]);
            }
        }
        finally
        {
            sortStateLock.unlock();
        }
    }

    public void pause(int steps) throws InterruptedException
    {
```

```
        component.repaint();
        Thread.sleep(steps * DELAY);
    }
}
```

SelectionSorter 类实现的数组元素的排序和实际的绘制操作。

程序清单 11-24：

```java
import java.util.Random;
public class ArrayUtil
{
    private static Random generator=new Random();
    public static int[] randomIntArray(int length,int n)
    {
        int[] a=new int[length];
        for (int i=0; i<a.length; i++)
        {
            a[i]=generator.nextInt(n);
        }
        return a;
    }
    public static void swap(int[] a,int i,int j)
    {
        int temp=a[i];
        a[i]=a[j];
        a[j]=temp;
    }
}
```

类 SelectionSortComponent 负责启动排序类，并调用重绘动画方法，刷新屏幕。

程序清单 11-25：

```java
import java.awt.Graphics;
import javax.swing.JComponent;
public class SelectionSortComponent extends JComponent
{
    private SelectionSorter sorter;
    public SelectionSortComponent()
    {
        int[] values=ArrayUtil.randomIntArray(30,300);
        sorter=new SelectionSorter(values,this);
    }

    public void paintComponent(Graphics g)
    {
        sorter.draw(g);
```

```
        }
    public void startAnimation()
    {
        class AnimationRunnable implements Runnable
        {
            public void run()
            {
                try
                {
                    sorter.sort();
                }
                catch (InterruptedException exception)
                {
                }
            }
        }

        Runnable r=new AnimationRunnable();
        Thread t=new Thread(r);
        t.start();
    }
}
```

以下是程序的执行入口，负责创建 GUI 界面，并启动排序线程。

程序清单 11-26：

```
import java.awt.BorderLayout;
import javax.swing.JButton;
import javax.swing.JFrame;
public class SelectionSortViewer
{
    public static void main(String[] args)
    {
        JFrame frame=new JFrame();
        final int FRAME_WIDTH=300;
        final int FRAME_HEIGHT=400;
        frame.setSize(FRAME_WIDTH,FRAME_HEIGHT);
        frame.setDefaultCloseOperation(JFrame.EXIT_ON_CLOSE);
        final SelectionSortComponent component=new SelectionSortComponent();
        frame.add(component,BorderLayout.CENTER);
        frame.setVisible(true);
        component.startAnimation();
    }
}
```

本例综合使用 GUI 和多线程机制,演示了排序算法执行的过程,界面如图 11-9
所示。

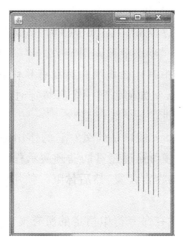

图 11-9　排序演示界面

11.10　本章小结

线程是指程序的动态运行流程,多线程的机制旨在提高处理器的效率。使用线程有
3 种方式:从 Thread 类派生、实现 Runnable 接口并将线程的处理程序编写在 run()方法
内或者使用 Timer 类。

线程状态转换是理解线程工作机制的关键,当线程的 run()方法运行结束线程进入
消亡状态。

当多个线程对象操作同一共享资源时,要使用 synchronized 关键字进行资源的同步,
同步的前提是必须要有 2 个以上的线程,必须是多个线程使用同一个锁。线程同步解决
了多线程访问临界资源的安全问题,但也存在弊端,即多个线程需要判断锁,较为消耗
资源。

对于同步,要时刻清醒在哪个对象上同步。线程间的协调通过 wait/notify/notifyAll
来实现,这些方法都需要在锁定的环境里使用。

合理利用线程池能够降低资源消耗,提高响应速度,提高线程的可管理性。

11.11　本章习题

1. 进程和线程之间有什么不同? 为什么要引入多线程?

2. 线程有哪些状态,它们之间的转移条件是什么?

3. 可以直接调用 Thread 类的 run()方法吗? 和使用 start()方法有什么不同?

4. 如何让正在运行的线程暂停一段时间?

5. 如何设置线程优先级? 高优先级的线程一定会被优先调度吗?

6. 创建线程有哪些方式？举例说明。

7. 请实现一个卖票系统，有 4 个窗口同时进行售票，用线程模拟窗口的售票操作，要求票不能重复销售，也不能超量销售。

8. 线程之间是如何通信的？wait()、notify() 和 notifyAll() 方法的作用是什么？为什么它们必须在同步方法或者同步块中被调用？

9. volatile 关键字在 Java 中有什么作用？有没有替代它的新机制？

10. Timer 类的作用是什么？如何创建一个有特定时间间隔的任务？

11. 什么是线程池？如何创建一个线程池？

12. Java 并发 API 中的 Lock 接口是什么？它的作用是什么？

13. 编程实现多个机器人移动穿过迷宫的动画演示程序。每个机器人被自己的线程推动，移动到相邻的未被占据的迷宫位置，然后休眠。使用锁技术来保证没有两个机器人占据该迷宫的同一个单元。

14. 编写程序 Find，它查找在命令行中指定的所有文件，并输出包含某个关键字的所有行，为每个文件都启动一个线程，调用方法如下：

```
java WordCount report.txt 2014_5_6.log Homework.java
```

15. 什么是 Executors 框架？它提供了哪些创建线程池的方法？

16. 什么是阻塞队列？有哪些常见的阻塞队列？用途如何？

17. 什么是 Callable 和 Future？FutureTask 的作用如何？

第 12 章 网 络 编 程

本章目标

- 了解 TCP/IP。
- 掌握 InetAddress 的方法。
- 掌握 URL 和 URLConnection 编程。
- 掌握 ServerSocket 和 Socket 建立通信的过程。
- 掌握 UDP 通信的 DatagramSocket 和 DatagramPacket。
- 理解多线程在网络通信中的作用。
- 了解 Mina 的编程架构。

12.1 计算机网络通信

计算机网络通信是数据通信的一种形式,它是在计算机之间或计算机与终端设备(传感器、数字摄像头、家庭网关等)之间进行信息传递的通道,是计算机技术与现代通信技术相融合的产物。计算机网络是在应用的驱动下发展而来的,它是以资源共享为目的,实现的主要功能有数据交换、分布式计算、任务协同等。

计算机网络是由多个计算机通过特定通信模式连接起来的计算机群组,完整的计算机网络由网络硬件和网络软件系统组成。计算机网络的常见硬件有 4 种:一是网络服务器;二是网络终端设备,如个人计算机、PDA、智能手机等;三是网络适配器,又称为网络接口卡或网卡;四是传输介质或传输媒体,主要包括电缆、双绞线、光纤和无线电。如果要扩展网络的规模,就需要增加通信连接设备,如交换机、网桥和路由器等。

TCP/IP 是指一组用于计算机间通信的协议,其中最重要的是 TCP 和 IP,即传输控制协议(Transmission Control Protocol,TCP)和网间协议(Internet Protocol,IP)。TCP/IP 协议栈使用分层设计模式,下层为上层提供服务,通信的不同终端对等层之间相互协作。TCP/IP 从下到上的协议层为链路层(Link)、网络层(Network)、传输层(Transport)和应用层(Application),各层对应的应用和协议如图 12-1 所示。

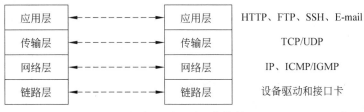

图 12-1　TCP/IP 协议栈

两台计算机通过 TCP/IP 通信的过程如图 12-1 中的虚线所示。传输层及其以下的机制由操作系统内核提供,应用层由用户进程提供,应用程序对通信数据的含义进行解析,而传输层及下层处理通信的细节,将数据从一台计算机通过一定的路径发送到另一台计算机。应用层数据通过协议栈发送到网络上层,每层协议都要加上数据首部(header),这一过程称为封装,数据在各层的封装过程如图 12-2 所示。

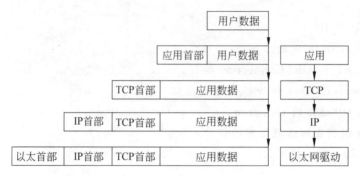

图 12-2　数据包封装示意图

网络层负责为数据选择传输路径,而传输层负责端到端(End-to-End)的传输控制,传输层可选择 TCP 或用户数据报协议 UDP。TCP 是面向连接的、可靠的协议,也就是说 TCP 传输双方需要先建立连接,之后由 TCP 保证数据收发的可靠性,丢失的数据包自动重发,对乱序的数据包进行排序。上层应用程序收到的总是可靠的数据流,通信完成之后才关闭连接,HTTP、FTP 都是使用 TCP 实现可靠的通信的。UDP 是无连接的,不保证数据传输的可靠性,有点像寄信,写好信放到邮筒里,既不能保证信件在邮递过程中不会丢失,也不能保证信件是按顺序寄到目的地。使用 UDP 的应用程序需要自己完成丢包重发、消息排序等工作。一般来说,视音频应用都是使用 UDP 完成数据传输的。

12.2　网络编程范型

网络编程是直接或间接地通过网络协议实现计算机之间的通信。网络编程中有两个主要的问题:如何准确地定位并表示网络上一台或多台主机,另一个就是如何可靠高效地进行数据传输。在 TCP/IP 中,IP 层主要负责网络数据的路由,由 IP 地址可以唯一地确定 Internet 上的一台主机。而传输层则提供面向应用的可靠的或非可靠的数据传输机制,这是网络编程的主要对象,网络编程不需要关心 IP 层是如何处理数据的。

在网络通信时,源主机的应用程序需要知道目的主机的 IP 地址和端口号,IPv4 的 IP 地址长度为 4B,采用点分十进制(Dotted Decimal)表示法,例如,192.168.0.2。由于 Internet 被各种路由器和网关设备分隔成很多网段,为了标识不同的网段,需要把 IP 地址划分成网络地址和主机地址两部分,网络地址相同的各主机位于同一网段,相互间可以直接通信,网络地址不同的主机之间通信则需要通过路由器转发。

在传输层协议中,端口(Port)是逻辑的概念,它用于区分同一主机上的不同服务进程。端口号的范围是 $0 \sim 65535$，1024 以前的端口已被预先分配，比如用于 HTTP 服务的端口为 80，用于 FTP 服务的端口为 21，编程中指定端口时应大于 1024，避免与系统进程端口冲突。

从通信范型的角度看，目前较为流行的编程模型是客户机/服务器(Client/Server，C/S)结构，即通信双方一方作为服务器等待客户提出请求并予以响应，客户则在需要服务时向服务器发送请求。服务器一般作为守护进程始终运行，监听特定的服务端口，一旦有客户请求到达，就会启动或调度一个服务线程来响应该客户，同时自己继续监听服务端口，使后来的客户也能及时获得响应，比如 HTTP、FTP 等都是这种方式。因此，CS 模式的编程是本章的重点内容。

InetAddress 是代表 IP 地址的封装类，它可以由字节数组和字符串来构造。但不是直接通过 InetAddress 的构造函数，而是通过它提供的静态方法实现，可用的方法有 5 个。

(1) static InetAddress[] getAllByName(String host)。

(2) static InetAddress getByAddress(byte[] addr)。

(3) static InetAddress getByAddress(String host，byte[] addr)。

(4) static InetAddress getByName(String host)。

(5) static InetAddress getLocalHost()。

在这些静态方法中，最为常用的是 getByName(String host)方法，只需要传入目标主机的名字，InetAddress 会尝试连接 DNS 服务器，以获取该主机的 IP 地址。

程序清单 12-1：

```java
import java.io.IOException;
import java.net.*;
public class InetAdressDemo{
public static void main(String args[]) throws IOException
{
    InetAddress ip=InetAddress.getByName("www.ldu.edu.cn");
    System.out.print("ldu 的 IP 地址是: ");
    System.out.println(ip.getHostAddress());
    //获取该 InetAddress 实例的 IP 字符串

    InetAddress local=InetAddress.getByAddress(new byte[]{(byte)202,(byte)194,
48,32});
    InetAddress localAddress=InetAddress.getLocalHost();
     System.out.println(localAddress);
}
```

程序输出如下：

```
ldu 的 IP 地址是: 202.194.48.32
computer/192.168.0.104
```

12.3   基于 URL 的网络编程

　　URL(Uniform Resource Locator)即统一资源定位符,是应用层对 Internet 上资源进行唯一标示的方法。通过 URL 可以访问 Internet 上的各种资源(如网页、图片、视频),比如 WWW、FTP 的各类资源。URL 是指向互联网资源的"指针",通过 URL 可以获得网络资源的相关信息,包括获得 URL 对应的 InputStream 对象,以及一个到 URL 所指向的远程资源的连接 URLConnection,通过 URLConnection 对象可以存取对应的资源。

12.3.1   使用 URL 读取资源

　　创建 URL 对象后,就可以通过它访问对应的网络资源。通过 URL 类的方法 openStream()建立连接并返回 InputStream 对象,从而可以从连接中读取数据。

　　程序清单 12-2:

```
import java.io.BufferedReader;
import java.io.InputStreamReader;
import java.net.URL;

public class URLReader {
    public static void main(String[] args) throws Exception {
    URL burl=new URL("http://www.baidu.com/");
    BufferedReader in=new BufferedReader(new InputStreamReader(burl.
openStream()));
    //使用 openStream 得到 InputStream 流对象并构造 BufferedReader 对象
    String inputLine;
    while ((inputLine=in.readLine()) !=null)
        System.out.println(inputLine);
    in.close();
    }
}
```

12.3.2   通过 URLConnection 建立连接

　　通过 URL 的方法 openStream()获得资源的输入流以便读取数据,但如果同时还想输出数据,就要用到 URLConnection 类了。URLConnection 类表示与特定资源的通信连接,通过 URL 对象的方法 openConnection()生成对应的 URLConnection 对象,URLConnection 通过 getInputStream()和 getOutputStream()方法获得 I/O 输入和输出流。如果连接过程失败,将产生异常。

程序清单 12-3：

```
import java.io.*;
import java.net.MalformedURLException;
import java.net.URL;
import java.net.URLConnection;
public class URLConnDemo {
    public static void main(String[] args) throws Exception {
    try{
        URL neturl=new URL ("http://baidu.com/index.html");
        URLConnection con=neturl.openConnection();
        con.setDoOutput(true);
        PrintStream ps=new PrintStream(con.getOutputStream());
        ps.write("hello baidu!".getBytes());
        ps.close();
    }catch(MalformedURLException e){        //创建 URL()对象失败时抛出
        e.printStackTrace();
    }catch (IOException e){
        e.printStackTrace();
        }
    }
}
```

使用 URLConnection 往输出流中写入数据前，必须调用方法 setDoOutput(true)。注意写入是否成功，还取决于远程服务是否能够接受客户端发送的数据。也就是说，URL 代表的资源必须是双向的。

12.3.3　设置连接属性

URLConnection 在建立连接时可以指定连接的属性，通过方法 setRequestProperty (String name，String value)设置特定属性后，通过 connect()方法建立连接。

向 HTTP 服务建立 URL 连接时有两种方式：GET 和 POST，它们设置连接属性的方法略有不同，比如以 GET 方式建立 URLConnection 时属性设置方法如下：

```
String urlName=url+"?"+param;
URL realUrl=new URL(urlName);
URLConnection conn=realUrl.openConnection();
 //设置通用的请求属性
 conn.setRequestProperty("accept","*/*");
 conn.setRequestProperty("connection","Keep-Alive");
 conn.setRequestProperty("user-agent","Mozilla/4.0 (compatible; MSIE
6.0;)");
```

```
//建立实际的连接
conn.connect();
```

12.3.4 URLDecoder 和 URLEncoder

在网络中传输中文时,往往会产生乱码。为了解决这个问题,需要将待传输的中文使用 URLEncoder 编码并使用 URLDecoder 解码。URLEncoder 类的静态方法 encode()用于编码中文字符串,而 URLDecoder 类的静态方法 decode()用于解码。比如,使用 GBK 编码字符串的方法为

```
String urlStr=URLEncoder.encode( "Java 程序设计" ,"GBK");
```

对应的解码过程为

```
String keyWord=URLDecoder.decode("%E6% 9D% 8E%E5% 88% 9A+j2ee","GBK");
```

12.4 Socket 编程

Socket 是应用程序的编程接口,它可以看作是一个码头,应用程序只要把货物放到港口码头上,就算完成了货物的运送。对于接收方应用程序也要创建一个码头,货物到达码头后由应用程序将货物取走。Java 使用 java.net.Socket 对象代表两端的通信码头,并通过 Socket 产生的 I/O 流来进行网络通信。

Socket 由应用程序创建,它通过 IP 和端口绑定到操作系统。创建 Socket 以后,应用程序写入 Socket 的数据,由操作系统调用协议栈向网络发送数据,目标主机从网络上收到数据后,由驱动程序分发给指定 Socket 对应的应用进程,应用从该 Socket 读取数据。

Socket 工作过程如图 12-3 所示。

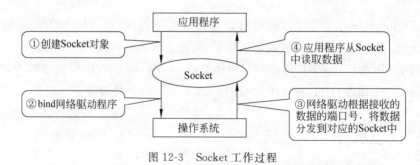

图 12-3　Socket 工作过程

12.4.1 Socket 通信过程

在客户机-服务器通信模式中,服务器和客户端各自维护一个 Socket,两个 Socket 需

要通过网络进行数据交换。从编程的角度看，双方利用 Socket 连接的过程如下。

（1）服务器创建被动套接字，开始循环侦听客户端的连接。

（2）客户端创建主动套接字，连接服务器。

（3）服务器接受（Accept）客户端的连接，并创建一个代表该连接的主动套接字。

（4）服务器和客户端通过步骤（2）和（3）中创建的主动套接字获得输入输出流。

（5）按照应用指定的规约通过 Socket 进行读/写操作。

（6）数据传输完成后关闭 Socket。

Socket 通信过程如图 12-4 所示。

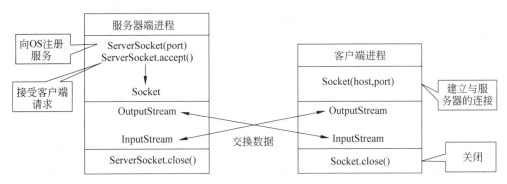

图 12-4　Socket 通信过程

12.4.2　创建 Socket

java.net 中提供了两个类，即 Socket 和 ServerSocket，分别用来表示双向连接的客户端和服务端套接字。它们的构造方法如下。

（1）Socket(InetAddress address，int port)。

（2）Socket(String host，int prot)。

（3）Socket(SocketImpl impl)。

（4）Socket(String host，int port，InetAddress localAddr，int localPort)。

（5）Socket(InetAddress address，int port，InetAddress localAddr，int localPort)。

（6）ServerSocket(int port)。

（7）ServerSocket(int port，int backlog)。

（8）ServerSocket(int port，int backlog，InetAddress bindAddr)。

其中 backlog 表示服务端能同时支持的最大连接数。例如：

```
Socket client=new Socket("127.0.0.1.",80);
ServerSocket server=new ServerSocket(80);
```

在创建 Socket 时如果发生错误，将产生 UnknownHostException，在程序中必须对其作出处理，所以在创建 Socket 或 ServerSocket 时必须捕获或抛出异常。

12.4.3 编程实例

ServerSocket 类代表服务端的被动套接字,在通信双方没有建立通信之前,必须由服务端先主动监听来自客户端的请求。ServerSocket 对象使用 accept()方法来监听并接受客户端的 Socket 连接请求,如果收到连接请求,该方法将返回一个与客户端 Socket 对应的 Socket 对象。如果没有连接,服务端进程将一直处于阻塞状态。服务器端的示例代码如程序清单 12-4。

程序清单 12-4:

```java
import java.io.*;
import java.net.*;
public class ServerSocketDemo {
    public static void main(String args[]) throws IOException {
        ServerSocket ss=new ServerSocket(30000);
        Socket client=ss.accept();
        PrintStream ps=new PrintStream(client.getOutputStream());
        BufferedReader br=new BufferedReader(new InputStreamReader(
                                    client.getInputStream()));
        ps.println("您好,您收到了服务器的新年祝福!");
        System.out.println("服务器发送数据完毕。");
        String line=null;
        while ((line=br.readLine()) !=null) {
            System.out.println("data from client: "+line);
            if (line.equalsIgnoreCase("bye"))
                break;
        }
        br.close();
        ps.close();
        client.close();
    }
}
```

程序输出如下:

```
服务器发送数据完毕。
data from client: hello,data from client sent successfully!
data from client: bye
```

程序清单 12-4 首先创建一个 ServerSocket 对象用于监听客户端 Socket 的连接请求。当接收到客户端的请求时,服务器端也对应产生一个 Socket 对象,即 client。然后,使用 client 获得对应的输出流并包装成 PrintStream。在完成数据读写后,必须关闭输入输出流和 Socket 以便释放资源,关闭的顺序与打开的顺序相反。

　　如果跟踪服务端代码的执行,会发现服务器端的代码在 accept()方法处阻塞,直到有客户端 Socket 的连接请求,accept()方法才可以解除阻塞继续向下执行。

　　客户端示例代码如程序清单 12-5。

程序清单 12-5:

```
import java.io.*;
import java.net.*;
public class ClientSocketDemo
{
    public static void main(String args[]) throws IOException {
        Socket Socket=new Socket("127.0.0.1",30000);
        BufferedReader br=new BufferedReader(new InputStreamReader(
                        Socket.getInputStream()));
        PrintStream ps=new PrintStream(Socket.getOutputStream());
        String line=br.readLine();
        System.out.println("来自服务器的数据:"+line);

        ps.println("hello,data from client sent successfully!");
        ps.println("bye");
        ps.close();
        br.close();
        Socket.close();
    }
}
```

　　程序输出如下:

来自服务器的数据:您好,您收到了服务器的新年祝福!

　　程序清单 12-4 和 12-5 中使用了 InputStreamReader 将字节流转化为了字符流。从程序逻辑看,服务端 Socket 和客户端的 Socket 的操作是相反的,双方约定在收到客户端的 bye 后结束通信,这是应用层的规约,它由通信双方来约定,是和具体业务紧密相关的。

12.4.4　Socket 的选项

　　在 Java 中约定除 TCP_NODELAY 外所有以 SO 为前缀的常量都表示 Socket 选项,Socket 类为每一个选项提供了 get()方法和 set()方法,用来获得和设置这些选项值。常见的 Socket 选项有 4 类,下面分别介绍其意义和设置方法。

1. 设定读取数据的超时时间

　　SO_TIMEOUT 表示通信超时时间,通过 setSoTimeout(int timeout)方法设置读取数据超时时长(单位是 ms)。当输入流的 read()方法被阻塞时,如果设置超时,那么

Socket 在等待 timeout 毫秒后会抛出 InterruptedIOException 异常。在抛出异常后，输入流并未关闭，可以继续通过 read() 方法读取数据。如果将 timeout 设为 0，就意味着 read() 会无限等待，直到服务端程序关闭 Socket，这也是 timeout 的默认值。

2. 关闭前等待

SO_LINGER 选项影响 close() 方法的行为。在默认情况下，调用 close() 方法后，将立即返回。如果这时仍然有未被送出的数据包，则数据包将被丢弃。如果将 SO_LINGER 参数设为正整数 n 时，在调用 close() 方法后，将最多被阻塞 n 秒，系统尽量将未送出的数据包发送出去；如果超过了 n 秒，close() 方法会立即返回。

3. 发送缓冲区大小

在默认情况下，输出流的发送缓冲区是 8096B(8KB)，如果该默认值不能满足要求，可以用 setSendBufferSize() 方法重新设置缓冲区的大小。但最好不要将输出缓冲区设得太小，否则会导致传输数据过于频繁，降低网络传输的效率。

4. TCP 发送延迟

在默认情况下，客户端向服务器发送数据时，会根据数据包的大小决定是否立即发送。当数据包中的数据很少时，如只有 1B，而数据包的头却有几十个字节(IP 头部＋TCP 头部)，系统会在发送之前先将较小的包合并到较大的包后才一起发送。在发送下一个数据包时，系统会等待服务器对前一个数据包的响应，当收到服务器的响应后，再发送下一个数据包，这就是 Nagle 算法；在默认情况下，Nagle 算法是开启的。

这种算法虽然可以有效地改善网络传输的效率，但对于网络速度比较慢，而且实时性要求比较高的情况下(如游戏)，使用这种方式传输数据会使得客户端应用出现明显的停顿现象。因此，最好的解决方案就是需要 Nagle 算法时就使用它，不需要时关闭它。调用 setTcpNoDelay(true) 将 Nagle 算法关闭，应用进程每发送一个数据，无论数据包的大小 TCP 层都会将数据立即发送出去。

12.4.5 关闭 Socket

当客户端与服务器通信结束，应及时关闭 Socket，以释放它占用的包括端口在内的各种资源，Socket 类的 close() 方法负责关闭。当一个 Socket 对象被关闭后就不能通过依附于它的输入和输出流进行操作了，否则会导致 IOException。为了确保关闭 Socket 的操作一定被执行，建议把该操作放在 finally 代码块中，以下代码段演示了标准的 Socket 关闭操作。

```
Socket socket=null;
try
{
    socket=new Socket("www.ldu.edu.cn",80);
```

```
        ⋮
        }
    catch(IOException e)
    {
        e.printStackTrace();
    }
    finally
    {
        try
        {
            if(socket !=null)
            {
                socket.close();
            }
            catch(IOException e)
            {
                e.printStackTrace();
            }
        }
    }
```

12.4.6　Socket 状态测试

JDK 提供了 3 个方法用来返回套接字的当前状态。

（1）isClosed()：如果套接字已经关闭，则返回真。

（2）isConnected()：当客户端成功连接到服务器时，返回为真，但必须注意，关闭 Socket 并不会清除其连接状态，也就是说，调用一个已经关闭的 Socket 对象的 isConnected()方法会返回真。

（3）isBound()：用来测试 Socket 是否已经被绑定到了一个地址上。

判断一个 Socket 对象是否处于连接状态，建议使用以下代码：

```
boolean isConnected=socket.isConnected() && !socket.isClosed();
```

12.5　UDP 编程

传输层除了 TCP，还有 UDP。虽然 TCP 保证可靠传输，但 UDP 也有存在的必要性，主要的原因是可靠的传输是要付出代价的，确认消息需要耗费网络带宽，因此 TCP 传输的效率和及时性不如 UDP 高。而且，许多应用中并不需要保证严格的传输可靠性，比如视频会议、网络游戏、在线音乐中并不要求数据绝对无损，丢失数据包可以通过应用的算法进行补全，这种情况下显然使用 UDP 更合理一些。

UDP 是不可靠的传输协议，它在通信实例的两端各建立一个套接字，但这两个套接字之间并不建立虚拟链路,UDP 的套接字只是发送和接收数据报的对象。数据报与日常生活中的邮政系统一样,是不能保证信件可靠寄到的,而面向连接的 TCP 就好比电话,双方能确定对方接收到了信息。UDP 编程主要涉及两个类:DatagramSocket 和 DatagramPacket,下面分别介绍它们的用法。

12.5.1　DatagramSocket

DatagramSocket 是 UDP 的套接字,而 DatagramPacket 代表要发送和接收的数据报。DatagramSocket 用于在进程之间传送数据报,它本身并不负责维护通信状态和产生 I/O 流,它仅仅负责接收和发送数据报。DatagramSocket 的构造方法有 3 个。

(1) DatagramSocket()。

(2) DatagramSocket(int port)。

(3) DatagramSocket(int port, InetAddress laddr)。

其中,port 指明 Socket 使用的端口号,如果未指明端口号,则自动把 DataramSocket 连接到本地主机一个可用的端口。给出端口号时要保证不发生端口冲突,否则会导致 SocketException,程序中必须进行处理,捕获或者声明抛弃。

DatagramSocket 的方法 receive(DatagramPacket p)用于接收数据报,而使用 send (DatagramPacket p)方法发送。用数据报方式编写客户服务器程序时,无论在客户还是服务器端,都要首先建立 DatagramSocket 对象,用来接收或发送数据报,然后使用 DatagramPacket 类的对象作为传输数据的载体。

DatagramPacket 用来封装数据,其构造方法有 4 个。

(1) DatagramPacket(byte buf[], int length)。

(2) DatagramPacket(byte buf[], int length, InetAddress address, int port)。

(3) DatagramPacket(byte[] buf, int offset, int length)。

(4) DatagramPacket(byte[] buf, int offset, int length, InetAddress address, int port)。

其中,buf 用来存放数据报中的数据,length 为数据的长度,address 和 port 指明目的地址和端口号,offset 指示了数据报的偏移量,即该数据报从 buf 的 offset 之后开始接收或者发送数据。

在接收数据前,应该采用上面的一种方法生成一个 DatagramPacket 对象,给出接收数据的缓冲区及其长度,然后调用 DatagramSocket 的方法 receive()等待数据报的到来,receive()将一直等待,直到收到一个数据报为止。

```
DatagramPacket packet=new DatagramPacket(buf,256);
DatagramSocket datasocket=new DatagramSocket(9000);
datasocket.receive (packet);
```

发送数据前,也要先生成一个 DatagramPacket 对象,在给出存放发送数据的缓冲区的同时,还要给出完整的目的地址和端口号。发送数据是通过 DatagramSocket 的方法

send()实现的。

12.5.2 编程实例

本例中服务端将接收到的数据报又返回给了客户端,服务端可以不断接收客户端发送的数据报。

程序清单 12-6:

```java
import java.io.IOException;
import java.net.*;
public class DataSocketServer {
    int servPort=9000;
    int ECHOMAX=1024;
    public void run() throws IOException
    {
        //1. 构建 DatagramSocket 实例,指定本地端口
        DatagramSocket socket=new DatagramSocket(servPort);
        //2. 构建需要收发的 DatagramPacket 报文
        DatagramPacket packet=new DatagramPacket(new byte[ECHOMAX],ECHOMAX);
        while(true)
        {
            socket.receive(packet);
            System.out.println("Handling client at "+packet.getAddress().
            getHostAddress()+" on port "+packet.getPort());
            //4. 发报文
            socket.send(packet);
            packet.setLength(ECHOMAX);
        }
    }
    public static void main(String[] args) throws IOException
    {
        new DataSocketServer().run();
    }
}
```

程序输出:

```
Handling client at 127.0.0.1 on port 58491
Handling client at 127.0.0.1 on port 59893
```

而客户端的代码发送数据报后立即等待接收服务端返回的数据报,并且根据 MAXTRIES 的值不断尝试。待发送的数据使用 System.arraycopy()放入 bytesToSend 字节数组中,发送和接收的 DatagramSocket 都在构造函数中生成,而在 run()方法中实现数据报的发送和接收。

程序清单 12-7：

```java
import java.io.IOException;
import java.io.InterruptedIOException;
import java.net. * ;
public class DataSocketClient {
    DatagramSocket socket=null;
    DatagramPacket sendPacket=null;
    DatagramPacket receivePacket=null;
    final int TIMEOUT= 60 * 60 * 10;
    InetAddress serverAddress=null;
    int MAXTRIES= 10;
    int servPort= 9000;
    byte[] bytesToSend=new byte[1024];
    public DataSocketClient() throws SocketException,UnknownHostException
    {
    socket=new DatagramSocket();
    socket.setSoTimeout(TIMEOUT);
    serverAddress=InetAddress.getByAddress(new byte[]{127,0,0,1});
    //3. 构造收发的报文对象
    byte[] src="hello,this is a test for datagram communication".getBytes();
    System.arraycopy(src,0,bytesToSend,0,src.length);

      sendPacket=new DatagramPacket(bytesToSend,
        bytesToSend.length,serverAddress,servPort);
     receivePacket=
        new DatagramPacket(new byte[bytesToSend.length],bytesToSend.length);
    }
    public void run() throws IOException {
        int tries= 0;
        boolean receivedResponse=false;
        do {
            socket.send(sendPacket);
            try {
                socket.receive(receivePacket);

                if (!receivePacket.getAddress().equals(serverAddress)) {
                    throw new IOException(
                            "Received packet from an unknown source");
                }
                receivedResponse=true;
            } catch (InterruptedIOException e) {
                tries +=1;
```

```
            System.out.println("Timed out,"+ (MAXTRIES-tries)+"");
        }
    } while ((!receivedResponse) && (tries<MAXTRIES));
    //根据是否接收到报文进行反馈
    if (receivedResponse) {
        System.out.println("Received: "
            +new String(receivePacket.getData()));
    } else {
        System.out.println("No response--giving up.");
    }
    socket.close();
    }
    public static void main(String[] args) throws IOException
    {
        new DataSocketClient().run();
    }
}
```

程序输出：

```
Received: hello, this is a test for datagram communication
```

12.6　使用多线程

在复杂的通信中，使用多线程非常必要。对于服务器来说，它需要接收来自多个客户端的连接请求，处理多个客户端通信需要并发执行，那么就需要对每一个接入的 Socket 在不同的线程中进行处理，每个线程负责与一个客户端进行通信，以防止其中一个客户端阻塞影响其他的线程。

对于客户端来说，一方面要读取来自服务器端的数据，另一方面又要向服务器端输出数据，它同样需要在不同的线程中分别处理以保证及时性和逻辑的清晰。多线程处理逻辑如图 12-5 所示。

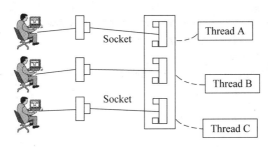

图 12-5　多线程客户服务器通信

12.6.1 服务端多线程

客户端 Socket 对象被保存在 ArrayList 中，MyServer 只负责接收客户端的请求，而为每一个 Socket 对象生成新的线程 ServerThread 来处理数据传输。

程序清单 12-8：

```
import java.util.*;
import java.io.*;
import java.net.*;
public class MyServer
{
    public static ArrayList<Socket>  socketList=new ArrayList<Socket>();
        public static void main(String[] args) throws IOException
        {
            ServerSocket ss=new ServerSocket(30000);
            while(true)
            {
                Socket client=ss.accept();
                socketList.add(client);
                new Thread(new ServerThread(client)).start();
            }
        }


}

class ServerThread implements Runnable
{
    Socket client;
    BufferedReader br=null;
    public ServerThread(Socket s)
    {
        client=s;
        try {
            br=new BufferedReader(new InputStreamReader(
                    client.getInputStream()));
        } catch (IOException e) {
            //TODO Auto-generated catch block
            e.printStackTrace();
        }


    }
    public void run()
    {
        String line=null;
```

```
        try {
            while ((line=br.readLine()) !=null) {
                System.out.println("data from client: "+line);
                if (line.equalsIgnoreCase("bye"))
                    break;
            }
        } catch (IOException e) {
            //TODO Auto-generated catch block
            e.printStackTrace();
        }


    }

}
```

每当客户端连接成功后立即启动一个 ServerThread 线程为该客户端服务，这样 MyServer 就可以同时接入多个客户端。socketList 用来管理接入的 Socket，比如可以限制接入的客户端的最大数目，监测各个客户 Socket 的状态等。

12.6.2 客户端的实现

客户端从键盘接收数据，该数据同时被发送到服务端。程序开始后，当从键盘输入数据并按 Enter 键后，输入的数据被发送给服务器端。如果再能从服务器端读入数据，则立即可以改造成简单的聊天程序了。

程序清单 12-9：

```
import java.util.*;
import java.io.*;
import java.net.*;
public class MyClient
{
    public static void main(String[] args) throws IOException
    {
        Socket client=new Socket("127.0.0.1",30000);
        PrintStream ps=new PrintStream(client.getOutputStream());
        String line=null;
        BufferedReader br=new BufferedReader(new InputStreamReader(System.in));
        while ((line=br.readLine()) !=null)
        {
            //将用户从键盘输入内容写入的 Socket 对应的输出流
            ps.println(line);
        }
    }
}
```

通信过程中,如果发送方没有关闭 Socket 就突然中止程序,则接收方在接收数据时会抛出 SocketException 异常。发送方发送完数据后,按照协议发送 bye,接收方就不再等待客户端的数据了。但是,细心的读者可能发现程序清单 12-8 和 12-9 代码中潜在的缺陷(bug)了,如何修改代码才能去掉这个 bug 呢?请思考。

12.7 Mina 框架 *

基于 Socket 的通信是阻塞的,通过 Socket 读取数据的线程在没有数据时会一直处于阻塞状态,这降低了线程的效率。实际上,通过 NIO 框架编写非阻塞的网络程序能显著 提 高 通 信 效 率。 而 Mina(https://mina. apache. org)框架就是一个优秀的非阻塞的网络应用程序框架。

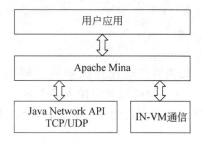

Mina 是使用 NIO 事件驱动的异步应用程序接口(API),它是基于 TCP/UDP 协议栈的通信框架,Mina 可以快速开发高性能、高扩展性的网络通信应用。Mina 提供了通信服务端、客户端的封装,它在整个网络通信结构中都处于中间的位置,如图 12-6 所示。

图 12-6 Mina 框架在网络应用中的地位

总体来讲,Mina 框架被分为 3 层,如图 12-7 所示。

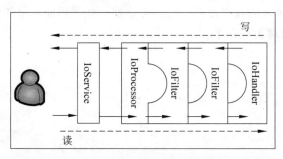

图 12-7 Mina 的服务端架构

(1) I/O 服务。IoService 进行实际的 I/O 操作。

(2) I/O 过滤器链。IoFilter 过滤/转换字节为所需的数据结构,即将数据结构转换为字节流,同时可以实现日志、授权等操作。

(3) I/O 处理器。IoHander 实现实际的业务逻辑。

创建一个完整的基于 Mina 的应用需要分别构建这 3 个层次。Mina 已经为 I/O 服务和 I/O 过滤器提供了不少的实现,因此这两个层次在大多数情况下可以使用已有的实现。I/O 处理器由于与具体的业务相关,一般来说需要自己来实现。

Mina 的事件驱动 API 把与网络相关的各种活动抽象成事件,网络应用只需要对其感兴趣的事件进行处理即可。事件驱动的 API 使得基于 Mina 开发网络应用变得比较简单,应用不需要考虑与底层传输相关的具体细节,而只需要处理抽象的 I/O 事件。比如,在实现一个服务端应用的时候,如果有新的连接进来,I/O 服务会产生 sessionOpened 事件。如果该应用需要在有连接打开的时候,执行某些特定的操作,只需要在 I/O 处理器中在方法 sessionOpened 中添加相应的代码即可。

总体来说,创建基于 Mina 的应用,需要以下过程。

(1)创建 I/O 服务,选择可用的服务(Acceptor)或创建一个自定义服务。

(2)创建过滤器链,选择已存在的过滤器或创建自定义的过滤器来转换请求及响应。

(3)创建 I/O 处理器,编写业务逻辑,处理不同的消息。

12.7.1　服务器端架构

服务器端绑定一个端口后,会创建一个 Acceptor 线程来负责监听工作,如图 12-8 所示。Acceptor 线程的工作是调用 NIO 接口在该端口上连接事件,获取新建的连接后,封装成 IoSession,交给后面的 Processor 线程处理。每当一个客户端连接到一个 Mina 服务器上时,这个会话就会被创建,即使协议是非连接协议,IoSession 用于存储持久性数据。在客户端,也有一个类似的会话线程 Connector,它与 Acceptor 对应。这两类线程的数量只有 1 个,外界无法控制上述线程的数量。

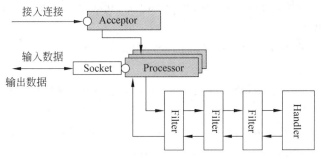

图 12-8　代理服务器的工作机制

服务端的工作过程如下。

(1)Acceptor 监听网络获取到来的连接或数据包。

(2)为新的连接创建 IOSession,随后的所有来自同一客户端的请求都将在该会话中进行处理。

(3)数据到达过滤器 IoFilter,它被用来修改数据报的内容,从原始字节到高级对象的互相转化、包编码、解码等。

(4)最终转换的对象被加载到 IOHandler 中,IOHandler 用来实现业务需求。

12.7.2　客户端结构

客户端需要一个到服务器的连接,发送信息并处理回复。

(1)客户端首先创建一个 IOConnector,它是 Mina 构造用于连接到服务端的 Socket。

（2）在连接创建后，创建会话并关联到连接。

（3）应用将数据写入会话，在经过过滤器链转换后，结果数据被发送给服务器。

（4）所有来自服务器的回复消息经过滤器链转换后，加载到 IOHandler 等待处理。

12.7.3　I/O 处理器

在使用 Mina 开发复杂的应用之前，先要熟悉上面提到的 3 个层次，即 I/O 服务、I/O 过滤器和 I/O 处理器。I/O 处理器用来处理业务逻辑，实现 org. apache. mina. core. service. IoHandler 接口或者继承自 IoHandlerAdapter。

在业务处理类中不需要去关心实际的通信细节，只需处理客户端传输过来的信息即可。编写 Handler 类是使用 Mina 开发网络应用程序的重点所在，相当于 Mina 已经帮人们处理了所有的通信方面的细节问题。为了简化 Handler 类，Mina 提供了 IoHandlerAdapter 类，此类仅仅实现了 IoHandler 接口，但并不做任何处理。

IoHandler 接口中有如下 7 个方法。

（1）void exceptionCaught(IoSession session，Throwable cause)：当接口中其他方法抛出异常未被捕获时触发此方法。

（2）void messageReceived(IoSession session，Object message)：当接收到客户端的请求信息后触发此方法。

（3）void messageSent(IoSession session，Object message)：当信息已经传送给客户端后触发此方法。

（4）void sessionClosed(IoSession session)：当连接被关闭时触发，例如客户端程序意外退出等。

（5）void sessionCreated(IoSession session)：当一个新客户端连接后触发此方法。

（6）void sessionIdle(IoSession session，IdleStatus status)：当连接空闲时触发此方法。

（7）void sessionOpened(IoSession session)：当连接后打开时触发此方法，一般此方法与 sessionCreated 会被同时触发。

前面提到 IoService 是负责底层通信接入，而 IoHandler 是负责业务处理的。那么 MINA 架构图中的 IoFilter 有何用呢？答案是做任何用途都可以。有一个用途却是必需的，作为 IoService 和 IoHandler 之间的桥梁。IoHandler 接口中最重要的一个方法是 messageReceived，这个方法的第二个参数是一个 Object 类型的消息，到底谁来决定这个消息到底是什么类型呢？答案就在这个 IoFilter 中。Mina 自身提供一些常用的过滤器，例如 LoggingFilter(日志记录)、BlackListFilter(黑名单过滤)、CompressionFilter(压缩)和 SSLFilter(SSL 加密)等。

12.7.4　时间服务器

编写基于 Mina 的应用，首先要引入 4 个包。

（1）mina-core-2.0.0.jar。

（2）slf4j-api-1.6.1.jar。

（3）slf4j-jdk14-1.6.1.jar。

（4）slf4j-log4j12-1.6.1.jar。

首先到官方网站下载最新的 Mina 版本 mina-core-2.0.jar 和 Mina 的依赖包 slf4j，Mina 使用 slf4j 作为日志信息的输出，而 Mina 本身并不附带此项目包，请到 http://www.slf4j.org/download.html 下载。

先来写一个简单的 Socket Server 服务器程序，可以用 Telnet 来连接，当服务器收到客户端的连接时会把服务器上的时间返回给客户。

程序清单 12-10：

```java
import java.io.IOException;
import java.net.InetSocketAddress;
import java.nio.charset.Charset;
import org.apache.mina.core.service.IoAcceptor;
import org.apache.mina.core.session.IdleStatus;
import org.apache.mina.filter.codec.ProtocolCodecFilter;
import org.apache.mina.filter.codec.textline.TextLineCodecFactory;
import org.apache.mina.filter.logging.LoggingFilter;
import org.apache.mina.transport.Socket.nio.NioSocketAcceptor;
public class MinaTimeServer {
    public static void main(String[] args) throws IOException {
        IoAcceptor acceptor=new NioSocketAcceptor();
        acceptor.getFilterChain().addLast("logger",new LoggingFilter());
        acceptor.getFilterChain().addLast("codec",new ProtocolCodecFilter(
                new TextLineCodecFactory(Charset.forName("UTF-8"))));
        //过滤器负责把协议数据转换完消息对象
        acceptor.setHandler(new TimeServerHandler());
        //业务处理 TimeServerHandler
        acceptor.getSessionConfig().setReadBufferSize(BUF_SIZE);
        acceptor.getSessionConfig().setIdleTime(IdleStatus.BOTH_IDLE,10);
        acceptor.bind(new InetSocketAddress(PORT));
    }
    private static final int PORT=8181,BUF_SIZE=2048;
}
```

再创建一个 Handler 来管理事件。

程序清单 12-11：

```java
import java.util.Date;
import org.apache.mina.core.service.IoHandlerAdapter;
import org.apache.mina.core.session.IdleStatus;
import org.apache.mina.core.session.IoSession;
public class TimeServerHandler extends IoHandlerAdapter {
```

```java
@Override
public void exceptionCaught(IoSession session,Throwable cause)
        throws Exception {
    cause.printStackTrace();
}
@SuppressWarnings("deprecation")
@Override
public void messageReceived(IoSession session,Object message)
        throws Exception {
    String str=message.toString();
    System.out.println("Message received:"+str);
    if(str.trim().equalsIgnoreCase("quit")){
        session.close();
        return;
    }
    Date date=new Date();
    session.write(date.toString());
    System.out.println("Message written.");
}
@Override
public void messageSent(IoSession session,Object message) throws Exception {
    super.messageSent(session,message);
}
@Override
public void sessionClosed(IoSession session) throws Exception {
    super.sessionClosed(session);
}
@Override
public void sessionCreated(IoSession session) throws Exception {
    super.sessionCreated(session);
}
@Override
public void sessionIdle(IoSession session,IdleStatus status)
        throws Exception {
    System.out.println("IDLE"+session.getIdleCount(status));
}
@Override
public void sessionOpened(IoSession session) throws Exception {
    //TODO Auto-generated method stub
    super.sessionOpened(session);
}

}
```

运行 MinaTimeServer,再用 Telnet 来连接,命令格式为：Telnet 127.0.0.1 8181。

Netty 是类似于 Mina 的异步 I/O 框架,它的框架更先进,执行效率更高。

12.8 综合实例

下面通过代理服务器和聊天程序,综合演示网络编程的过程。

12.8.1 代理服务器

有时候,由于网络划分和配置的需要,有些主机之间不能直接通信,这时候可以使用代理服务器来中转数据,如图 12-9 所示。

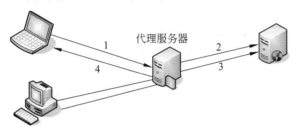

图 12-9　代理服务器的工作机制

Java 中可以使用类 Proxy 直接创建连接代理服务器,具体使用方法如程序清单 12-12。

程序清单 12-12:

```
public class ProxyTest
{
  Proxy proxy=null;
    URL url=null;
    URLConnection conn=null;
    Scanner scan=null;
    PrintStream ps=null;
    String proxyAddress="23.94.37.50 ";        //代理服务器的地址
    int proxyPort=80;
    String urlStr="http://www.google.com";
    public void init()
    {
        try
        {
            url=new URL(urlStr);
            proxy=new Proxy(Proxy.Type.HTTP,
                new InetSocketAddress(proxyAddress ,proxyPort));
            conn=url.openConnection(proxy);
            conn.setConnectTimeout(5000);
```

```
        scan=new Scanner(conn.getInputStream());
        ps=new PrintStream("index.html");
        while (scan.hasNextLine())
        {
            String line=scan.nextLine();
            System.out.println(line);
            ps.println(line);
        }
    }
    catch(MalformedURLException ex)
    {
        System.out.println(urlStr+"不是有效的网站地址!");
    }
    catch(IOException ex)
    {
        ex.printStackTrace();
    }
    finally
    {
        if (ps !=null)
        {
            ps.close();
        }
    }
    }
}
```

如果指定的代理服务器可用,则 urlStr 指向的页面会被打印到控制台并保存到 index. html。

12.8.2　聊天服务器

聊天服务器(见图 12-10)必须支持多个客户端同时连接,因此它基于多线程实现。客户端连接后必须提交一个唯一的名字,名字提交成功后就开始聊天。服务器实现聊天室功能,即任何人的发言都会被广播给其他人。程序开始时,服务端监听在 9001 端口上,为了保证客户端提交的名字的唯一性,名字被保存在 HashSet＜String＞中。而为了方便消息广播的实现,客户端的输出流被保存在 HashSet＜PrintWriter＞中。

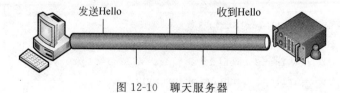

图 12-10　聊天服务器

程序清单 12-13：

```java
import java.io.BufferedReader;
import java.io.IOException;
import java.io.InputStreamReader;
import java.io.PrintWriter;
import java.net.ServerSocket;
import java.net.Socket;
import java.util.HashSet;
public class ChatServer {
    private static final int PORT=9001;
    private static HashSet<String>  names=new HashSet<String>();
    private static HashSet<PrintWriter>  writers=new HashSet<PrintWriter>();
    public static void main(String[] args) throws Exception {
        System.out.println("The chat server is running.");
        ServerSocket listener=new ServerSocket(PORT);
        try {
            while (true) {
                new Handler(listener.accept()).start();
            }
        } finally {
            listener.close();
        }
    }
```

Handler 是客户端的消息处理线程，它负责接收单一客户端的消息，并把该消息发送给所有其他的客户端。线程启动后，循环处理消息协议。

```java
private static class Handler extends Thread {
    private String name;
    private Socket Socket;
    private BufferedReader in;
    private PrintWriter out;
    public Handler(Socket Socket) {
        this.Socket=Socket;
    }
    public void run() {
        try {
            in=new BufferedReader(new InputStreamReader(
                Socket.getInputStream()));
            out=new PrintWriter(Socket.getOutputStream(),true);
            while (true) {
                out.println("SUBMITNAME");
                name=in.readLine();
                if (name==null) {
```

```
                return;
            }
            synchronized (names) {
                if (!names.contains(name)) {
                    names.add(name);
                    break;
                }
            }
        }

        out.println("NAMEACCEPTED");
        writers.add(out);
        while (true) {
            String input=in.readLine();
            if (input==null) {
                return;
            }
            for (PrintWriter writer : writers) {
                writer.println("MESSAGE "+name+": "+input);
            }
        }
    } catch (IOException e) {
        System.out.println(e);
    } finally {
        if (name !=null) {
            names.remove(name);
        }
        if (out !=null) {
            writers.remove(out);
        }
        try {
            Socket.close();
        } catch (IOException e) {
        }
    }
}
```

注意，为了保证提交的客户端名字的唯一性，Handler 中将名字验证部分的代码加入到同步块中，而且，通过一个增强的 for 循环将客户端提交的消息发送给所有其他客户端。

12.8.3 聊天客户端

客户端基于 Swing 实现,文本框用于输入消息。与服务端的聊天协议如下:当服务端发送 SUBMITNAME,则客户端回复一个名字,如果名字已被使用,服务端会不断地发送 SUBMITNAME 消息。当服务端发送 NAMEACCEPTED 消息时,客户端就可以给服务端发送聊天消息了,该聊天消息会被广播给所有的客户端。当客户端收到以 MESSAGE 开头的消息,客户端应该立即显示该消息。

聊天的客户端的实现代码如程序清单 12-14。

程序清单 12-14:

```java
package cn.edu.javacourse.ch12;
import java.awt.event.ActionEvent;
import java.awt.event.ActionListener;
import java.io.BufferedReader;
import java.io.IOException;
import java.io.InputStreamReader;
import java.io.PrintWriter;
import java.net.Socket;
import javax.swing.JFrame;
import javax.swing.JOptionPane;
import javax.swing.JScrollPane;
import javax.swing.JTextArea;
import javax.swing.JTextField;

public class ChatClient {
    BufferedReader in;
    PrintWriter out;
    JFrame frame=new JFrame("Chatter");
    JTextField textField=new JTextField(40);
    JTextArea messageArea=new JTextArea(8,40);
    public ChatClient() {
        textField.setEditable(false);
        messageArea.setEditable(false);
        frame.getContentPane().add(textField,"North");
        frame.getContentPane().add(new JScrollPane(messageArea),"Center");
        frame.pack();

        textField.addActionListener(new ActionListener() {
            //发送文本框中的消息,并清空文本框以便发送下一条消息
            public void actionPerformed(ActionEvent e) {
                out.println(textField.getText());
```

```
                textField.setText("");
            }
        });
    }


    private void run() throws IOException {
        String serverAddress="127.0.0.1";
        Socket Socket=new Socket(serverAddress,9001);
        in=new BufferedReader(new InputStreamReader(
            Socket.getInputStream()));
        out=new PrintWriter(Socket.getOutputStream(),true);
        //连接到服务端,并打开输入流 in 和输出流 out
        while (true) {
            String line=in.readLine();
            System.out.println("client read:"+line);
            if (line.startsWith("SUBMITNAME")) {
                out.println("I am tome:");
            } else if (line.startsWith("NAMEACCEPTED")) {
                textField.setEditable(true);
            } else if (line.startsWith("MESSAGE")) {
                messageArea.append(line.substring(8)+"\n");
            }
        }
    }
    public static void main(String[] args) throws Exception {
        ChatClient client=new ChatClient();
        client.frame.setDefaultCloseOperation(JFrame.EXIT_ON_CLOSE);
        client.frame.setVisible(true);
        client.run();
    }
}
```

该客户端能够根据应用的协议循环处理消息,而且,不同客户端发送的消息会被服务器广播给所有的客户端,仔细查看代码,看看服务端是由哪部分代码实现消息广播的。

12.9 本章小结

网络编程的核心是 IP 地址、端口、协议,它涉及两个主要问题:定位主机和数据传输。

本章以 Socket 接口和 C/S 网络编程模型为主线,依次讲解了如何实现基于 TCP 的 C/S 结构,主要用到的类有 Socket、ServerSocket,通过 Socket 获得输入输出流并传输数据。

UDP 通信用到的主要类有两个：DatagramSocket 用于数据接收和发送，而 DatagramPacket 用于封装待发送或待接收的数据，本质上它是一个字节数组构成的缓冲区。发送数据时，将数据放入字节数据，接收数据成功后，数据从字节数据中取出。

TCP 和 UDP 的区别如表 12-1 所示。

表 12-1　TCP 和 UDP 的区别

通信协议	可靠性	传输大小无限制	连接建立时间	差错控制开销
TCP	高	无限制	长	大
UDP	低	64KB	短	小

从应用场景上看，UDP 主要用于多媒体内容传输，而 TCP 一般用于可靠地文本传输。

12.10　本章习题

1. 在 Java 中，IP 地址由哪个类来表示？如何获得当前主机的主机名和地址？

2. TCP 和 UDP 位于 TCP/IP 协议栈的哪一层？它们的特点有哪些？分别适合哪些常见的应用？

3. Socket 编程的基本步骤有哪些？

4. Socket 的端口号的含义是什么？如何指定当前 Socket 连接使用的 IP 地址和端口号？

5. 端口一旦冲突，服务将无法启动，在 Windows 中如何查看当前端口的使用情况？在 Linux 下呢？

6. 为什么要在 Socket 通信中引入多线程？如何在主线程中管理客户端服务线程？

7. UDP 编程主要使用哪些类？它们的作用是什么？待发送的数据放在哪里？

8. TFTP 是一个小型的文件服务器，客户端登录后，服务器自动发送特定的文件，发送的文件名根据 TFTP 配置确定，请编写程序实现该 TFTP 服务器，并编写客户端测试。

9. TCP 虽然是可靠的连接，但是它并不维护客户端和服务器之间通信链路的状态，也就是说，客户端和服务器之间建立 Socket 后，如何不发送数据，双方都无法知道对方是否存在或者链路是否完好。为了感知对方和链路的状态，必须周期性地发送心跳消息。请编写程序实现客户端和服务端之间的心跳功能。

10. 云端存储目前被广泛使用，方便用户在任何地点任何时间访问所需的文件。云端存储的文件同步需要客户端支持，客户端根据文件的时间戳判断是应该上传还是下载特定文件。请编写云客户端，该客户端登录后，自动开始根据文件列表检查并同步文件。

11. 集群是一组计算机组成的服务组，用来提高服务的伸缩性和可靠性，比如 MySQL 就支持集群。但集群中需要一个主结点负责分发客户端请求，主结点可以由管理员配置来指定。但如果主结死机就需要启动一个分布式的选举算法来重新选出一个主结点,请考虑选举过程是使用 TCP 还是 UDP 比较合适,实现的过程如何?提示:一个简单的选举算法称为欺负算法,即给每个主机编号,编号最大的主机始终被选出。

12. 编写分布式的石头-剪子-布游戏,该游戏基于客户服务器模型,客户端需要先登录服务器,登录后客户端出牌,服务器端将客户端的出牌转发给对手客户端。客户端可以基于 Swing 实现,也可以基于命令行实现。

第 13 章　项 目 实 战

本章目标

- 掌握项目开发的一般过程。
- 综合运用网络、多线程、Swing 界面实现在线游戏。
- 理解通信类应用中通信协议的设计方案。
- 掌握客户服务器通信的多线程工作模式。

13.1　在线游戏

在线游戏即玩家联网参与的游戏,它实现了玩家异地参与游戏的目的。本章主要演示使用网络、多线程等编程技术实现在线棋牌游侠 21 点的过程。21 点游戏又称为 BlackJack,该游戏由 2~6 个人共同参与,使用除大小王之外的 52 张牌,游戏者的目标是使手中牌面的点数之和不超过 21 点且尽量大。游戏由服务器端依次发牌,玩家可以要多张牌,也可以过牌,服务器记录所有登录的玩家,服务器是实现的难点和关键。

13.1.1　游戏规则

庄家(服务器充当)给每个玩家发两张牌,牌面朝上。牌面点数的计算规则是:K、Q、J 和 10 牌都算作 10 点,A 牌既可算作 1 点也可算作 11 点。如果 A 算为 11 时总和大于 21,则 A 算为 1,其余所有 2~9 均按其原面值计算。首先玩家开始要牌,如果玩家拿到的前两张牌是一张 A 和一张 10 点牌,就称为黑杰克(BlackJack)。没有黑杰克的玩家可以继续拿牌,可以随意要多张(最多为 5 张)。目标是尽量往 21 点靠,靠得越近越好,最好就是 21 点。在要牌的过程中,如果所有的牌加起来超过 21 点,玩家就输了,称为爆掉(Bust),爆牌游戏就结束了。假如玩家没爆掉,又决定不再要牌,玩家就可以申请比点。一般到 17 点或 17 点以上不再拿牌,但也有可能 15 到 16 点甚至 12 到 13 点就不再拿牌或者 18 到 19 点继续拿牌。假如有玩家没爆掉,那么他们比点数大小,大的为赢。一样的点数为平手(Draw)。

13.1.2　系统架构

本游戏基于客户/服务器模式实现,服务器端负责发牌、记录客户端登录的玩家。服务器可以为多个客户端提供通信,负责为多个玩家客户算分、记录游戏结果等。

客户端和服务器端基于 Socket 通信,因此,两端都需要独立的线程负责数据的读写。服务器端使用多线程技术支持多个客户端同时连接,服务器端同时需要能够将一个玩家的动作传递给其他玩家,因此,需具有中继的功能。在线游戏的网络结构如图 13-1 所示。

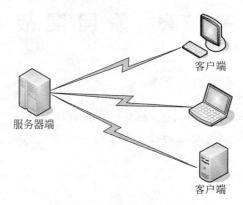

图 13-1 在线游戏的网络结构

13.2 系统设计

面向对象的程序设计从发现对象开始,这一过程持续整个设计过程。通常,可以使用责任协作卡来明确需求,迭代地发现类,每个协作卡片对应一个类、属性和不同类之间的协作。发现类通常从名词开始,21 点游戏中可能的参与者如下。

(1)牌面。表示游戏中牌的点数、花色。

(2)一副牌。一副牌(Deck)包含 52 张牌,它应该能够洗牌,允许玩家从牌的最上面取一张牌。

(3)一手牌。表示玩家拿到的多张牌。可以加入新牌,计算所有牌面的点数。

(4)玩家。拥有一手牌,可以要牌或过牌,玩家类是游戏逻辑的核心。玩家加入游戏,在一局游戏中和一手牌建立联系。可以显示当前这手牌的点数,计算共发了几张牌,能够知道当前这手牌的点数是否已超过 21 点。

(5)游戏类。负责发牌、洗牌,为玩家发牌,显示玩家当前的那手牌,计算玩家的牌面点数。确定赢家,并开始一局新游戏。

(6)游戏服务器类。负责洗牌、处理多个玩家的发牌请求,计算玩家当前牌面的点数并判断谁胜出。

(7)记分板。记录当前哪个玩家获胜。

(8)界面显示。显示用户的各种消息。

识别了系统中的主要类后,需要识别类之间的合作,研究各个类的责任,并确定哪些类与其他类的对象进行交互。要发现协作,必须根据用例场景发现用例的事务或业务有关的序列,同时,也需要根据系统在响应用户请求或事件执行的行为,识别出对象和其交换的消息。建立用例场景的真实目的是帮助优化类及其责任的选择,因此,发现类之间的关系必须分析业务流程,基于逐步求精的原则实现。

13.2.1 客户端设计

客户端由界面显示模块和通信模块两个部分构成,通信模块负责与服务端的通信和协议解析,而界面部分展示并记录牌面的点数。Client 类是客户端的入口,它通过通信管理类 ClientCommunicator 启动与服务器端的通信,而读线程类 ReadThread 负责监听并解析来自服务器端的数据包,并根据消息的类型通知 Client 以显示相应的处理结果。客户端类如图 13-2 所示。

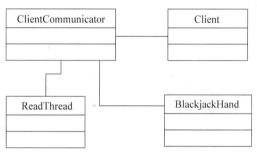

图 13-2 客户端类图

Client 类除了负责启动其他工作线程,还负责界面显示和交互,它将来自服务器端的消息显示给玩家,并接受玩家的输入操作,根据玩家的输入将数据打包传输到服务器端。BlackjackHand 类用来定义一手牌,记录服务器端的发牌。

13.2.2 服务器端设计

服务器端需要记录整幅牌的发牌情况、为客户端发牌、通知客户端其他玩家的牌面信息、记录当前各局的积分情况。因此,需要分为 3 部分来设计:牌、通信和牌局控制。其中,通信模块根据通信协议发送和接收字节流并解析成命令,而牌 BlackjackCard、一局牌 BlackjackHand 和一副牌 Deck 是游戏的实体。Player 代表玩家,具体实施发牌。GameServer 是服务器端的入口,ServerCommunicator 类处理游戏规则和通信协议包的传输。服务器端实现类图如图 13-3 所示。

13.2.3 通信协议的设计与实现

客户和服务器基于 Socket 通信,传递的消息根据业务类型不同而不同,消息由两部分构成,固定长度的消息头和可变长度的消息体。消息头主要说明当前消息的长度、消息编号和消息类型,而消息体中记录业务相关的数据。

如图 13-4 所示,类 MessageHead 定义了消息头,它包括 length、msgID 和 action 3 个属性,定义了方法 generateHead()用来将属性数据拼装为字节数组,而 parseHead()方法则通过输入流读入数据包的头部。CardMessage 将 MessageHead 作为属性,并提供

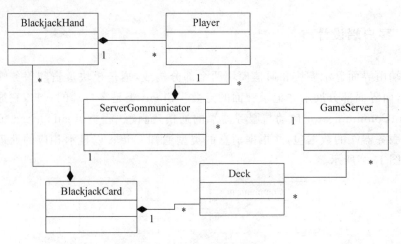

图 13-3　服务端实现类图

encode()和 decode()方法完成数据包的封包和解包的过程。CardMessage 是各类业务相关消息的基类,目前设计了发牌类 DealMessage、通知消息类 NotifyMessage、轮换发牌消息类 TurnMessage 等,如图 13-4 所示。

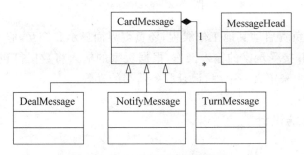

图 13-4　通信协议类图

封包过程中使用了 ByteArrayOutputStream,而通过 DataOutputStream 将不同类型的数据写入 ByteArrayOutputStream,最后通过 toByteArray 转换为字节数组。

程序清单 13-1:

```java
package cn.edu.javacourse.ch13.blackjack_net.protocol;
import java.io.ByteArrayOutputStream;
import java.io.DataOutputStream;
import java.io.IOException;
import java.io.InputStream;
public class CardMessage {
    public CardMessage() {
        this.head=new MessageHead();
    }
    public CardMessage(MessageHead head) {
        this.head=head;
    }
```

```java
public byte[] getMsg() {
    return msg;
}
public void setMsg(byte[] msg) {
    this.msg=msg;
}
protected byte[] msg;
protected MessageHead head;
public void encode(){
    generateHead();
};
public void decode(InputStream in){
};

protected void generateHead()
{
    msg=new byte[head.getLength()];
    try {
        ByteArrayOutputStream bos=new ByteArrayOutputStream();
        DataOutputStream dos=new DataOutputStream(bos);
        dos.writeInt(head.getLength());
        dos.writeInt(head.getMsgID());
        dos.writeShort(head.getAction());
        byte[] buf=bos.toByteArray();
        System.arraycopy(buf,0,msg,0,buf.length);
    } catch (IOException e) {
        e.printStackTrace();
    }
}
public void setAction(short action) {
    head.setAction(action);
}
public int getHeadLen() {
    return head.getHeadLen();
}

public void setLength(int length) {
    head.setLength(length);
}

public String toString(){
    return head.toString();
}
}
```

程序清单 13-2：

```java
package cn.edu.javacourse.ch13.blackjack_net.protocol;
import java.io.ByteArrayInputStream;
import java.io.ByteArrayOutputStream;
import java.io.DataInputStream;
import java.io.DataOutputStream;
import java.io.IOException;
import java.io.InputStream;
public class DealMessage extends CardMessage {
    private int suit[];
    private int value[];
    private int cardnum;              //发牌数目
    public int[] getSuit() {
        return suit;
    }
    public void setSuit(int[] src) {
        this.suit=new int[cardnum];
        System.arraycopy(src,0,suit,0,cardnum);
    }
    public int[] getValue() {
        return value;
    }
    public void setValue(int[] src) {
        this.value=new int[cardnum];
        System.arraycopy(src,0,value,0,cardnum);
    }
    public int getCardnum() {
        return cardnum;
    }
    public void setCardnum(int cardnum) {
        this.cardnum=cardnum;
    }

    public DealMessage(int len,MessageHead head) {
        super(head);
        this.cardnum=len;
        setLength(getHeadLen()+4+cardnum * (4+4));
        setAction((short) 1);
        if (cardnum==2)
            setAction((short) 0);
    }

    public DealMessage(int len) {
        super();
        this.cardnum=len;
```

```java
        setLength(getHeadLen()+4+cardnum * (4+4));
        setAction((short) 1);
        if (cardnum==2)
            setAction((short) 0);
}
@Override
public void encode() {
    super.encode();
    try {
        ByteArrayOutputStream bos=new ByteArrayOutputStream();
        DataOutputStream dos=new DataOutputStream(bos);
        dos.writeInt(cardnum);
        for (int i=0; i<cardnum; i++) {
            dos.writeInt(suit[i]);
            dos.writeInt(value[i]);
        }
        byte[] content=bos.toByteArray();
        dos.close();
        bos.close();
        System.arraycopy(content,0,msg,getHeadLen(),content.length);
        } catch (IOException e) {
            e.printStackTrace();
    }
}


@Override
public void decode(InputStream in) {
    DataInputStream dis=new DataInputStream(in);
    try {
        cardnum=dis.readInt();
        suit=new int[cardnum];
        value=new int[cardnum];
        for (int i=0; i<cardnum; i++) {
            suit[i]=dis.readInt();
            value[i]=dis.readInt();
        }
    } catch (IOException e) {
        e.printStackTrace();
    }
}

public void decode(byte [] data) {
    ByteArrayInputStream bis=new ByteArrayInputStream(data);
    DataInputStream dis=head.parseHead(data);
```

```
    try {
        cardnum=dis.readInt();
        System.out.println(cardnum);
        suit=new int[cardnum];
        value=new int[cardnum];
        for (int i=0; i<cardnum; i++) {
            suit[i]=dis.readInt();
            value[i]=dis.readInt();
        }
    } catch (IOException e) {
        e.printStackTrace();
    }
}
}
```

13.3 系统实现

13.3.1 客户端实现

客户端主要负责界面展示、接受用户输入并解析和显示来自服务器的消息。实现中每张牌由一个 JLabel 来表示，通过设置 JLabel 的图标显示牌面。为了显示服务器端的消息，在 JFrame 的底端添加了一个 JTextArea。

客户端启动后需要输入玩家姓名并登录到服务器，当多于 2 个客户端登录后就可以开始游戏了。游戏开始后，服务端开始给双方发 2 张牌，然后先登录的客户端作为发牌者，他可以单击要牌按钮继续要牌。

客户端登录界面如图 13-5 所示。

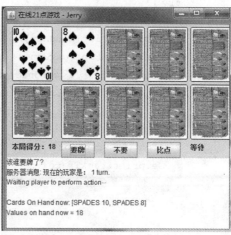

(a)   (b)

图 13-5　在线 21 点客户端登录

程序清单 13-3：

```java
package cn.edu.javacourse.ch13.blackjack_net.client;
import java.awt.*;
import java.awt.event.*;
import java.awt.image.BufferedImage;
import java.io.*;
import javax.imageio.ImageIO;
import javax.swing.*;

import cn.edu.javacourse.ch13.blackjack_net.protocol.DealMessage;
import cn.edu.javacourse.ch13.blackjack_net.utility.BlackJackCard;
import cn.edu.javacourse.ch13.blackjack_net.utility.BlackJackHand;
import cn.edu.javacourse.ch13.blackjack_net.utility.GameStatus;
public class Client extends JFrame implements GameStatus {
    private JTextArea jtaLog;
    private String username=null;
    private int turn=0,whoseTurn=0;
    private static int seq=1;
    private BlackJackHand hand=null;
    private ClientCommunicator clientCommunicator=null;

    //服务器端负责发牌,客户端显示牌面
    public Client() {
        username=JOptionPane.showInputDialog("输入用户名");
        clientCommunicator=new ClientCommunicator(username,this);
        setupFrame();
        whoseTurn=seq;
    }

    public void dealDouble(DealMessage msg) {
        hand=new BlackJackHand();
        setScoreLbl("本局得分: 0");
        //get the dealt cards (only two in the beginning)
        int suit[]=msg.getSuit();
        int value[]=msg.getValue();
        for (int j=0; j<2; j++) {
            BlackJackCard card=new BlackJackCard(suit[j],value[j]);
            hand.addCard(card);
            setCardImage(j,card.getImageIcon());
            setScoreLbl("本局得分: "+String.valueOf(hand.calculateValue()));
        }
    }
```

```java
public void deal(DealMessage msg) {

    int suit=msg.getSuit()[0];
    int value=msg.getValue()[0];
    BlackJackCard card=new BlackJackCard(suit,value);
    hand.addCard(card);
    int idx=hand.getCardsTotal()-1;
    setCardImage(idx,card.getImageIcon());
    setScoreLbl("本局得分："+String.valueOf(hand.calculateValue()));
}

private void setupFrame() {
    jtaLog=new JTextArea();
    jtaLog.setEditable(true);
    JPanel cardPanel=new JPanel();
    cardPanel.setSize(400,300);
    cardPanel.setBackground(java.awt.Color.cyan);
    getContentPane().setLayout(new BorderLayout());
    getContentPane().add(cardPanel,BorderLayout.NORTH);

    for (int i=0; i<SIZE_OF_HAND; i++)
        handLbl[i]=new PseudoJLabel(""+i);
    GroupLayout layout=new GroupLayout(cardPanel);
    cardPanel.setLayout(layout);

    JButton1.setText("要牌");
    JButton1.setActionCommand("Draw a Hand");
    JButton1.addActionListener(new ActionListener() {
        @Override
        public void actionPerformed(ActionEvent event) {
            if (whoseTurn==turn) {
                clientCommunicator.sendAction(1);
            } else
                System.out.println("wait a card from server");
            //JOptionPane.showInternalMessageDialog(this,"请等待对方要牌!",
            "警告",
            //JOptionPane.WARNING_MESSAGE);
        }
    });
    JButton2.setText("过");
    JButton2.addActionListener(new ActionListener() {
        @Override
        public void actionPerformed(ActionEvent event) {
            if (whoseTurn==turn) {
```

```
                clientCommunicator.sendAction(2);
                setTurnLbl("该对方要牌");
            } else
                System.out.println("wait a card from server"+turn
                    +" whose turn:"+whoseTurn);
        }
    });
    JButton3.setText("比点");
    JButton3.addActionListener(new ActionListener() {
        @Override
        public void actionPerformed(ActionEvent event) {
            if (whoseTurn==turn) {
                clientCommunicator.sendAction(3);
            } else
                System.out.println("wait a card from server");


        }
    });


    //创建 GroupLayout 的水平连续组,越先加入的 ParallelGroup,优先级级别越高
    GroupLayout.SequentialGroup hGroup=layout.createSequentialGroup();
    hGroup.addGap(10);
    hGroup.addGroup(layout.createParallelGroup().addComponent(handLbl[0])
            .addComponent(handLbl[5]).addComponent(scoreLbl));
    hGroup.addGap(10);
    hGroup.addGroup(layout.createParallelGroup().addComponent(handLbl[1])
            .addComponent(handLbl[6]).addComponent(JButton1));
    hGroup.addGap(5);
    hGroup.addGroup(layout.createParallelGroup().addComponent(handLbl[2])
            .addComponent(handLbl[7]).addComponent(JButton2));
    hGroup.addGap(5);
    hGroup.addGroup(layout.createParallelGroup().addComponent(handLbl[3])
            .addComponent(handLbl[8]).addComponent(JButton3));
    hGroup.addGap(5);
    hGroup.addGroup(layout.createParallelGroup().addComponent(handLbl[4])
            .addComponent(handLbl[9]).addComponent(turnLbl));

    layout.setHorizontalGroup(hGroup);
    GroupLayout.SequentialGroup vGroup=layout.createSequentialGroup();
    vGroup.addGap(5);          //添加间隔
    vGroup.addGroup(layout.createParallelGroup().addComponent(handLbl[0])
            .addComponent(handLbl[1]).addComponent(handLbl[2])
            .addComponent(handLbl[3]).addComponent(handLbl[4]));
    vGroup.addGap(5);
```

```
vGroup.addGroup(layout.createParallelGroup().addComponent(handLbl[5])
        .addComponent(handLbl[6]).addComponent(handLbl[7])
        .addComponent(handLbl[8]).addComponent(handLbl[9]));
vGroup.addGap(5);
vGroup.addGroup(layout.createParallelGroup().addComponent(scoreLbl)
        .addComponent(JButton1).addComponent(JButton2)
        .addComponent(JButton3).addComponent(turnLbl));

//设置垂直组
layout.setVerticalGroup(vGroup);
//创建文本
jtaLog.setSize(400,100);
scrollPane.add(jtaLog);
getContentPane().add(jtaLog,BorderLayout.SOUTH);
setDefaultCloseOperation(JFrame.EXIT_ON_CLOSE);
setSize(420,400);
setTitle("在线 21 点游戏-"+this.username);
setVisible(true);
    }

public void append(String msg) {
    jtaLog.append(msg);
}


public void setTurnLbl(String txt) {
    turnLbl.setText(txt);
}


public void setScoreLbl(String txt) {
    scoreLbl.setText(txt);
}


public void setCardImage(int idx,ImageIcon icon) {
    handLbl[idx].setIcon(icon);
}
private final int SIZE_OF_HAND=10;
private PseudoJLabel[] handLbl=new PseudoJLabel[10];
JButton JButton1=new JButton();
JButton JButton2=new JButton();
JLabel scoreLbl=new JLabel("点数:0");
JLabel turnLbl=new JLabel("庄家");
JButton JButton3=new JButton();
public static void main(String[] args) throws IOException {
    new Client();
```

```
        }

        public int getWhoseTurn() {
            return whoseTurn;
        }

        public void setWhoseTurn(int whoseTurn) {
            this.whoseTurn=whoseTurn;
        }

        public int getTurn() {
            return turn;
        }

        public void setTurn(int turn) {
            this.turn=turn;
            if (whoseTurn==turn)
                setTurnLbl("该我要牌");
            else
                setTurnLbl("请等待");
        }

    }

class PseudoJLabel extends JLabel {
    public PseudoJLabel(String name) {
        setOpaque(true);
        setToolTipText("This is a card.");
        String path="cards_img/b.gif";
        BufferedImage img=null;
        try {
            img=ImageIO.read(new File(path));
        } catch (IOException e) {
            System.out.println("error path is:"+path);
        }
        ImageIcon cardImage=new ImageIcon(img);
        this.setIcon(cardImage);
    }
}
```

考虑到牌面类要多次使用,定义了类 PseudoJLabel,它主要完成牌面图标的设置,初始化时使用 ImageIO 类读入图片。

在方法 setupFrame 中,使用了 GroupLayout 来布局 PseudoJLabel,以便规范地显示各个牌面。客户端通过 ReadThread 监听服务器端发送的数据,解析后实施相应的动作。

程序清单 13-4：

```java
package cn.edu.javacourse.ch13.blackjack_net.client;
import java.io.DataInputStream;
import java.io.InputStream;
import cn.edu.javacourse.ch13.blackjack_net.protocol.*;
public class ReadThread extends Thread {
    private DataInputStream in=null;
    private Client client=null;
    public ReadThread(DataInputStream in,Client client) {
        this.in=in;
        this.client=client;
    }

    public void run()
    {
        for(;;)
        {
            MessageHead head=new MessageHead();
            InputStream dis=head.parseHead(in);
            System.out.println("in read thread:"+head );
            switch(head.getAction())
            {
            case 0:
                DealMessage msg=new DealMessage(2,head);
                msg.decode(dis);
                client.dealDouble(msg);
                break;
            case 1:
                msg=new DealMessage(1,head);
                msg.decode(dis);
                client.deal(msg);
                break;
            case 5:
                TurnMessage turnMsg=new TurnMessage(head);
                turnMsg.decode(dis);
                client.setTurn(turnMsg.getTurn());
                break;
            case 3:
                DrawMessage drawMsg=new DrawMessage(head);
                drawMsg.decode(dis);
                int score=drawMsg.getScore();
                client.setScoreLbl("本局得分："+score);
                client.append("See you again!=)\n\n");
```

```
                    break;
            case 4:
                NotifyMessage notifyMsg=new NotifyMessage(head);
                notifyMsg.decode(dis);
                client.append("来自服务端消息: " +notifyMsg.getNotifyStr());
                break;
            }
        }
    }

    private int convertToInt(byte[] res) {
        int targets=(res[0] & 0xff) | ((res[1]<<8) & 0xff00)     //|表示按位或
            | ((res[2]<<24) >>>8) | (res[3]<<24);
        return targets;

    }

}
```

13.3.2 服务端实现

服务端由 ListenThread 负责建立服务端 Socket 监听,接受客户端的连接请求,所有的客户端 Socket 都被放入到集合 Vector 中管理。服务端由 ServerCommunicator 负责与客户端的数据传输和数据包解析、交互。

程序清单 13-5:

```
package cn.edu.javacourse.ch13.blackjack_net.server;
import java.io.*;
import java.net.*;
import java.util.*;
import cn.edu.javacourse.ch13.blackjack_net.protocol.NotifyMessage;
import cn.edu.javacourse.ch13.blackjack_net.utility.*;
public class ListenThread implements GameStatus {
    private DataOutputStream out=null;
    private DataInputStream in=null;
    private String inputLine=null,outputLine=null;
    GameServer game=null;

    public ListenThread(GameServer game) {
        this.game=game;
        this.createSocket();
    }
```

```java
private void createSocket()
{
    try
    {
        //Create a server socket
        ServerSocket serverSocket=new ServerSocket(GameStatus.SERVERSOCKET);
        game.append(new Date()+": 服务端等待玩家连接…\n" );

        while(true)
        {
            connect(serverSocket);
            //凑够人数,准备开始发牌
            if (game.getWaitingPlayersCount()==MAXPLAYERS)
            {
                ServerCommunicator thread=new ServerCommunicator(game);
                thread.start();
            }
        }
    }
    catch (IOException e)
    {
        game.append(e.toString());
        e.printStackTrace();
    }
}

private void connect(ServerSocket serverSocket) {
    try {
        //等待玩家接入
        if (game.getPlayersCount()<GameStatus.MAXPLAYERS) {
            Socket playerSocket=serverSocket.accept();
            out=new DataOutputStream(playerSocket.getOutputStream());
            in=new DataInputStream(playerSocket.getInputStream());

            game.append("接收到一个客户端玩家的连接…\n");

            if ((inputLine=in.readUTF()) !=null) {
                String username=inputLine;
                game.append("玩家登录名: "+username+"\n");

                Player player=new Player(username,playerSocket);

                if (game.addWaitingPlayers(player)) {
```

```
                    outputLine="接入玩家名称: "
                            +username
                            +"\n"
                            +"进入等待列表,等待其他玩家进入…\n";
                    NotifyMessage msg=new NotifyMessage();
                    msg.setNotifyStr(outputLine);
                    msg.encode();

                    out.write(msg.getMsg());
                    out.flush();
                    game.addWaitingPlayersCount();
                } else {
                    //outputLine="接入游戏失败. Please try again.\n";
                    //out.writeUTF(outputLine);
                }
            } else {
                //out.writeUTF("请输入用户名\n");
            }
        } else {
            Socket playerSocket=serverSocket.accept();
    //      out=new DataOutputStream(playerSocket.getOutputStream());
            //out.writeUTF("已超员. Please try again later.\n");
        }
    } catch (IOException ex) {
        System.err.println(ex);
        game.append(ex.toString());
    }
    }
}
```

程序清单 13-6:

```java
package cn.edu.javacourse.ch13.blackjack_net.server;
import java.io.*;
import java.net.*;
import java.util.*;

import cn.edu.javacourse.ch13.blackjack_net.protocol.*;
import cn.edu.javacourse.ch13.blackjack_net.utility.*;

public class ServerCommunicator extends Thread implements GameStatus
{
    private Socket playerSocket[]=null;
    private DataInputStream fromPlayer[]=null;
    private OutputStream toPlayer[]=null;
```

```java
private GameServer game=null;
private Vector<Player>players;
private boolean isGameEnd=false;
private int whoseTurn=0;
private String winnerMsg="";

public ServerCommunicator(GameServer game)
{

    players=game.getWaitingPlayers();
    playerSocket=new Socket [MAXPLAYERS];
    fromPlayer=new DataInputStream[MAXPLAYERS];
    toPlayer=new OutputStream [MAXPLAYERS];
    this.game=game;

    //将玩家从等待列表加入玩家列表
    for (int i=0; i<players.size() && i<GameStatus.MAXPLAYERS; i++)
    {
        if(game.addPlayer(players.elementAt(i)))
        {
            game.addPlayersCount();
            game.minusWaitingPlayersCount();
        }
    }
    //加入游戏的所有玩家
    game.append("加入游戏的所有玩家: "+game.getPlayersCount()+"\n\n");
    //发牌方
    game.addPlayer(game.getDealer());
    players=game.getPlayers();//reusing var players
    //移除等待列表
    game.removeWaitingPlayers();
}

public void run()
{
    game.initScoreBoard(game.getPlayersCount());
    try
    {
        //initilise all the sockets and data I/O streams
        for (int i=0; i<game.getPlayersCount(); i++)
        {
            playerSocket[i]=players.elementAt(i).getSocket();
            fromPlayer[i]=new DataInputStream(playerSocket[i]
            .getInputStream());
```

```
    //toPlayer[i]=new DataOutputStream(playerSocket[i]
    .getOutputStream());
    toPlayer[i]=playerSocket[i].getOutputStream();
}
//通知玩家,是否该自己要牌
for (int i=0; i<game.getPlayersCount(); i++)
{
    players.elementAt(i).setPlayerTurn(i+1);
    int turn=players.elementAt(i).getPlayerTurn();
    sendNotifyMsg(toPlayer[i],"游戏开始,你的顺序是: "+turn);
    TurnMessage turnMsg=new TurnMessage();
    turnMsg.setTurn(turn);
    sendMsg(toPlayer[i],turnMsg);
    System.out.println("send turn msg:"+turn);
}


for (int trial=0; trial<MAXTRIALS; trial++)
{
    if(trial==0)
        game.newGame();
    else if (trial!=0)
        game.restartGame();

    //为玩家发 2 张牌
    for (int j=0; j<2; j++)
    {
        for (int i=0; i<game.getPlayersCount() +1 /* including the
        dealer */; i++)
        {
            game.deal();
            game.nextPlayer();
        }
    }

    //将产生的牌面发给玩家
    for (int i=0; i<players.size() && i<GameStatus.MAXPLAYERS; i++)
    {
        int suit[]=new int[2];
        int value[]=new int[2];
        for (int j=0; j<2; j++)
        {
            if(i<MAXPLAYERS)
            {
suit[j]=game.getPlayers().elementAt(i).getHand().getCard(j).
```

```
                getSuit();
        value[j]=game.getPlayers().elementAt(i).getHand().getCard(j).
        getCardValue();
                    }
                }
            DealMessage msg=new DealMessage(2);
                msg.setSuit(suit);
                msg.setValue(value);
                msg.encode();
                toPlayer[i].write(msg.getMsg());
                toPlayer[i].flush();
        }
        //显示当前玩家和发牌者的牌面情况
        for (int i=0; i<players.size() && i<GameStatus.MAXPLAYERS+1; i++)
        {
            BlackJackHand hand=game.getPlayers().elementAt(i).getHand();
            if(i<MAXPLAYERS)
game.append("玩家 "+(i+1)+" 的牌面数目为 "+hand.getCardsOnHand()+"\n");
            else
                game.append("发牌者"+hand.getCardsOnHand()+"\n");
        }


        //查询该谁发牌了
        whoseTurn=game.getWhoseTurn();
        for (int i=0; i<players.size() && i<GameStatus.MAXPLAYERS; i++)
        {
            sendNotifyMsg(toPlayer[i],"\nTrial="+game.getTrial());
        }
        //通知玩家是否轮到他要牌
        while(whoseTurn< DEALER && whoseTurn<players.size())
        {
            game.append("\n 当前玩家 "+game.getWhoseTurn()+" turn.\n
            Waiting player to perform action.\n");
            for (int i=0; i<players.size() && i<GameStatus.MAXPLAYERS;
            i++)
            {
                //toPlayer[i].writeInt(game.getWhoseTurn());

                if ((i+1)==game.getWhoseTurn())
                {
                    sendNotifyMsg(toPlayer[i],"该您了. 1 to HIT(要牌),or
                    2 to STAND(不要).\n");


                }
```

```
        else
            sendNotifyMsg(toPlayer[i],"现在的玩家是："+game.
            getWhoseTurn()+" turn.\nWaiting player to perform
            action...\n");
    }
boolean continueHit=true;
String actionString="",cards="";

while(continueHit)
{
    int action=fromPlayer[game.getWhoseTurn()-1].readInt();
    System.out.println("server recv action from player:"+
    action);
    if(action==HIT)
    {
        if(game.getPlayers().elementAt(game.getWhoseTurn()
        -1).getHand().getCardsTotal()<5)
        {
            actionString="HIT";
            game.hit();
            //计算点数并发回给客户端
            continueHit=true;
        }
        else
            action=STAND;
    }
    if(action==STAND)
    {
        actionString="STAND";
        continueHit=false;
        game.nextPlayer();
    }
    else if(action==HIT)
        actionString="HIT";
    else
    {
        actionString="INVALID";
        continueHit=true;
    }

    if(action==HIT)
    {
        int suit[]=new int[1];
        int value[]=new int[1];
```

```
                        suit[0]=game.getPlayers().elementAt(game.
                        getWhoseTurn()-1).getHand().getLastCard().
                        getSuit();
                    value[0]=game.getPlayers().elementAt(game.
                    getWhoseTurn()-1).getHand().getLastCard().
                    getCardValue();

                        DealMessage msg=new DealMessage(1);
                        msg.setSuit(suit);
                        msg.setValue(value);
                        sendMsg(toPlayer[game.getWhoseTurn()-1],msg);
                    }

                    //tell all the player that current player can/cannot
                    continue hitting
                for(int i=0; i<players.size() && i<GameStatus.MAXPLAYERS; i++)
                    {
                        TurnMessage turnMsg=new TurnMessage();
                        turnMsg.setTurn(game.getWhoseTurn());
                        sendMsg(toPlayer[i],turnMsg);
                    }
                    String msg="玩家动作: "+actionString+"\n";
                    game.append(msg);
                game.append("玩家 "+game.getWhoseTurn()+" 牌面: " + game.
                getPlayers().elementAt(game.getWhoseTurn()-1).getHand().
                getCardsOnHand()+"\n");
                    game.append("玩家点数 "+game.getWhoseTurn()+" hand: "+
                    game.getPlayers().elementAt(whoseTurn-1).getHand().
                    calculateValue()+'\n');

                    if(!continueHit && action==STAND)
                    {
                        game.stand();
                        whoseTurn=game.getWhoseTurn();
                    }
                }
            }

        //now dealer's turn to hit/stand
        while (game.getDealer().getHand().isUnder17())
            game.hit();
        game.append("Dealer has cards: "+game.getPlayers().elementAt
        (whoseTurn-1).getHand().getCardsOnHand()+'\n');
```

```
game.append("Value on dealer's hand: "+game.getPlayers().
elementAt(whoseTurn-1).getHand().calculateValue()+'\n');

//display the results
int playerValue []=new int [game.getPlayersCount()];
int highestPoint ,winnerTurn;
boolean hasMoreWinner=false,hasTwoAce=false,hasBlackJack=
false;
BlackJackHand dealerHand=game.getDealer().getHand();
int dealerValue=dealerHand.calculateValue(),dealerTurn=
game.getPlayersCount()+1;

//判断当前这手牌是否有大 S 和 J
if(dealerHand.isOnlyTwoCards())
{
    if (dealerHand.isBlackJack())
    {
        hasBlackJack=true;
    }
    else if (dealerHand.isTwoAce())
    {
        hasTwoAce=true;
    }

    highestPoint=dealerValue;
    winnerTurn=dealerTurn;
}

//set dealer as the default winner if it is not burst
else if (!dealerHand.isOnlyTwoCards() && !dealerHand.isBurst())
{
    highestPoint=dealerValue;
    winnerTurn=game.getPlayersCount()+1;
}
else
{
    highestPoint=0;
    winnerTurn=DRAW;
}
//compare with the dealer's value (if dealer is not burst)
for (int i=0; i<game.getPlayersCount(); i++)
{
    BlackJackHand playerHand=game.getPlayers().elementAt(i)
```

```
                    .getHand();
                    playerValue[i]=playerHand.calculateValue();
                    if (playerHand.isOnlyTwoCards())
                    {
                        if (playerHand.isBlackJack() && hasBlackJack==false)
                        {
                            hasBlackJack=true;
                            winnerTurn=i+1;
                        }
                        else if (playerHand.isTwoAce() && hasTwoAce==false)
                        {
                            hasTwoAce=true;
                            winnerTurn=i+1;
                        }
                    else if ((playerValue[i]>highestPoint) &&( hasBlackJack==
                    false && hasTwoAce==false))
                        {
                            highestPoint=playerValue[i];
                            winnerTurn=i+1;
                        }
                        else if (playerValue[i]==highestPoint)
                        {
                            hasMoreWinner=true;
                            winnerTurn=DRAW;
                            //break;
                        }
                    }
                    else if (!playerHand.isOnlyTwoCards() && (playerHand
                    .isOver17() && playerHand.isUnder21()))
                    {
                        if(playerHand.is21() && (hasBlackJack==false ||
                        hasTwoAce==false))
                        {
                            if (playerValue[i]>highestPoint)
                            {
                                highestPoint=playerValue[i];
                                winnerTurn=i+1;
                            }
                        }
                        else if((hasBlackJack==false || hasTwoAce==false))
                        {
                            if (playerValue[i]>highestPoint)
                            {
```

```
                    highestPoint=playerValue[i];
                    winnerTurn=i+1;
                }
            }

            else if (playerValue[i]==highestPoint)
            {
                hasMoreWinner=true;
                winnerTurn=DRAW;
                //break;
            }
        }
    }


    //Determine the winner msg
    if (winnerTurn==DRAW || winnerTurn==0)
        winnerMsg="\nThis game is a draw. There is no winner.\n";
    else
    {
        if(winnerTurn<=game.getPlayersCount())
            winnerMsg="\nThe winner is Player "+winnerTurn+'\n';
        else
            winnerMsg="\n*******The dealer wins the game!*******\n";
    }
    winnerMsg +="\n";
    game.append(winnerMsg);
    if(game.getTrial()<MAXTRIALS)
        isGameEnd=false;
    else
        isGameEnd=true;
//tell the client who's the winner
    for (int i=0; i<game.getPlayersCount(); i ++)
    {
        TurnMessage turnMsg=new TurnMessage();
        turnMsg.setTurn(winnerTurn);
        sendMsg(toPlayer[i],turnMsg);
    }
    game.setWinner(winnerTurn);
}
String scoreBoard=game.getScoreBoard().getResults();
game.append("Scores for this game: "+scoreBoard+"\n" );


//send the scoreboard to the client
```

```
        for (int i=0; i<game.getPlayersCount(); i ++)
            this.sendNotifyMsg(toPlayer[i],scoreBoard);
    }
    catch(IOException ex)
    {
        game.append(ex.toString());
    }
}


private void sendNotifyMsg(OutputStream out,String str) throws IOException {
    NotifyMessage msg=new NotifyMessage();
    msg.setNotifyStr(str);
    msg.encode();
    System.out.println(msg);
    out.write(msg.getMsg());
    out.flush();
}


private void sendMsg(OutputStream out,CardMessage msg) throws IOException {

    msg.encode();
    System.out.println(msg);
    out.write(msg.getMsg());
    out.flush();
}
}
```

服务器端界面如图 13-6 所示。

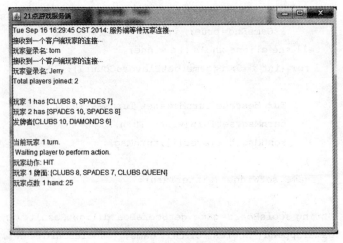

图 13-6　服务器端界面

由于篇幅的关系,这里没有将所有类的实现代码都罗列出来,读者可以从清华大学出版社网站 www.tup.com.cn 获得完整的项目代码。

13.4 本章小结

在线游戏的开发中综合使用了图形用户界面、Socket 通信、多线程、输入输出流等知识,而通信协议部分的设计具有典型性,可以直接应用到项目开发中。

本章中类的设计坚持了单一职责的原则,让类的功能尽可能简单。同时,类的设计中使用了组合、继承等面向对象的设计方法,请读者仔细体会。

13.5 本章习题

1. 请为 21 点游戏增加聊天功能,即在游戏界面增加文本输入框,并选择玩家列表中的特定玩家,然后发送消息给他。

2. 请为服务器端增加日志功能,将玩家登录、发送的消息、各局的得分都记录到文件中。

3. 请为客户端增加自动重连功能,当客户端发现与服务器端的通信断开后,立即重新建立连接,如果仍然不成功,则等待 10s 后重连,最多重试 3 次。

第14章 数据库操作

本章目标

- 了解 Java 访问数据库的方式。
- 掌握 JDBC 建立数据库连接的方法。
- 掌握 java.sql.Statement 和 java.sql.PreparedStatement 的用法。
- 掌握事务处理。
- 了解 Hibernate。

14.1 数据库访问

将数据持久化到数据库中是程序开发的常见需求,Java 通过 JDBC(Java DataBase Connection)提供数据库操作的接口,提供了诸如查询和更新数据库的方法。除此之外,还有很多对象关系映射的框架,比如 Hibernate、IBatis 等,它们对 JDBC 进行了封装,提供高层的数据访问和处理接口。

14.2 JDBC

通过使用 JDBC,开发人员可以方便地将 SQL 语句传送给几乎任何一种数据库。JDBC 的体系结构如图 14-1 所示。由图中可以看出,JDBC 的作用就是屏蔽不同的数据库驱动程序之间的差别,使得程序设计人员基于标准一致的数据库程序设计接口,为访问任意类型的数据库提供技术支持。驱动程序管理器(Driver Manager)为应用程序装载数据库驱动程序。数据库驱动程序是与具体的数据库相关的,用于向数据库提交 SQL请求。

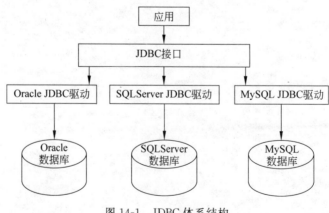

图 14-1 JDBC 体系结构

JDBC 是 Java 应用与数据库管理系统进行交互的标准 API,包括两个包:核心接口 java.sql 和扩展的接口 javax.sql。应用程序通过核心 API 的接口实现数据库连接和数据处理。java.sql 的主要接口如表 14-1 所示。

表 14-1　JDBC 接口列表

接 口 名 称	功　　　能
DriverManager 接口	驱动程序管理器,对程序中用到的驱动程序进行管理,包括加载驱动程序、获得连接对象。在调用 getConnection 方法时,DriverManager 会试着从初始化时加载的驱动程序中查找合适的驱动程序
Connection 接口	连接 Java 数据库和 Java 应用程序之间的主要对象,不管对数据库进行什么操作,都需要创建一个 Connection 对象,然后通过该连接对象来完成操作
Statement 接口	SQL 语句对象,对一个特定的数据库执行 SQL 语句,并返回它所生成结果的对象
PreparedStatement 接口	表示预编译的 SQL 语句的对象,SQL 语句被预编译并存储在 PreparedStatement 对象中,然后使用此对象多次高效地执行该语句
ResultSet 接口	Statement 语句执行的结果集,控制对一个特定语句的数据的存取

使用 JDBC 操作数据库的基本过程如下。

(1) 加载数据库驱动程序。

(2) 连接数据库。

(3) 执行数据库操作。

(4) 获取并处理结果集。

(5) 关闭数据库。

14.3　建立数据库连接

要访问数据库,必须得到数据源的相关信息,比如数据库的 IP 地址、端口号和授权用户信息。然后,导入 JDBC 的相关包:

```
import java.sql.*;
```

接下来,要加载数据库的驱动程序,驱动程序由数据库厂商提供。比如,Oracle 数据库的驱动封装在 classes12.jar 中,而 MySQL 的驱动程序为 mysql-connector-java.jar。驱动程序必须放在 classpath 中,以便类加载器能够搜索到该驱动类库。

加载驱动程序使用 Class.forName("DriverName") 语句,不同的数据库驱动的名字 DriverName 不同,比如 MySQL 数据库加载的语句如下:

```
Class.forName("com.mysql.jdbc.Driver");
```

成功加载驱动后,需要建立与数据库的连接,连接数据库需要如下信息。

(1) 数据库所在主机的 IP 地址和监听端口。

（2）数据库实例的名字。

（3）用户信息，包括用户名和口令。

连接数据库的语句如下：

```
Connection con=DriverManager.getConnection(url,user, password);
```

Connection 的对象表示到特定数据的连接，它是数据库操作的核心类。不同的数据库连接串 URL 是不同的，比如，MySQL 数据库中连接实例 student 的完整语句如下：

```
Connection con = DriverManager. getConnection ( "jdbc:mysql://localhost:3306/
student","root","root");
```

常用的数据库驱动程序名字和连接串格式如表 14-2 所示。

表 14-2　不同数据库的连接串

数据库名称	驱　动　名	连接 URL	说　　明
Oracle	oracle.jdbc.driver. OracleDriver	jdbc:oracle:thin:@dbip: port:databasename	dbip：数据库服务器的 IP 地址。 port：数据库的监听端口，默认为 1521。 databasename：数据库的实例名
SQL Server	com.microsoft.jdbc. sqlserver. SQLServerDriver	jdbc:microsoft:sqlserver: //dbip: port; Database-Name＝databasename	dbip：数据库服务器的 IP 地址。 port：数据库的监听端口，默认为 1433。 databasename：数据库的 SID，通常为全局数据库的名字
DB2	com.ibm.db2.jdbc. app.DB2Driver	jdbc:db2://dbip:port/ databasename	dbip：数据库服务器的 IP 地址，本地可写成 localhost 或 127.0.0.1
MySQL	com.mysql.jdbc. Driver 或 org.gjt. mm.mysql.Driver	jdbc:mysql://dbip:port/ databasename [? param1＝value1][& param2＝value2]	MySQL 的默认监听端口为 3306。 []是常用可选的参数。 user：用户名。 password：密码。 autoReconnect：联机失败时是否重新联(true/false)，useUnicode＝true 是否使用指定字符集，characterEncoding＝gbk 指定字符集
Access	sun.jdbc.odbc.Jdbc OdbcDriver	jdbc:odbc:datasourcename	datasourcename：数据库的名字

下面通过一个例子，演示如何通过 JDBC 获得数据库的连接。

程序清单 14-1：

```
package cn.edu.javacourse.ch14;
import java.sql.Connection;
import java.sql.DriverManager;
import java.sql.ResultSet;
```

```java
import java.sql.SQLException;
import java.sql.Statement;

public class DAOUtils {
    private static final String DRIVERNAME="com.mysql.jdbc.Driver";
    private static final String URL =" jdbc: mysql://localhost: 3306/student?
    useUnicode=true&characterEncoding=utf-8";
    private static final String USER="root",PASSWD="root";
    private static Connection conn=null;
    static {
        loadDriver();
    }

    private static void loadDriver() {
        try {
            Class.forName(DRIVERNAME);
        } catch (ClassNotFoundException e) {
            e.printStackTrace();
        }
    }

    public static Connection getConnection() throws SQLException {
        if(null==conn)
            conn=DriverManager.getConnection(URL,USER,PASSWD);
        return conn;
    }

    public static void close() {
        try {
            if (conn !=null && !conn.isClosed()) {
                conn.close();
            }
        } catch (SQLException e) {
            e.printStackTrace();
        }
    }

    public static void main(String[] args) throws SQLException    {
        Connection conn=DAOUtils.getConnection();
        Statement stmt=conn.createStatement();
        ResultSet rs=stmt.executeQuery("select * from user");
        if(rs.next())
            System.out.println(rs.getString(1));
    }
}
```

本例中，DAOUtils 被设计成一个工具类，在任何需要数据库连接的地方都可以通过 DAOUtils 的静态方法获取。DAOUtils 使用单例模式设计，即它只创建一次连接实例，这样减少数据库加载的时间，从而提高访问数据库的效率。

14.4 数据库操作

14.4.1 创建语句对象

在获得数据库连接对象 Connection 之后，就需要根据业务需求创建语句（Statement）对象。语句对象的任务就是执行 SQL 语句，它通过 Connection 对象创建，以下代码创建语句对象。注意，不管连接什么数据库，不管执行什么样的 SQL 操作，创建代码是相同的。

```
Statement stmt=conn.createStatement();
```

14.4.2 执行 SQL 语句

获得 Statement 对象后，就可以编写 SQL 语句并执行，比如要执行 SQL 查询，可以使用如下代码：

```
String sql="select * from usertable";
ResultSet rs=stmt.executeQuery(sql);
```

ResultSet 表示 SQL 语句执行的结果集，常用的执行语句的方法有两个，如表 14-3 所示。

表 14-3 执行 SQL 语句

返回值	方　　法	说　　明
ResultSet	executeQuery(String sql)	主要用于执行有结果集返回的 SQL 语句，典型的就是 select 查询语句
int	executeUpdate(String sql)	用于执行没有结果集返回的 SQL 语句，比如添加、修改或删除操作。返回值表示影响数据库中记录的个数

14.4.3 结果集及其常见方法

结果集 ResultSet 是存储查询结果的对象，它同时具有操作数据的功能，可以完成对数据的更新操作。从结果集读取数据的方法是 getXXX()，XXX 代表数据的类型，基本的数据类型如字节型（byte）、整型（int）、布尔型（boolean）、浮点型（float、double）等，还包括对象类型，如字符串、日期类型（java. sql. Date）、时间类型（java. sql. Time）、时间戳类型

(java. sql. Timestamp)、大数型(BigDecimal 和 BigInteger)等。参数可以是整型也可以是列名,表示取第几列(从 1 开始)的数据。比如 rs 是 ResultSet 的对象,获取特定列的数据方法如下:

```
String userid=rs.getString(1);
String userName=rs.getString("username");
```

结果集从其使用的特点上可以分为三类。

(1) 基本 ResultSet,只能读一次,不能来回地滚动读取。创建方式如下:

```
Statement stmt=conn.createStatement();
ResultSet rs=stmt.executeQuery(sql);
```

由于不支持滚动地读取,只能使用 next()方法逐行地读取数据。

(2) 可滚动的 ResultSet 类型,支持使用方法 next()、previous()实现前后滚动取得记录,并通过调用 first()方法回到第一行。创建可滚动 Statement 对象的方法如下:

```
Statement st=conn.createStatement(int resultSetType,int resultSetConcurrency);
ResultSet rs=st.executeQuery(sqlStr);
```

参数 resultSetType 是设置 ResultSet 对象的类型可滚动或不可滚动,取值如下。

① ResultSet. TYPE_FORWARD_ONLY:只能向前滚动。

② ResultSet. TYPE_SCROLL_INSENITIVE:修改不敏感的前后滚动。

③ ResultSet. TYPE_SCROLL_SENSITIVE:修改敏感的前后滚动。

而参数 resultSetConcurrency 是设置 ResultSet 对象是否能够修改,取值如下。

① ResultSet. CONCUR_READ_ONLY:设置 ResultSet 为只读类型。

② ResultSet. CONCUR_UPDATABLE:设置 ResultSet 为可修改类型。

如果想设置可滚动的 ResultSet 类型,可以按如下方法赋值:

```
Statement stmt=conn.createStatement (ResultSet.TYPE_SCROLL_INSENITIVE,
                                      ResultSet.CONCUR_READ_ONLY);
```

(3) 可更新的 ResultSet,可以完成对数据库中表的修改,可更新结果集的创建方法如下:

```
Statement stmt=conn.createStatement (ResultSet.TYPE_SCROLL_INSENSITIVE,
                                      ResultSet.CONCUR_UPDATABLE);
```

这样,stmt 就是可更新的结果集。下面的例子演示了通过 Statement 创建语句并通过 ResultSet 循环读取表中的所有记录。

程序清单 14-2:

```
package cn.edu.javacourse.ch14;
import java.sql.*;
public class StatementDemo {
    public static void main(String args[]) {
```

```
String tableName="user";
Connection con=null;
Statement stmt=null;
ResultSet rs=null;
try {
    con=DAOUtils.getConnection();
    stmt=con.createStatement();
    rs=stmt.executeQuery("select * from "+tableName);
    while (rs.next()) {
        for (int i=0; i<rs.getMetaData().getColumnCount(); ++i)
            System.out.println(rs.getString(i+1));
    }
} catch (Exception e) {
    System.out.println(e.getMessage());
} finally {
    try {
        rs.close();
        stmt.close();
        con.close();
    } catch (Exception ex) {
        ex.printStackTrace();
    }
}
```

数据库操作中异常处理使用 try、catch 和 finally 的标准结构,这样在 finally 语句块中顺序关闭打开的结果集、语句和数据库连接。

14.4.4　PreparedStatement 语句

JDBC 提供了 Statement、PreparedStatement 和 CallableStatement 3 种方式来执行查询语句,其中 Statement 用于通用查询,PreparedStatement 用于执行参数化查询,而 CallableStatement 则用于执行存储过程。

PreparedStatement 通过 Connection 对象的 preparedStatement(sql)方法获得,称为预处理语句。它通知数据库对 SQL 语句进行预编译处理,预处理语句将被预先编译从而使得 SQL 查询语句能在将来的查询中重用,通常来说,它比 Statement 对象生成的查询速度更快。

程序清单 14-3:

```
package cn.edu.javacourse.ch14;
import java.sql.*;
public class PreparedStmtDemo {
```

```
public static void main(String args[]) throws SQLException {
    Connection conn=DAOUtils.getConnection();
    PreparedStatement preStatement=conn
            .prepareStatement("update user set name=? where userid=?");
    for (int i=0; i<10; i++) {
        preStatement.setString(1,"Citibank");
        preStatement.setString(2,"user_"+i);
    }

    int[] result=preStatement.executeBatch();
    System.out.println("the update result: "+result.length);
}
}
```

PreparedStatement 提供了诸多好处,企业级应用开发中推荐使用 PreparedStatement 来实现查询,这是因为用 PreparedStatement 可以编写带参数的 SQL 查询语句,允许数据库进行参数化查询。通过使用相同的语句和不同的参数值进行查询比创建一个不同的查询语句要好,PreparedStatement 比 Statement 更快,因此数据库对 SQL 语句的分析、编译优化已经在第一次查询前完成了,数据库的执行计划会被缓存起来。另外,PreparedStatement 还可以防止 SQL 注入攻击,能提高应用程序的安全性。

14.4.5 关闭对象

Statement 语句执行完成后必须释放连接和语句对象,否则会引发数据库语句或连接泄露。语句和连接对象需要顺序关闭,该顺序与创建上述对象的顺序相反。一般来说,它使用以下异常处理框架:

```
try{
    //要执行的数据库操作
}catch(SQLException e){
    //回滚对数据库的修改
}finally{
rs.close();              //先关闭结果集
stmt.close();            //然后关闭语句
con.close();             //最后,关闭数据库连接
}
```

14.5 JDBC 事务

事务(Transaction)是现代数据库理论中的核心概念之一,它是数据库操作的重要机制,用来保证执行多条数据库更新操作时记录的一致性。

14.5.1　事务的定义

如果一组数据库更新操作或者全部执行或者一个也不执行,称该组操作为一个事务。当所有的操作都被完整地执行时称该事务被提交,而如果由于其中的一部分或多步执行失败,导致没有被提交,则事务必须回滚到最初的系统状态。

事务必须服从 ACID 原则,即原子性(Atomicity)、一致性(Consistency)、隔离性(Isolation)和持久性(Durability)。事务的原子性表示事务执行过程中的任何失败都将导致事务所做的修改失效。一致性表示当事务执行失败时,所有被该事务影响的数据都应该恢复到事务执行前的状态。隔离性表示在事务执行过程中对数据的修改,在事务提交之前对其他事务不可见。持久性表示当系统或介质发生故障时,确保已提交事务的更新不能丢失,它通过数据库备份和恢复来保证。

14.5.2　JDBC 中的事务控制

JDBC 事务是通过 Connection 对象进行控制的,它提供了两种事务模式:自动提交模式和手工提交模式。JDBC 默认使用自动提交模式,即对数据库进行更新操作的每一条记录,都被看作是一个事务。操作成功后,系统会自动提交,否则自动回滚事务。如果想对多条更新语句进行统一的事务控制,就必须先取消自动提交模式,通过调用 Connection 对象的方法 setAutoCommit(boolean commited)实现。Connection 类中提供了如下控制事务的方法。

(1) public boolean getAutoCommit():判断当前事务模式是否为自动提交。

(2) public void commit():提交事务。

(3) public void rollback():回滚事务。

JDBC 的事务处理不能跨越多个数据库,而且需要判断当前使用的数据库是否支持事务。可以使用 DatabaseMedaData 类的 supportTranslations()方法检查数据库是否支持事务处理,若返回 true 则说明支持事务处理。

如果使用 MySQL 数据库的事务功能,就要求 MySQL 表的类型为 Innodb,它才支持事务控制处理,否则,在程序中即使调用 commit()或 rollback()方法,在数据库中也是不生效的。

14.5.3　JDBC 事务处理基本流程

实现事务处理的基本流程如下。

(1) 判断当前使用的数据库是否支持事务处理。

(2) 取消系统自动提交模式,改为手动提交。

(3) 执行更新操作。

(4) 将事务处理提交到数据库。

(5) 在处理事务时,若某条信息发生错误,则执行事务回滚操作,并回滚到事务提交前的状态。

下面实例中利用 JDBC 实现事务处理,将 4 条 SQL 语句加在同一个事务里,当其中一条语句发生错误时,则执行事务回滚取消所有的操作。所以在最后的运行结果中,并没有发现有数据更新。

程序清单 14-4:

```java
package cn.edu.javacourse.ch14;
import java.sql.Connection;
import java.sql.DatabaseMetaData;
import java.sql.DriverManager;
import java.sql.ResultSet;
import java.sql.SQLException;
import java.sql.Statement;

public class TransactionDemo {
    public static boolean JudgeTransaction(Connection con) {
        try {
            DatabaseMetaData md=con.getMetaData();
            return md.supportsTransactions();
        } catch (SQLException e) {
            e.printStackTrace();
        }
        return false;
    }
    public static void StartTransaction(Connection con,String[] sqls)
    throws Exception {
        if (sqls==null) {
            return;
        }
        Statement sm=null;
        try {
            con.setAutoCommit(false);
            sm=con.createStatement();
            for (int i=0; i<sqls.length; i++) {
                sm.execute(sqls[i]);
            }
            con.commit();
        } catch (SQLException e) {
            try {
            System.out.println("erroc found,begin to rollbakc:"+e.getMessage());
            con.rollback();
            //若前面某条语句出现异常时,则进行回滚,取消前面执行的所有操作
            } catch (SQLException e1) {
```

```
                e1.printStackTrace();
            }
        } finally {
            sm.close();
        }
    }

    public static void main(String[] args) throws Exception {

        String[] arry=new String[4];
        arry[0]="delete from user where user_name='Serein'";
        arry[1]="UPDATE user SET user_name='Shenzhen' where id='lili'";
        arry[2]="INSERT INTOuser (user_name,id,true_names)values ('Allen',
        19,'Beijing')";
        arry[3]="select * from user";
        Connection con=null;
        try {
            con=DAOUtils.getConnection();
            boolean judge=JudgeTransaction(con);
            System.out.print("支持事务处理吗？");
            System.out.println(judge? "支持" : "不支持");
            if (judge) {
                StartTransaction(con,arry);     //如果支持则开始执行事务
            }
        } catch (Exception e) {
            e.printStackTrace();
        } finally {
            con.close();
        }
    }
}
```

通过异常处理框架，可以方便地实现事务处理。在事务开始前使用 setAutoCommit (false)禁止事务自动提交，如果所有更新操作成功执行，则通过 commit()方法提交事务，否则调用方法 rollback()回滚对数据库的修改操作。

14. 6　Hibernate

Hibernate 是目前流行的数据库持久层框架，它对 JDBC 做了轻量的封装。它实现对象-关系映射(Object-Relation Mapping，ORM)，即实现了面向对象的领域模型到传统的关系型数据库的映射，为数据库操作提供了一个方便高效的编程框架。

对象关系映射是在框架中将对象持久化并且隐藏数据库访问细节的一种模式。面向对象中编程的基石是对象，ORM 是用于将对象之间的关系对应到数据库中的表之间关系的一种实现。对象和关系是业务实现的两种表现形式，在程序中表现为对象，在数据库

中表现为关系数据。程序中的对象存在关联和继承关系,但是在数据库中,关系数据无法直接表示多对多的关系和继承关系。ORM 解决的主要问题就是对象-关系之间的映射规则。

Hibernate 的设计目标是将开发人员从大量相同的数据持久层相关编程工作中解放出来,它不仅负责从类到数据库表的映射,还提供了面向对象的数据检索机制,从而极大地缩短了手动处理 SQL 和 JDBC 上的开发时间。

Hibernate 采用对象关系映射机制,把对象转换为 SQL 语句传给数据库,并且把数据库返回的结果封装成对象。本质上,Hibernate 的工作原理和 JDBC 编程一样,通过 insert 语句插入数据、select 语句查询数据、delete 语句删除数据。不过,Hibernate 根据普通 Java 对象(POJO)与实体类的映射配置自动生产 SQL 语句,向上层应用提供了面向对象的数据库访问 API。

Hibernate 以对象的形式操作数据,提高了开发效率,程序员不用关心具体的数据库种类,更换数据库只要修改配置文件。

14.6.1 Hibernate 体系结构

Hibernate 是应用程序和关系数据库的桥梁,它通过配置文件(hibernate.cfg.xml)和映射文件(*.hbm.xml)把持久化对象(Persistent Object,PO)映射到数据库的表中。程序通过操作 PO,实现对数据库进行增、删、改、查等各种操作。

在 Hibernate 体系中,主要技术有对象持久化操作、HQL 语言、事务服务、数据库方言技术 4 个方面。

(1) 对象持久化操作。Hibernate 利用反射技术来持久化对象,它可以轻松处理大量不同类型的持久化对象。

(2) HQL 语言。Hibernate 提供了 HQL 语言,提高了 Hibernate 的健壮性和可读性,也使得开发人员不必去钻研 SQL 语句,对不熟悉 SQL 语言的开发人员提供了便利。

(3) 事务服务。Hibernate 借助 JDBC、JTA 等来对事务进行处理或调度。

(4) 数据库方言技术。向下屏蔽了不同数据库之间的 SQL 语句上的细微差别,做到了跨数据库处理数据。

14.6.2 Hibernate 核心组件

Hibernate 配置文件主要用来配置数据库的连接参数,例如数据库驱动程序、连接串、用户名和密码等。可以用两种方式来配置 Hibernate 配置文件:hibernate.properties 和 hibernate.cfg.xml。两个配置方法基本一致,但后者应用得更多一些,也是 Hibernate 的默认配置文件。

映射文件(*.hbm.xml)用来把 PO 与数据库中的表、PO 之间的关系与数据库中表之间的关系、PO 的属性与表的字段一一映射起来,是 Hibernate 的核心文件。持久化对象 PO 可以是普通的 Java 对象(POJO),它可能处于 3 种状态:临时状态(Transient)、持久化状态(Persistent)和游离状态(Detached)。临时对象是指对象在内存中孤立存在、不与数据库中的表有任何关系;当其与一个数据库会话相关联时就变为持久化对象;当该会话关闭时,该对象就随之脱离持久化状态,此时被称为游离对象。除上述配置文件、映射文件、持久化对象外,Hibernate 还包括以下 5 个部分。

(1) Configuration 类。用来读取 Hibernate 配置文件,生成 SessionFactory 对象。

(2) SessionFactory 接口。产生 Session 实例的工厂。

(3) Session 接口。用来操作 PO,有 get()、update()、save()、delete()、load()等方法对 PO 进行加载、更新、保存、删除等操作。Session 接口是 Hibernate 的核心接口。

(4) Query 接口。用来对 PO 进行查询操作,可以从 Session 的 createQuery()方法中生成。

(5) Transaction 接口。用来管理事务,它的主要方法有 commit()和 rollback()等,可以从 Session 的 beginTransaction()方法中获得。更多详情请参考 www.hibernate.org。

14.7　本章小结

JDBC 是 Java 操作数据库的基本方式,它提供了 5 个重要的接口完成数据库访问。在操作数据前,必须先获得 Connection 对象,然后通过它创建语句对象 Statement 或 PreparedStatement 对象。所有的对象使用完毕后必须关闭以释放资源。

事务处理就是当执行多个 SQL 更新操作时,如果因为某个原因使其中一条更新操作执行有错误,则取消先前执行过的所有语句。它的作用是保证各项操作的一致性和完整性。

14.8　本章习题

1. 请设计用户登录表,并为 21 点游戏增加用户登录注册和验证功能。用户登录时根据注册时的用户名和口令验证是否可以进入系统。

2. 将用户每局的游戏点数和游戏结果保存到名为 payscores 的表中,请设计表的结构,并将每局的结果写入该表,玩家通过该表查看个人的分数和排名情况。请编写接口方法 float queryPlayResult(String username)提供查询玩家分数的功能。